JN050738

株式会社 AVILEN　高橋 光太郎／落合 達也／渡邉 雅也／志村 悟／長谷川 慶 著

技術評論社

●ご購入・ご利用の前に必ずお読みください

- 本書は2020年に発行された「最短突破 ディープラーニングG検定（ジェネラリスト）問題集」の改訂版です。一部内容が重複することがございます。あらかじめご了承ください。
- 本書の著者および出版社、関係団体は、本書の使用によるディープラーニングG検定試験の合格を保証するものではありません。
- 本書は2022年7月現在の情報をもとに執筆しています。本書発行後に行われる試験内容の変更や情勢の変化によって、本書の内容と異なる場合もあります、あらかじめご了承ください。
- 本書は著者の見解に基づいて執筆しています。試験実施団体である一般社団法人日本ディープラーニング協会および関係団体とは一切の関係がございません。
- 本書に関するご質問は、FAXか書面、または弊社Webサイトからお願いします。電話での直接のお問い合わせにはお答えできませんので、あらかじめご了承ください。
- 本書に記載されている会社名、製品名は、一般に各社の登録商標または商標です。本書では、®マークや™マークなどは表示していません。

はじめに

近年、さまざまな場面で活躍を見せる人工知能(AI)。その中でも特に著しい発展を遂げている「ディープラーニング」と呼ばれる技術を、皆さんはご存知でしょうか？

ディープラーニングは特定の分野では既に人間を超えた成果を挙げており、今後インターネットと同じくらい汎用的な技術になるともいわれています。

「この時流に乗り遅れまい」、「AIの基礎知識や活用能力を身につけたい」ーそう考えるみなさんにとって、「G検定」はスタートラインにふさわしい資格試験です。

特にビジネスでのAI活用を考えたとき、G検定を取得した「AIジェネラリスト」の存在価値は今後益々上がっていくと考えられます。

AI導入プロジェクトを例にします。事業などに「AI」という文字が入ると、技術に理解のあるエンジニアだけでプロジェクトが動いている印象がありますが、実際にはそうではありません。プロジェクトの企画策定・運用などの重要な業務を、非エンジニアのメンバーが担うことは非常に一般的です。

もし彼らがAIジェネラリストであれば、AIを全く知らないがために起こるさまざまな失敗(専門的な話題についていけず会議が進まない…など)を避けることができ、プロジェクトの成功率を飛躍的に高めてくれるでしょう。

さて、本書はそんな「G検定」をゼロから合格できることを目指し、現役AIエンジニアやデータサイエンティストたちの尽力によって作られました。

G検定では、AIジェネラリストを認定するために、**単純にキーワードを覚えておくだけでは解けない問題も多く出題されます**。そして、日々新しく生まれる技術、制度に伴って、出題される問題も更新されていく有用な資格です。そのため、合格するには、**技術に対する付け焼き刃の知識ではなく、理解が必要**で、決してハードルも低くはありません。

手前味噌ながら、本書の問題や解説の質は非常に高く、たとえば解説であれば1〜2行の説明にとどまらず、それだけで理解できるほどしっかりと書き込み、わかりやすく解説しています。

本書が皆さんのAI・ディープラーニングへの興味理解を深め、AIジェネリラリストへの一歩を踏み出す一助となれば幸甚です。ぜひ本書を使い倒してください。

2022年9月　著者代表
株式会社AVILEN　高橋 光太郎

目次

CONTENTS

G検定とは

ディープラーニングG検定は、一般社団法人 日本ディープラーニング協会が実施している検定で、「ディープラーニングの基礎知識を有し、適切な活用方針を決定して、事業活用する能力や知識を有しているかを検定する。」ことを目的としています。

▼G検定ー試験の概要

受験資格	制限なし
実施概要	試験時間：120分 知識問題（多肢選択式・220問程度） オンライン実施（自宅受験）
出題範囲	シラバスより出題
受験費用	一般：12,000円（税抜）学生：5,000円（税抜）
受験サイト	https://www.jdla-exam.org/d/
申込方法	個人の方：G検定受験申込サイトからお申込みください。 団体経由申込の方：別途フローがあります。 学生の受験者は学生証のアップロードが必要となります。 それぞれ公式サイトを確認してください。 （https://www.jdla.org/certificate/general/）

（2022年#1　時点）

G検定のシラバス（試験範囲）と本書の章名

G検定のシラバス（試験範囲）と章名は、次のようになります。

章名	学習重要度
人工知能（AIとは） 人工知能の大まかな分類、AI効果、エニアック、ロジックセオリスト	★
人工知能をめぐる動向と問題 探索木、幅・深さ優先探索、モンテカルロ法、チューリングテスト、エキスパートシステム、フレーム問題、シンボルグラウンディング問題、特徴量エンジニアリング、シンギュラリティ	★
数理統計・機械学習の具体的手法 教師あり学習、教師なし学習、強化学習、線形回帰、正則化、ロジスティック回帰、決定木、データリーケージ、勾配ブースティング、ベイズの定理、特異値分解、交差検証法、評価指標	★★
ディープラーニングの概要 ニューラルネットワーク、隠れ層、単純パーセプトロン、ディープラーニング、積層オートエンコーダ、GPGPU	★★★
ディープラーニングの手法（1） 活性化関数、学習の最適化、過学習、early stopping、重みの初期値、CNN：畳み込みニューラルネットワーク、RNN：リカレントニューラルネットワーク、強化学習の特徴、深層強化学習、深層生成モデル、Deep Q Network、Attention	★★
ディープラーニングの手法（2） 物体検出、セグメンテーション、OpenPose、EfficientNet、形態素解析、fast text、A-D変換、メル周波数、ケプストラム係数、隠れマルコフモデル、マルチエージェント強化学習、残差強化学習、Alpha Go Zero、蒸留・量子化・プルーニング	★★
ディープラーニングの社会実装に向けて ビッグデータ・IoT・RPA、ブロックチェーン、CRISP-DM、MLOps、オープン・イノベーション、転移学習、フィルターバブル、Python・Docker・Jupyter、XAI、Deep fake、コーポレートガバナンス、EU-GDPR、匿名加工情報、独占禁止法	★★

学習重要度の付け方

★　　：暗記でも対応できる。頻出しても学習として理解を深めるほどでもない。
★★　：理解はできればした方が良い。ただし、暗記での対応も可能なため、難しい場合は暗記で対応する。
★★★：学習して理解すべき内容。他の章の理解のために必須となる。

本書刊行後に、試験情報や試験範囲が変更することもあります。

最新の情報は、必ず一般社団法人 日本ディープラーニング協会のホームページをご確認ください。

●**一般社団法人 日本ディープラーニング協会**
https://www.jdla.org/

G検定合格へ向けて

合格のための勉強法

過去の問題数の傾向を踏まえ、問題数が多い順にシラバスを並べると、次のようなイメージとなります。

1. ディープラーニングの手法
2. ディープラーニングの社会実装に向けて
3. 数理統計・機械学習の具体的な手法
4. ディープラーニングの概要
5. 人工知能をめぐる動向と問題
6. 人工知能とは

（多い → 少ない）

AIジェネラリストを認定するために、**G検定は単純にキーワードを覚えておくだけでは解けない問題も多く出題され**、日々新しく生まれる技術、制度に伴って、出題される問題も更新されていく有用な資格になっています。そのため、合格するためには、**技術に対する付け焼き刃の知識ではなく、理解が必要でハードルも低くはありません**。それぞれの章の勉強方法や傾向などは、各章の概要に記載していますので是非読んでいただければと思います。

また、最低限問題で問われていることが何かを理解し、**どう調べれば答えが見つかるかが分かる**レベルに達していると、解ける問題が増えます。そのためには、さまざまな知識・キーワードがどう関連しているかをおさえるのが効果的です。

試験前の準備

(1) 環境の確認

試験の前に動作環境確認のため、サンプル問題を解くことができます。試験が始まってから慌てることのないように確認をしておきましょう。

(2) 時間配分の確認

G検定は出題数が多く、試験中にも残りの時間を意識しながら解いていく必要があります。

(3) 紙とペンの準備

G検定では計算問題が出ることがあります。頭の中だけで解くのは計算ミスにもつながるので、計算ができる体制を整えておきましょう。

試験中の徹底対策

試験時間120分で約220問(2022 #1では191問)解くことになります。当初に比べ問題数は減りましたが、G検定では**しっかりと考える必要のある問題が増えている傾向**にあります。さらに、問題数が減ったとはいえ、1問あたり約30秒しかありません。少し考えてわからない問題は適当な選択肢を選び、解答画面の機能に存在するフラグ機能で印をつけて、すべて終わってから解き直すことをおすすめします。

特に、「調べてもわからなさそう」、「どのように調べればいいかもわからない」という問題は、積極的に後回しにするべきです。一方で、わからなくても「調べたらすぐできそう」、「どのように調べればいいかはわかる」という問題であれば、飛ばさずに調べて解答してしまっても良いと思います。

■検索ノウハウ

当問題集やインターネットの検索を行う際に、効率的なテクニックを紹介します。しかし「検索できるから大丈夫」という考え方は危険で、理解していないと検索しても時間がかかりますし、なかなか解けない問題もありますので、あくまでもサポートとして考える必要があります。

インターネット検索では、検索の後どのサイトを見るべきかわからないので、ページを開く際に新しいタブでいくつかのサイトを開き、順に見ていくと効率的です。また、ウェブサイトを見ている場合、ctrl+Fキーが非常に有効です。このショートカットを押すと、検索ウィンドウが現れるので、ウェブサイト内での検索ができ、検索したいワードの位置まで瞬時に移動できます。

本書であれば、書籍の巻末にさくいんがありますので、そちらを参考に、問われている問題のキーワードを探すのが良いでしょう。また、どの章に属する問題か判別できた場合は、各章の章末にある用語解説が役に立つでしょう。

本書の構成

本書は7章で構成されています。各章は「この章の概要」、「問題」、「解答・解説」、「用語解説」で構成されています。

この章の概要

「この章の概要」は、この章、このジャンルでは、何を学べばいいか、どのように学習をすればいいか、どのような問題が出題されそうかなど傾向をまとめています。いきなり問題を解いても効率的ではありません。まずは、「この章の概要」を読んで、問題を解くコツをつかみましょう。必ず読んでください。

問題

「問題」については、すべてオリジナルの問題を作成し、掲載しています。

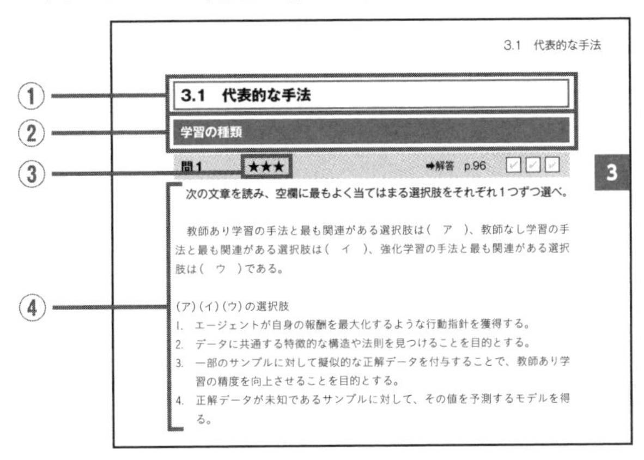

① 節見出し：この節の番号と見出しを示しています。

② 分類見出し：各章で掲載する問題数が多い場合、分類見出しをつけています。

「第3章 数理統計・機械学習の具体的手法」と「第5章 ディープラーニングの手法(1)」、「第6章 ディープラーニングの手法(2)」で分類をきめ細かくするために見出しを付けています。

③ 重要度：各問題の重要度を示しています。

★★★、★★、★の三段階で表しています。★★★は最も重要度の高い問題で、★は重要度の比較的低い問題です。時間が限られている場合、まずは重要度の★★★を中心に解いていき、学習しましょう。

④ 問題文

解答・解説

「解答・解説」では、解答と解説を掲載しています。本書は問題文よりも解答・解説の方にページ数を割いています。なぜその選択肢が適切・不適切であるのかを説明するだけではなく、考え方、関連する話題、今後問題として取り上げられそうな点などにも触れています。

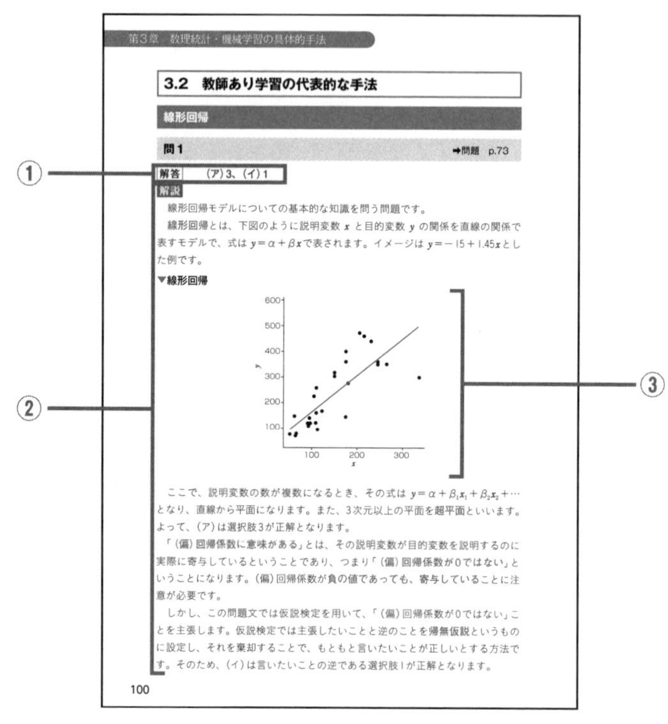

第3章 数理統計・機械学習の具体的手法

3.2 教師あり学習の代表的な手法

線形回帰

問1 →問題 p.73

解答 (ア)3、(イ)1

解説

線形回帰モデルについての基本的な知識を問う問題です。

線形回帰とは、下図のように説明変数 x と目的変数 y の関係を直線の関係で表すモデルで、式は $y=\alpha+\beta x$ で表されます。イメージは $y=-15+1.45x$ とした例です。

▼線形回帰

ここで、説明変数の数が複数になるとき、その式は $y=\alpha+\beta_1 x_1+\beta_2 x_2+\cdots$ となり、直線から平面になります。また、3次元以上の平面を超平面といいます。よって、(ア)は選択肢3が正解となります。

「(偏)回帰係数に意味がある」とは、その説明変数が目的変数を説明するのに実際に寄与しているということであり、つまり「(偏)回帰係数が0ではない」ということになります。(偏)回帰係数が負の値であっても、寄与していることに注意が必要です。

しかし、この問題文では仮説検定を用いて、「(偏)回帰係数が0ではない」ことを主張します。仮説検定では主張したいことと逆のことを帰無仮説というものに設定し、それを棄却することで、もともと言いたいことが正しいとする方法です。そのため、(イ)は言いたいことの逆である選択肢1が正解となります。

100

① 解答
② 解説文
③ 図：図でわかりやすく解説しています。

用語解説

各章の最後に「用語解説」を入れています。

各章で押さえておくべき用語を解説しました。必ず覚えましょう。

第1章

人工知能（AI）とは

この章の概要

本章ではまず、人工知能(AI)とは一体どのようなものか、また AI研究の変遷について問題を出題していきます。

近年、日本だけでなく世界中で「AI」や「人工知能」といった言葉をよく耳にするようになりました。しかし、それらの言葉が本当に意味するものが何かということや、今ある姿までにどのような歴史があったのかを知らずに「AI」や「人工知能」という言葉を多用している方も多くいらっしゃいます。 本章の演習問題を通し、その定義と変遷を正しく理解することによって、AI に関する社会問題やニュースを正しく理解できるようになります。

AIという言葉はSF映画の影響やその期待感が相まって非常に誤解されやすい言葉でもあります。著名な記事などでも、AIについて過剰な見解を示しているものを目にします。

たとえば、2019年9月6日のNHKニュースでは、「AIが人類反乱？兵器規制はどこまで？」といったタイトルで、ドローンに人工知能を搭載したAI兵器の危険性についての内容が掲載されました。確かにAIが敵味方を誤認識してしまうことはあります。

しかし、汎用型人工知能と呼ばれる、人間のように考え行動するようなAI研究の進みは緩やかで、人間に反乱を起こすなどといったことは、現状のAI技術では起こり得ないと考えられます。AIへの正しい理解を持つことによって不必要に恐れを抱き、過剰に期待するような状況は避けられるのではないでしょうか。

皆さんも本章を通して、AIや人工知能の概念について正しく理解し、ビジネスだけでなく普段の生活に有効活用していきましょう。

本章の内容は学習したところがそのまま点数になる範囲です。時間がない方は、そのキーワードを押さえておくだけでもG検定の本試験では有利となるでしょう。

1.1　人工知能の定義

問1　★★　➡解答　p.22  

次の文章を読み、空欄に最もよく当てはまる選択肢を選べ。

近年話題にあがる人工知能やAI (Artificial Intelligence) とは、映画「ターミネーター」(1984) などのSF作品によるものから「汎用型人工知能」をイメージする人が多い。しかし、近年目覚ましい活躍を遂げているのは(　ア　)型人工知能のことである。たとえば、囲碁に(　ア　)した人工知能(　イ　)(2016) などは、その最たるものの1つである。ある特定のタスクについて人間よりも秀でているものを作ることは可能であるが、善悪などの難しい哲学的問題や、多角的に判断しなければならないタスクに関してはまだ実現にいたっていない。

また、「汎用型人工知能」を「(　ウ　)AI」、「(　ア　)型人工知能」を「(　エ　)AI」ということもある。

(ア) の選択肢
1. 集中
2. 特化
3. 指令
4. 再帰

(イ) の選択肢
1. Ponanza
2. Stockfish
3. elmo
4. AlphaGo

(ウ) の選択肢
1. 賢い
2. 強い
3. 良い
4. 一般

(エ) の選択肢
1. 特定
2. 悪い
3. 弱い
4. 愚かな

問2　★

➡解答　p.24 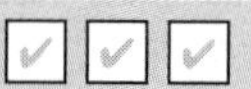

次の文章を読み、空欄に最もよく当てはまる選択肢をそれぞれ1つずつ選べ。

1956年のアメリカ（　ア　）大学において、「（　ア　）会議」という研究発表会が行われた。当時その大学に在籍していた（　イ　）が、会議の提案書において初めて「人工知能（Artificial Intelligence）」という言葉を使ったとされている。また、（　イ　）は研究分野の区分に対しても、「人工知能」という研究分野にしようと同会議で命名した。

（ア）の選択肢
1. ポーツマス
2. ダートマス
3. カリフォルニア
4. スタンフォード

（イ）の選択肢
1. ジョン・マッカーシー
2. アラン・チューリング
3. マービン・ミンスキー
4. クロード・シャノン

問3　★

➡解答　p.24 

人工知能の分類方法にはさまざまな枠組みが存在するが、今回はその中でも「エージェント アプローチ人工知能」（Stuart Russell、Peter Norvig著、共立出版）にて示されている分類を以下にまとめた。
空欄に最もよく当てはまる選択肢をそれぞれ1つずつ選べ。

レベル1：シンプルな（　ア　）
一般的な電化製品に搭載されている、すべての振る舞いがあらかじめ決められているようなもの。

レベル2：古典的な人工知能
掃除ロボットなどの探索・推論、知識データを利用することで、状況に応じて複雑な振る舞いを行うもの。

レベル3：（　イ　）を取り入れた人工知能
非常に多くのデータをもとに、入力と出力の関係を学習したもの。
検索エンジンや交通渋滞の予測などに用いられている。

レベル4：（　ウ　）を取り入れた人工知能
レベル3で行っているものの中でも、（　ウ　）を用いているもの。

画像認識、音声認識、機械翻訳などの、従来コンピュータでは難しいとされていた分野での応用が近年盛んになっている。

(ア)の選択肢
1. ディープラーニング
2. 特徴量
3. 線形代数
4. 制御工学

(イ)の選択肢
1. 機械学習
2. プログラミング
3. 情報理論
4. 最適化

(ウ)の選択肢
1. VBA
2. 人間工学
3. ディープラーニング
4. ベイズ統計モデリング

問4　★　➡解答　p.26　☑☑☑

人工知能分野において、新しい技術が開発されてもその仕組みが浸透し原理が分かってしまうと、人工知能を「単なる自動化であって人工知能ではない」と考え始めることを「何効果」というか。

1. 技術荒廃効果
2. 人工知能最小化効果
3. AI効果
4. ELIZA(エライザ)効果

1.2　人工知能の歴史

問1　★　➡解答　p.26

現在の人工知能の発展にはコンピュータの進化が不可欠であった。1946年ペンシルベニア大学で開発された汎用電子式コンピュータを何というか。

1. チューリングマシン
2. エニアック（ENIAC）
3. エニグマ（ENIGMA）
4. エドサック（EDSAC）

問2　★★★　➡解答　p.27

「ロジック・セオリスト」は、初めての人工知能プログラムといわれており、1956年の「ダートマス会議」で、アレン・ニューウェルとハーバート・サイモンによってデモンストレーションされた。関連する以下の選択肢うち、不適切なものを選べ。

1. 「ロジック・セオリスト」は、記号論理学において定理を証明するコンピュータプログラムである。「プリンキピア・マテマティカ」という数学書に含まれる52の定理のうち、73%を証明した。
2. ジョン・マッカーシーはダートマス会議の提案（1955年）において、「人工知能」という言葉を生み出した。
3. 論理表現では、「～P→（Q v ～P）」と書くと、「P以外ならば、QまたはP以外」であることを示す。「→」（ならば）や「v」（または）は論理結合子と呼ぶ。「ロジック・セオリスト」では、このように記号によって知識を階層的に表現する。
4. 「ロジック・セオリスト」は、証明すべき定理から逆算的に有効な推論をしていき、それを公理に到達するまで続ける。なお、「ロジック・セオリスト」においては、問題を論理的に正しい解を求める「アルゴリズム」によって推論・解決する。

問3　★★　➡解答　p.28

次の文章を読み、空欄に最も当てはまる選択肢をそれぞれ1つずつ選べ。

近年におけるAIブームは、初めて起こったものではなく、これまでの歴史の中で何度も流行になったことがあった。しかしそのたびに冬の時代を迎えていた。それら流行と冬の時代は大まかに3つの時代に分けて語られる。

第1次AIブームは「推論と探索の時代」と呼ばれている。1950年代末～1960年ごろに流行し、「（　ア　）」と呼ばれるような簡単な迷路などの問題を解くことができるAIが開発され、それが話題になり流行となった。しかし複雑な問題には対応できなかったため、1970年代後半からはさまざまな人工知能研究への投資が打ち切られるなど、冬の時代に入ってしまった。

第2次AIブームは「知識の時代」とも呼ばれ、1980年代ごろから再度注目を集めた。当時、専門家の「知識」を用いて質問に答えたり問題を解いたりするプログラム、「（　イ　）」が話題になったが、そのデータベースの管理のたいへんさや用途が限定的すぎることにより、ここでもまた冬の時代を迎えてしまう。

第3次AIブームは「機械学習・特徴表現学習の時代」、もしくは「ディープラーニングの時代」などと呼ばれ、以前のブームの反省を活かし、再度ブームとなっている。2012年に物体の認識率を競う（　ウ　）という大会において、ディープラーニングを用いた技術が圧倒的な精度を出したことや、2016年には囲碁対戦用AI「AlphaGo」が人間のプロ囲碁士に勝利したことなどから注目を浴び、ブームとなった。

（ア）の選択肢

1. チュートリアルプロブレム
2. トイプロブレム
3. シンプルプロブレム
4. シークレタリープロブレム

（イ）の選択肢

1. セマンティックネットワーク
2. エキスパートシステム
3. ナレッジグラフ
4. エキスパートアドバイザー

（ウ）の選択肢

1. ILSVRC（ImageNet Large Scale Visual Recognition Challenge）
2. Kaggle
3. SIGNATE
4. AtCoder

問4　　★★　　➡解答　p.29 

2012年に、ディープラーニングを利用したAlexNetと呼ばれるモデルが画像認識の大会で優勝し、注目を集めた。以降ディープラーニングを利用した手法は、さまざまな分野で成果を上げている。ここでディープラーニングを利用した成果として、不適切なものを以下の選択肢から選べ。

1. 囲碁においてAlphaGoと呼ばれるモデルが人間のプロ棋士に勝利した。
2. 1000クラスの画像分類においてPReLU-netと呼ばれるモデルが人間の分類精度を超えた。
3. GPT-3と呼ばれる言語モデルが、大学のレポート課題に合格した。
4. チェスにおいて ディープブルーと呼ばれるスーパーコンピュータが人間のグランドマスターに勝利した。

解答と解説

1.1　人工知能の定義

問1　　➡問題　p.17

解答　（ア）2、（イ）4、（ウ）2、（エ）3

解説

人工知能の分類や、代表名について問う問題です。

（ア）の答えは、選択肢2の**特化型人工知能**です。1つのタスクのみに特化していることがこれの特徴であり、限られた場面や条件でのみ人間と同等またはそれ以上の精度を誇ります。汎用型と特化型の違いは下図を参考してください。

（イ）の答えは、選択肢4の**AlphaGo**です。1の**Ponanza**は2015・2016年に世界コンピュータ将棋選手権で優勝していた将棋AIなので不正解です。選択肢2の**Stockfish**はたびたびTCEC（Top Chess Engine Championship）で優勝したチェスAIです。選択肢3の**elmo**は2017年にトップクラスだった将棋のAIです。ただし、2017年以降にはelmoやStockfishにも少しの学習で勝つことのできる**AlphaZero**というAIが開発されています。

▼汎用型AI

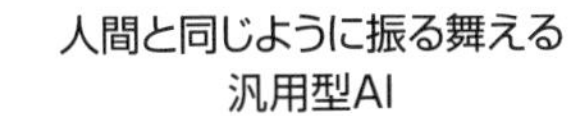

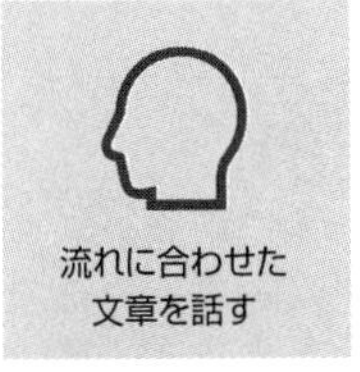

▼特化型AI

（ウ）の答えは、選択肢2の「強いAI」、（エ）の答えは選択肢3の「弱いAI」です。アメリカの哲学者ジョン・サールによって論文で提示された区分はこの名前でした。

問2

➡問題　p.18

解答　(ア)2、(イ)1

解説

人工知能の始まりについて問う問題です。

(ア)の答えは、選択肢2の**ダートマス大学、ダートマス会議**です。当時の研究発表の正式名称は「人工知能に関するダートマスの夏期研究会」であり、会議というよりは「ブレーンストーミング」に近かったといわれています。コンピュータが出てきて間もなかった時期で、機械が私たちの知能をシミュレートできるようになるための研究について、意見交換をしたいがために行われたものでした。その他の選択肢は、地名や他の大学名なので、この文脈には適しません。

(イ)の答えは、選択肢1の**ジョン・マッカーシー**です。会議自体の発起人であり、主催者です。実は、「人工知能」の概念自体は、選択肢2の**アラン・チューリング**がこの会議の前にすでに提唱していたといわれています。しかし、この会議において研究分野に命名したわけではないため不正解です。また、その他の選択肢は、当時ダートマス会議に参加していた者の名前であり、同様の理由から不正解です。

問3

➡問題　p.18

解答　(ア)4、(イ)1、(ウ)3

解説

人工知能のレベル別の分類を問う問題です。

■(ア)の解説

(ア)の答えは、選択肢4の**制御工学**です。「制御工学」とは、その名の通り制御するための学問であるため、ものを操ることに関する問題が含まれればその対象となります。そのためこの空欄には適しています。

選択肢1の**ディープラーニング**は一般的な電化製品には搭載されていません。

選択肢2の**特徴量**とは、いわゆるデータと置き換えても意味が同じですが、「シンプルなデータ」が電化製品に搭載されてるというのは誤りです。

選択肢3の**線形代数**は、(これは大学数学に含まれニューラルネットワークの理解には必要な学問ですが)どの分野にもある程度含まれているもので、特に人工知能分野という縛りがあるというわけでもないため誤りです。

■(イ)の解説

(イ)の答えは、選択肢1の**機械学習**です。これまでの単純な繰り返しと条件分岐を人手で設計することには限界があるため、多くのデータからルールを自動的に獲得する機械学習を導入したプロダクトも近年出てきています。

選択肢2の**プログラミング**とはその名の通りプログラムを記述することです。これはレベル1から使われているものなので不適当です。

選択肢3の**情報理論**とは、「情報とは何かを定義し、その適切な扱い方を考える」学問です。そのため、データ圧縮などに使われている理論であり、ここでは不適当です。

選択肢4の**最適化**は、関数やそれによる予測を「よりよい」状態にするための学問であるため、ここでは不適当です。

■(ウ)の解説

(ウ)の答えは、選択肢3の**ディープラーニング**です。機械学習の手法の中でも、ディープラーニングの汎用性とその精度は非常に高いとされています。

選択肢1の**VBA**は、Microsoft Officeにおけるプログラミング言語のことなので、この文脈には適しません。

選択肢2の**人間工学**は、プロダクトのUI/UX(ユーザーのサービスによる体験など)を主に考える学問のためここでは不正解です。

選択肢4の**ベイズ統計モデリング**は、ベイズの理論を用いた機械学習の手法を広くいいます。現在では、ベイズ統計モデリングは計算量などの観点から実務に広く応用されているとはいい難いため、今回は不適当です。しかし、この手法が実務にも広く使えると、予測の「不確実性」まで定量的に扱えるようになるので、その研究も近年盛んになっています。

▼「エージェントアプローチ人工知能」での分類

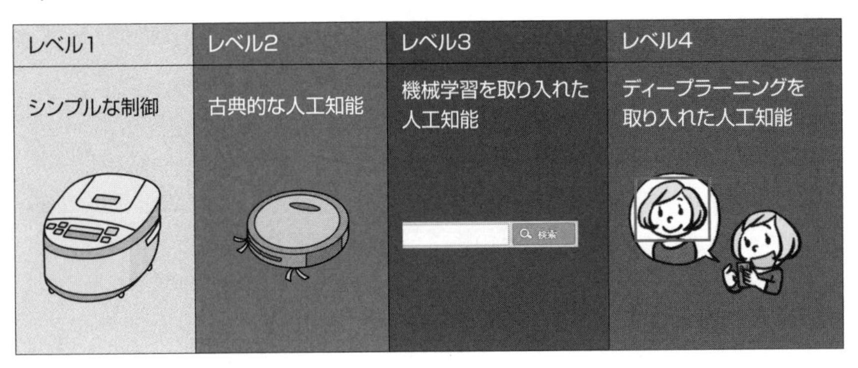

問4

➡問題　p.19

解答　3

解説

AI効果について問う問題です

この問題の答えは選択肢3の**AI効果**です。AI効果も相まって、近年では「人工知能」や「AI」という言葉がどのように受け取られるかが人によって異なってしまう傾向にあります。そのため実務において「AI」という言葉を使う場合には、具体的にどのようなものを指しているかの共通認識をすり合わせることが重要です。

選択肢1、選択肢2の「技術荒廃化」や「人工知能最小化効果」は、存在しない言葉です。

選択肢4の「**ELIZA(エライザ)効果**」とは、「意識的にはわかっていても、無意識的にコンピュータが人間と似た動機があるように感じてしまう」現象のことです。ELIZAという名はチャットボットの元祖「ELIZA」から由来しています(p.54参照)。ELIZAは単にオウム返しのような返答をしたり、関連することを投げ掛けたりするようにプログラムされているだけでしたが、対話している人はELIZAが話題に興味を持っているように感じてしまうことからこの効果の名前が付きました。

1.2　人工知能の歴史

問1

➡問題　p.20

解答　2

解説

初期のコンピュータについて問う問題です。

この問題の答えは選択肢2の**エニアック(ENIAC)**です。ENIACとはElectronic Numerical Integrator and Computerの略で、いわゆる電子計算機と名付けられました。第2次世界大戦中、敵の暗号を解読するには人の計算量では限界がありました。そこで、機械に計算をしてもらうことで暗号解読ができるのではないかと考えられ、軍の資金が多く注ぎ込まれて研究開発されました。

選択肢1の**チューリングマシン**は、マシンと名がついていますが実際の機械があるわけではなく、1930年代に**アラン・チューリング**が考えた自動計算機械の理論のことをそう呼んでいます。**自動計算機械**とは、機械に自動的に計算を行わせるための理論です。当時の暗号解読には、人手では限界があったため、機械による自動化をする必要があるとチューリングは考えていました。そのためこのような自動計算をする機械の理論を先んじて考え、実現しようとしていたのです。

選択肢3の**エニグマ**(**ENIGMA**)は同時期にナチス・ドイツが用いていた暗号機(文章を暗号化する機械)の名前です。

選択肢4の**エドサック**(**EDSAC**)は1949年開発された初期のイギリスのコンピュータです。この EDSACのハードウェア構成は今のコンピュータと相違ないもので、コンピュータの基礎となるようなものを作り上げていました。

問2

➡問題　p.20

解答　4

解説

この問題は、初めての人工知能プログラムといわれている「ロジック・セオリスト」に関する知識を問う問題です。

1　○　適切。その後、1950年代後半から1960年代まで、第1次AIブームが始まりました。この時代には「推論」と「探索」を行うプログラムが開発され、パズルや迷路、チェスなどを解くAIが登場しました。

2　○　適切。現在のAIに繋がる概念自体は、「チューリングテスト」や「チューリングマシン」で知られる、アラン・チューリングが1947年にロンドン数学学会の講義で提唱したのが最初との見方もあります。

なお、ダートマス会議ではロジック・セオリストを発表した際には、あまり評価されませんでした。原因の1つとして、人間の知能をコンピュータプログラムとして実現することに反発があったことが挙げられています。

3　○　適切。ロジック・セオリストでは、論理式は主要素とサブ要素の階層構造で表現されます。選択肢3において、主結合「→」が主要素であり、その他の要素として「～ P」や「(Q v ～ P)」の下位要素があります。

また、右のサブ要素である「(Q v ～P)」をサブ表現と呼びますが、これ自体にも、主要素とサブ要素があり、「～P→(Q v ～P)」が階層構造からなっていることがわかります。記号論理(数理論理、論理代数とも呼ばれる)は、命題・概念・推論などを、その要素と関係に還元して記号で表記し、論理的展開を数学的演算の形で明らかにする論理学の一分野です。哲学・数学の他、科学分野、社会科学などにも応用されます。

4　×　不適切。前半部分については正しいですが、後半部分の問題の解法についての説明が誤りです。ロジック・セオリストでは、問題はヒューリスティックに解決されます。**ヒューリスティック**とは、ある程度正解に近い解を見つけ出すための経験則や発見方法のことで、「発見法」とも呼ばれます。いつも正解するとは限らないが、おおむね正解するという直感的な思考方法で、たとえば、服装からその人の性格や職業を判断するといったことは、ヒューリスティックな方法といえます。

理論的に正しい解を求め、コンピュータのプログラムなどに活用される「**アルゴリズム**」に対置する概念です。

問3

➡問題　p.21

解答　（ア）2、（イ）2、（ウ）1

解説

AIの歴史について問う問題です。

■（ア）の解説

（ア）の答えは、選択肢2の**トイプロブレム**です。当時話題になっていたものは、迷路を解くAIや、ロボットを制御するAIでした。コンピュータが自ら動いて問題を解いている様を見て、人々は過度に期待をしましたが、実際に扱える問題は計算量やメモリがそれほど多くない「トイプロブレム」でした。

選択肢4のシークレタリープロブレムは「秘書問題」という名で知られています。最適化における問題であるため不適当です。その他の選択肢は存在しません。

■（イ）の解説

（イ）の答えは、選択肢2の**エキスパートシステム**です。エキスパートシステム自体は、単に大規模な条件分岐で構成されているプログラムでしたが、当時はその過程や根拠を示していたこともあり、有用だとされていました。専門家と同程度の成果は出ませんでしたが，その有用性から2020年現代でもエキスパートシステムは商品を推薦するレコメンドシステムなどで活用されています。

選択肢1の**セマンティックネットワーク**とは、**意味ネットワーク**ともいい、知識をネットワーク構造で表したものを指します。人間の知識や記憶をネットワーク構造で表そうという試みは1980年代ごろから盛んに行われていました。現在でもその技術は、身近なプロダクトに応用されています。

選択肢3の**ナレッジグラフ**は、1の意味ネットワーク中でも、インターネット上などの雑多な情報から、半自動的に構築しているものを特にナレッジグラフといいます。意味ネットワークを人手で設計、構築するのは時間や手間が非常にかかります。そのため、少ないコストで半自動的に構築したいということから、ナレッジグラフというものが開発されました。現在一般的には Google社の使用しているナレッジグラフのことを指す場合が多いですが、用語としては上記のものを指します。ただし、空欄には適さないため、不正解です。

選択肢4のエキスパートアドバイザーは自動売買取引を行うツールの名前のため、不適当です。

■(ウ)の解説

(ウ)の答えは、選択肢1のILSVRCです。

選択肢2のKaggleはデータサイエンティストをサポートする目的で設立した世界的なウェブプラットフォームです。そこでは主に何かを予測するためのコンペティションが開催されていて、それに伴ったディスカッションなども頻繁に行われています。

選択肢3のSIGNATEも同様のプラットフォームですが、日本の企業やデータが多く採用されているものになります。

選択肢4のAtCoderは競技プログラミングという、どれだけ早く問題をプログラムで解けるかを競うコンテストを行っているサービスです。

これらの誤った選択肢はどれもAIや機械学習にかかわるスキルセットの話をする上でよく出てくる単語ですので、覚えておきたいものになります。

問4

➡問題　p.22

解答　4

解説

ディープラーニングを利用した成果について問う問題です。

1. ○　適切。AlphaGoはDeepMind社が開発したディープラーニングを利用した囲碁AIであり、2016年にプロ棋士であるイ・セドルに勝利しました。
2. ○　適切。ImageNetと呼ばれる1000クラスの画像を含むデータセットに対する人間のエラー率は5.1%といわれています。ここで2015年にMicrosoftが公開したPReLU-netはエラー率が4.9%であり、人間の分類精度を上回ったといわれています。
3. ○　適切。GPT-3はOpenAIが2020年に発表した、ディープラーニングを利用した言語モデルであり、自然な文章を生成することができます。教育系WebサイトのEduRefは、GPT-3を利用してさまざまなテーマの大学の授業のレポートを作成する実験を行いました。この実験によりGPT-3は4科目中3科目で合格点を獲得できることが明らかになりました。
4. ×　不適切。ディープブルーとはIBM社が開発したチェス専用のスーパーコンピュータであり、1997年に人間のグランドマスターであるガルリ・カスパロフに勝利しました。しかしながら利用されたアルゴリズムはディープラーニングを利用したものではありません。ディープブルーによる次の一手の計算は、まずデータベースから現在の盤面の過去の名人の手を検索し、もしデータベースに情報がなかったら全幅探索によって良い手を見つけるといったものでした。

選択肢4は、ディープラーニングを利用していませんので、不適切なものを選ぶ本問題の正答となります。

用語解説

汎用型人工知能	人間の知的処理を総合的に行えるAIで、SF等の作品に登場するAIの多くはこの汎用型AIであることが多い。
特化型人工知能	1つのタスクに特化したAIで、現在「**AI**」と呼ばれ、社会適応されている技術。
ダートマス会議	初めて人工知能という言葉が登場した会議。
ジョン・マッカーシー	アメリカの計算機科学者。ダートマス会議を主催し、人工知能という言葉を初めて公に用いた。
特徴量	データの特徴を表す量で、**説明変数**とも呼ばれる。
AI効果	人工知能プログラムの中身がわかってしまうと、単なる自動化だと思ってしまう心理現象。
エニアック(ENIAC)	Electronic Numerical Integrator and Computerの略で、アメリカで開発された黎明期の電子計算機。

第2章

人工知能をめぐる動向と問題

この章の概要

本章では、第1次AIブームから現在に至るまでの、人工知能研究の歴史や、抱えていた問題について、前章よりつぶさに出題していきます。

本章の問題と解説を通して、これまでのAI研究の変遷への理解をさらに深め、現在のAI研究の礎になっている考え方を理解しましょう。また、近年におけるAIの取り扱いにおいて、過去の経験から学ぶことは大きな意味を持ちます。

人間は未知の技術に対して、良い意味でも悪い意味でも「過度な期待」をしてしまう生き物です。「機械が人間のように考える」とはなんともロマンチックな響きですが、過度にAIに期待した結果、これまで幾度となく無為に終わる大規模投資が行われてきました。現在でもそのようなケースはありますが、今までの経験から少しずつ学び「過大評価」も「過小評価」もしにくくなっていきました。

また、近年では現実問題に適応できるほどコンピュータの性能(計算速度やデータ量)やアルゴリズムの性能が向上し、実務に大きく役に立つレベルまで発展して来ました。

G検定試験では、この章の範囲は単語を問われるケースが多々あります。ただし、単語を暗記するにしてもどのような経緯でその出来事が起こったのか、またどのようなものなのかを具体的に知っておくことで、記憶しやすくなります。特に理解しにくい「探索・推論」に関連する内容や、哲学的な議論内容、現在でも使われている技術に関する内容などには注意を払って取り組んでみてください。

AI技術は将来「汎用技術」になるといわれています。「汎用技術」とはインターネットのような、これからも重要なインフラの一部になるような技術のことです。この技術を「汎用技術」とするか、ただのブームにするかはわれわれの活用の仕方にかかっています。これまでの歴史からしっかりと学び、われわれの生活を豊かにするためにAI技術を上手に活用していきましょう。

2.1　探索・推論

問1　★★

➡解答　p.47

次の文章を読み、空欄（ア）と（イ）の組み合わせとして最も適切な選択肢を選べ。

1960年代ごろの第1次AIブーム時に研究されていたものの1つで、迷路や数学の定理の証明を機械にさせようとする研究があった。その中で使われた「探索木」という考え方は現在でも多くの分野で汎用的に使われているものである。

具体的には図1のように迷路を木構造にして、場合分けを可視化することによって「探索木」とする。この探索木を探索する方法として、1ステップずつすべての場合分けを同時にメモリに保存しながら深くしていく図2のような探索方法を、「（　ア　）」という。

他にも、行き止まりかゴールにたどり着くまで一度探索し、、行き止まりだった場合は他の場合分けをまた最後まで探索する図3の探索方法を「（　イ　）」という。

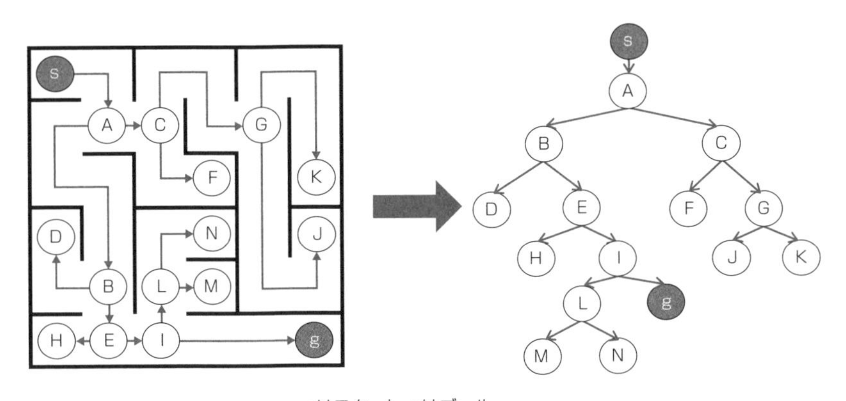

sはスタート、gはゴール

図1

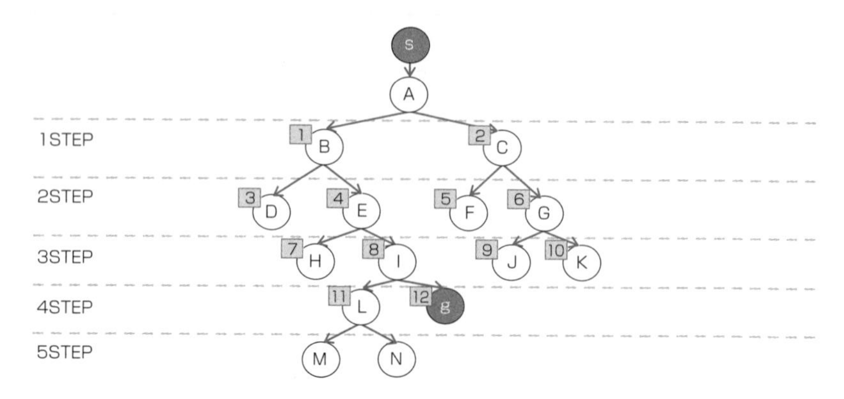

図2（四角の番号順に探索、記憶していく）

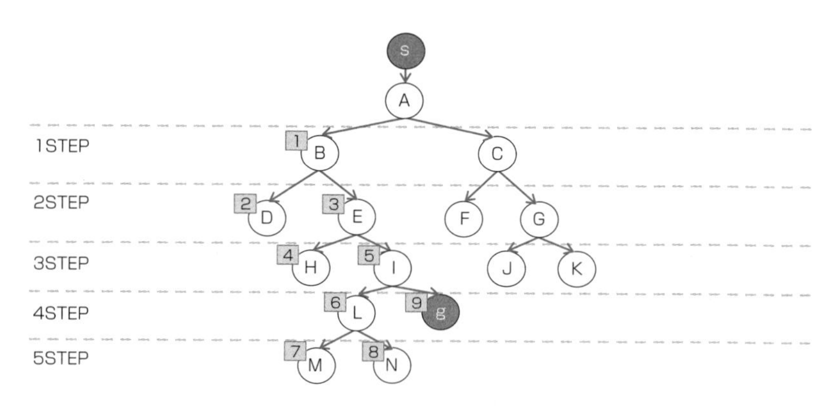

図3（四角の番号順に探索、ゴールでない場所は記憶しない）

（ア）（イ）の選択肢

1. 深さ優先探索、幅優先探索
2. 幅優先探索、　深さ優先探索
3. 深さ優先探索、縦型探索
4. 横型探索、　　幅優先探索

問2　★★

➡解答　p.48

2

次の図を参考に文章を読み、空欄に最もよく当てはまる選択肢をそれぞれ1つずつ選べ。

3本の杭と中央に穴の開いた円盤が複数ある。円盤は大きさがそれぞれ異なり同じものは1つもない。始めは1つの杭にすべての円盤が上から小さい順に重なっている。円盤を一度に1枚ずつ移動させることができるが、小さな円盤の上には大きな円盤を乗せることはできない。このとき、すべての円盤を右の杭に動かすには、どうすれば良いかというパズルを「(　ア　)」という。

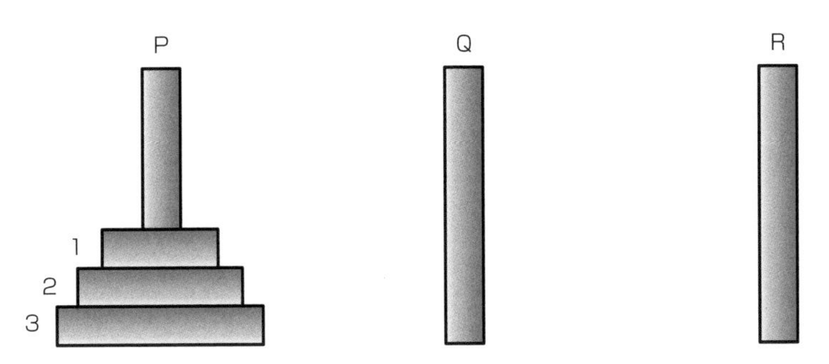

このパズルが話題に上る理由として、構造自体単純であるが円盤の枚数が増えるたびに(　イ　)的に手数が増えてしまうという点がある。3枚ならば7回で済むが、64枚だと約1800京回かかる(1京は1兆の10000倍)。このような場合分けが増えてしまうようなことを「組み合わせ爆発」と呼ぶ。

(ア)の選択肢

1. モンティ・ホール問題
2. バックギャモン
3. ハノイの塔
4. スライディングブロックパズル

(イ)の選択肢

1. 多項式関数
2. 指数関数
3. 対数関数
4. 二次関数

問題

問3　★★

➡解答　p.49

次の文章を読み、空欄に最もよく当てはまる選択肢を選べ。

ボードゲームのような問題では、「コスト」という考え方を導入することによって打つ手の探索数を減らした。「コスト」はボードゲームにおいては、ある局面の状態が自分にとってどの程度有利かを表す「スコア」とも言い換えられる。代表的な手法を取り上げると、自分のターンにおいてスコアが最大(つまり最も自分が有利)になり、相手のターンでは自分のスコアが最小になるような手を選ぶだろうと仮定し、探索する手法がある。こういった探索手法を(　ア　)法と呼ぶ。

(ア)の選択肢

1. Nega $\alpha\beta$
2. Negamax
3. 最尤
4. Mini-Max

問4　★★

➡解答　p.50

次の文章を読み、空欄(ア)と(イ)、空欄(ウ)と(エ)の組み合わせとして最も適切な選択肢を選べ。

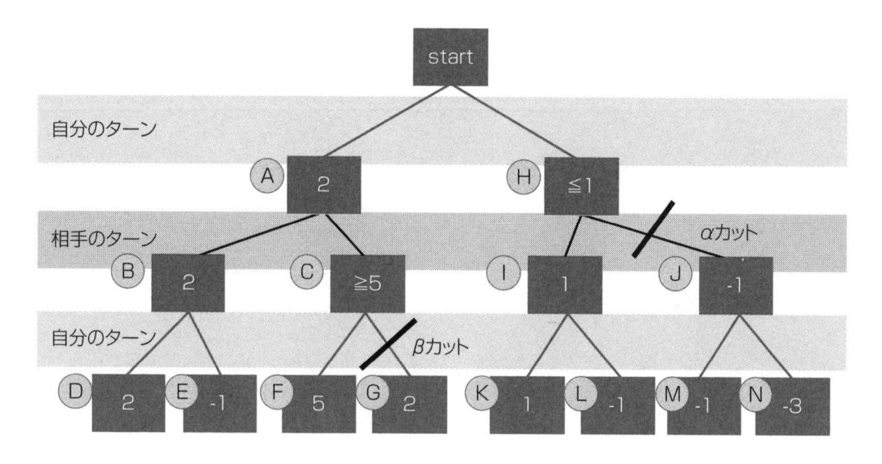

図：枝刈り手順

上記の図をもとに、3手先読みのαβ法を実践した手順を以下に示す。
前提として、深さ優先探索のMini-Max法で進めていくとする。
①深さ優先探索として、左の選択肢から探索していく。最初に、DとEを探索した上で、それぞれのスコアがわかった。このときは自分のターンのため、必然的にDを取ると考える。よってBの手は暫定2のスコアを取れる手だと判定できる。
②次にFを探索し，5だとわかった時点で、自分は5以上の手を取れることがわかった。それを相手も把握しているとすると、相手はスコアを低くする手を取りたいので、明らかにBとCではBを取るはずである。すると、Gは探索しても意味がなくなるため、探索せずに済む。これをβカットという（βは現状（　ア　）であり、それより（　イ　）値が出た）。また、ここまでで、Aの手のスコアは2だとわかる。
③A側の探索が完了したので、次にH側の手を探索していく。最初にKとLを探索し、自分はスコアの大きくなるKを選択するはずなので、Iの手のスコアは1であるとわかった。その時点で、仮に自分がHの手を選択すると、相手はターンでは最低でも1以下の手を取れてしまうことがわかる。そのため、自分は確実にHではなくAの選択肢を取るべきである。よって、J以降の手を探索する必要がなくなる。これをαカットという（αは（　ウ　）であり、それより（　エ　）値が出た）。

（ア）（イ）の選択肢
1. 2、大きい
2. 2、小さい
3. 5、大きい
4. −1、大きい

（ウ）（エ）の選択肢
1. 2、大きい
2. 2、小さい
3. −1、大きい
4. 1、小さい

2

問題

問5　★★

➡解答　p.51

次の文章を読み、空欄に最もよく当てはまる選択肢を選べ。

ボードゲームにおいて、既存の「スコア評価」では9×9の小さな囲碁でさえ、アマチュア初段に勝つことは難しかった。原因として、スコア自体の評価がそもそもあまり正しくないということがわかってきたため、「(　ア　)法」というものを導入した。ボードゲームにおける「(　ア　)法」とは、結果の正誤を許容しつつ、数多くのシミュレーションをして最良な手(最適なスコア)を探索(評価)していくという手法である。

具体的なボードゲーム(リバーシ)における利用状況は以下のような形である。

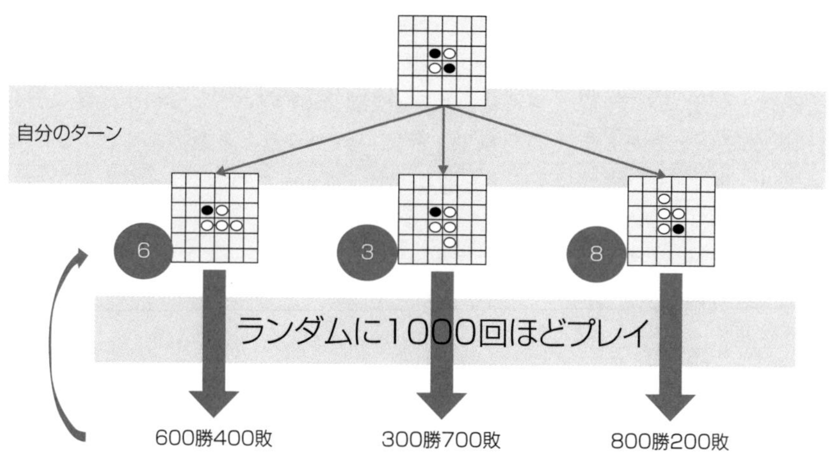

図：スコア評価のイメージ図

それぞれの手を指した後、ランダムに1000回プレイし、勝った数をそのままスコアに換算しようというような考え方である。

(ア)の選択肢

1. ラスベガス
2. ブートストラップ
3. メトロポリス
4. モンテカルロ

問6　　★　　➡解答　p.52

次の文章を読み、空欄に最も良く当てはまる選択肢をそれぞれ1つずつ選べ。

第1次AIブーム時、機械は四則演算や簡単な動作しかできなかったため、命令を簡単な処理に切り分ける「自動計画」という研究に焦点が置かれました。1971年にリチャード・ファイクスとニルス・ニルソンによって開発された、「前提条件」、「行動」、「結果」の3つの組み合わせで自動計画を記述できる言語を（　ア　）という。

また、このような自動計画を端末の画面の中の小さな「積み木の世界」に存在するさまざまな物体を動かすことで完全に実現しようとする研究も行われた。たとえば、円柱や球体、直方体などが並んでいる様子がユーザーの画面に映し出されており、ユーザーはその中の1つを「〜の上に置け」など文字で指示をすることができる。実際にAIはこれを実行して画面に反映することができ、動作の過程も説明することもできた。

1970年、スタンフォード大学のテリー・ウィノグラードによって行われたこのプロジェクトを（　イ　）という。

（ア）の選択肢

1. PDDL
2. STRIPS
3. ASIMO
4. GPS (General Problem Solver)

（イ）の選択肢

1. 第5世代コンピュータプロジェクト
2. シェーキー
3. Cycプロジェクト
4. SHRDLU

2.2　知識表現

問1　★

➡解答　p.54

次の文章を読み、空欄に最もよく当てはまる選択肢をそれぞれ1つずつ選べ。

第2次AIブームは「知識表現」の時代といわれている。当時話題になり、AIブームの火付け役となったものの1つに、1964年から1966年にかけてジョセフ・ワイゼンバウムによって開発された「(　ア　)」というものがある。こういった対話ロボットの中でも、あらかじめ決められたルールなどを使い、会話するものを「人工(　イ　)」と呼ぶ。この「(　ア　)」はオウム返しのような返答をしていたが、それだけでもこれを人間と対話しているようだと感じる人は多かった。

(ア)の選択肢
1. ELIZA
2. A.L.I.C.E.
3. Alexa
4. Siri

(イ)の選択肢
1. 才能
2. 機能
3. 無脳
4. 樟脳

問2　★

➡解答　p.55 

次の文章を読み、空欄に最もよく当てはまる選択肢を選べ。

ある対話式の機械に対し、「人間的」かどうかを判定するためのテストのことをイギリスの数学者の名前から「(　ア　)テスト」という。このテストは、何かしらのデバイスを通して、AIか人間かを判定者がどれだけ見分けられたかで定量化するテストである。合格基準の1つは、判定者の30%以上が対話相手を人間かコンピュータか判断つかないと判定することであり、2014年にロシアのチャットボット「ユージーン・グーツマン」が、13歳の少年という設定で初めて合格したとされている。

(ア)の選択肢
1. ピアソン
2. チューリング
3. ルイス
4. ハレー

問3　　★　　➡解答　p.56 

1980年代、「エキスパートシステム」の世界的企業への導入によりAI研究が再度ブームとなった。この「エキスパートシステム」の初期の例としてよく出されるプログラムは「Mycin」(1970年代)である。これは、どのようなプログラムか次の選択肢から選べ。

1. 伝染性の血液疾患を診断し、抗生物質を推奨するようにデザインされているプログラム
2. 未知の有機化合物を質量分析法で分析したデータと、有機化学の知識を用いて適合する化学構造を割り出すプログラム
3. 価格の変動パターンなど大量の市場データの分析による超短期の市場予測に基づき、取引の執行まで自動的に行うプログラム
4. 世界初の数式処理を行うプログラム

問4　　★　　➡解答　p.57 

次の文章を読み、空欄に最もよく当てはまる選択肢をそれぞれ1つずつ選べ。

2009年4月、IBM社が開発した「ワトソン」は、アメリカのクイズ番組「ジェパディ！」にチャレンジすると発表した。ワトソンは問題で問われた質問を理解し、文脈を含めて質問の趣旨を理解し、大量の情報の中から適切な解答を選択し回答する。IBM社はこの技術を、医療やコールセンターの顧客サービスなどに活用できるとし、開発を続けている。また、IBM社はこれを「人工知能」ではなく、「(　ア　)」という形でAIと名付けていて、あくまで人間の補佐をする形で機能するものだとしている。現在すでに実用例もあるが、チャットボットによるフルオートな顧客サービスではなく、顧客サービスを行う人の手助けとして機能するものとして提供されている。

また、日本ではこのような質問応答をするAIとして、東大入試合格を目指す「(　イ　)」というプロジェクトもあった。2011年ごろから開始されたものであり、最終的には進研模試で偏差値57.8をマークし、MARCH※合格レベルには達したといわれている。2016年にNHKによって「計画は断念された」と報道されたが、2019年に研究者本人によるツイートから、“研究は現在も続けている。2021年までの計画だ”という旨の発言があった。

※MARCH：東京の私立大学群の名称。明治大学、青山学院大学、立教大学、中央大学、法政大学の英字表記の頭文字をつなぎ合わせた名称。

（ア）の選択肢

1. 進化知能 Advanced Intelligence
2. 絶対知能 Absolute Intelligence
3. 抽象知能 Abstract Intelligence
4. 拡張知能 Augmented Intelligence

（イ）の選択肢

1. りんな
2. 東ロボくん
3. ディープブルー
4. Tay（テイ）

2.3　機械学習

問1　★★★　➡解答　p.59

次の文章のうち、正しく説明している文を1つ選べ。

1. レコメンドシステムとは、利用者にとって有用と思われる情報または商品などを選び出し、それらを利用者の目的に合わせた形で提示するシステムである。
2. スパムフィルタとは、受信したメールの送信元を判定するシステムのことである。
3. 一般物体認識では、画像中に「ヨーロッパホラアナライオンのオス」といった特定の物体が存在するかしないかを判断する。
4. OCRとは、活字や手書き文字の画像データから文字列に変化する文字認識機能のことであるが、古典籍の「くずし字」は認識が簡単であるため機械学習を使用した手法は提案されていない。

2.4　人工知能における問題

問1　★★　➡解答　p.60 

次の文章を読み、空欄に最もよく当てはまる選択肢を選べ。

1969年にジョン・マッカーシーとパトリック・ヘイズによって提唱され、哲学者ダニエル・デネットによりその具体的な思考実験が提案された問題で、「ロボットは課題解決の枠にとらわれて、その枠の外を想像するのが難しい」という問題を「(　ア　)」という。

(ア)の選択肢

1. フレーム問題
2. プリン問題
3. シンボルグラウンディング問題
4. 組み合わせ爆発問題

問2　★　➡解答　p.61 

次の文章を読み、空欄に最もよく当てはまる選択肢を選べ。

チューリングテストは「機械が人間的かどうか」を判定するためのテストとして、1950年にアラン・チューリングによって提案された。その後，1980年に哲学者ジョン・サールによって発表された論文内で、チューリングテストの結果は何の指標にもならないという批判がされた。その論文内で発表された思考実験の名前は「(　ア　)」という。

(ア)の選択肢

1. テセウスの船
2. 哲学的ゾンビ
3. メアリーの部屋
4. 中国語の部屋

2
問題

問3　★★

➡解答　p.62

次の文章を読み、空欄に最もよく当てはまる選択肢を選べ。

認知科学者のスティーブン・ハルナッドにより議論されたもので、「記号とその対象がいかにして結びつくか」という問題のことを「(　ア　)」という。

(ア)の選択肢
1. 身体性の問題
2. シンボルグラウンディング問題
3. ハルナッド問題
4. 連想問題

問4　★★

➡解答　p.63

次の文章を読み、空欄(ア)(イ)(ウ)の組み合わせとして最も適切な選択肢を選べ。

機械が自動的に言語を翻訳できないかという研究は第1次AIブーム時からすでに始まっていた。そういった翻訳を「機械翻訳」と呼ぶ。機械翻訳の手法は歴史に即して大きく3分割することができる。

1つは1954年にジョージタウン大学でIBM社が主体で研究し始めてから1970年ごろまでやられていた、(　ア　)機械翻訳(RBMT)である。これは、各言語の「文法」を人手で入力していき、変換していくものであったが、人手では限界があることと、言語自体が非常に柔軟であったことから使いにくくうまくいかなかった。

2つ目は1990年代にIBM社が提唱した「IBMモデル」から取り入れられ始めた、(　イ　)機械翻訳(SMT)である。この手法は現在の機械学習と非常に類似していて、ある言語とその対訳を学習させてモデルとするものであった。これにより、以前の問題である人手でのルール追加による莫大なコストはかからなくなったがそれでも精度は現実的に運用できるほどではなかった。

最後は2014年に発表された、(　ウ　)ネットワークを用いた(　ウ　)機械翻訳(NMT)である。これにより格段に翻訳の精度は向上した。データが溜まるほどその精度は向上し続けていくため、現在ではこの方法が主流となっている。しかし、上記の2つの手法にも活用できる利点はあるため、一部の機能(構文解析など）は今も使われている。

（ア）（イ）（ウ）の選択肢

1. ルールベース、統計的、 ニューラル
2. 機械学習、 ルールベース、統計的
3. 統計的、 ルールベース、機械学習
4. 構文、 科学的、 ニューラル

問5 ★★ ➡解答 p.64 ☑☑☑

機械学習では、学習器（機械学習モデル）に与えるデータのことを「説明変数」または「特徴量」という。その「特徴量」について工夫する手法である「特徴量エンジニアリング」について、次の中から当てはまらないものを選べ。

1. 取引のログから一人あたりの平均取引時間を算出し、新たな特徴量とした。
2. 物体の画像データから輪郭情報を取り出し、新たな特徴量とした。
3. 文章データから単語の出現頻度を計算し、新たな特徴量とした。
4. カメラの画質が悪いのでカメラを変えて取得したデータを特徴量とした。

問6 ★★★ ➡解答 p.65 ☑☑☑

次の文章を読み、空欄に最もよく当てはまる選択肢を選べ。

予測したい数値に関わるデータを集めることや、データから特徴量を人手で加工・抽出することは機械学習において重要である。しかしディープラーニングを活用すると、後者の過程で特徴量を自動的に得る学習が可能である。こういった、特徴量の加工・抽出も学習器にさせることを「（　ア　）」と呼ぶ。

（ア）の選択肢

1. 半教師あり学習
2. 特徴表現学習
3. 強化学習
4. 教師なし学習

問7　★★　➡解答　p.66

次の文章を読み、空欄に最もよく当てはまる選択肢を選べ。

2005年レイ・カーツワイルが出版した書籍で、2045年には人工知能が自分自身よりも賢い人工知能を作り出すことにより、技術的特異点「(　ア　)」が起きると予言した。1.0の知能が1.1の知能を生み出すことができるならば、1.1も同様のことができ得るはずで、そうなると技術的な進化が爆発的に起こる、ということを予見したものだった。

▼(ア)のイメージ

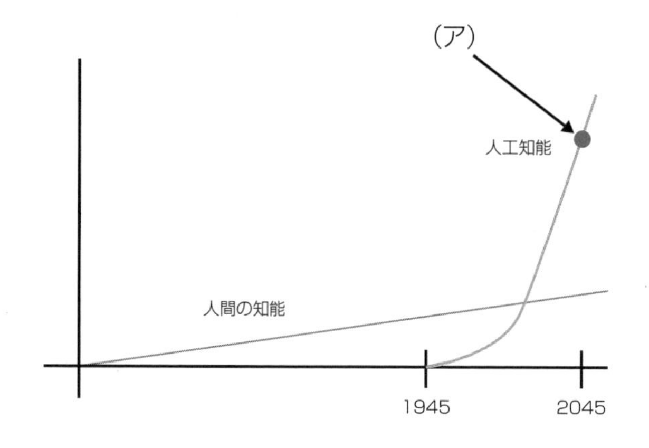

(ア)の選択肢

1. シンギュラリティ
2. トランセンデンス
3. シンクロニシティ
4. カタストロフィ

解答と解説

2.1　探索・推論

問1

➡問題　p.33

解答　2

解説

「探索木」について問う問題です。

答えは選択肢2の「幅優先探索、深さ優先探索」です。問題文にあるように、すべての場合分けを記憶しながら探索する方法が**幅優先探索**です。迷路を人間が解く場合も同じようなやり方をする人もいると思います。しかし、記憶できる量も限界があるので、一度行き止まりに行くまで試すような**深さ優先探索**に落ち着く人も多いと思います。どちらもメリットデメリットは存在しますが、この考え方は「探索」においては基礎的なものなので、覚えておきましょう。

また、選択肢3や選択肢4で出ている**縦型探索**、**横型探索**という名前はそれぞれ**深さ優先探索**と**幅優先探索の別名**であり、置き換えたとしても順番が適当ではありません。

▼**深さ優先探索のイメージ**

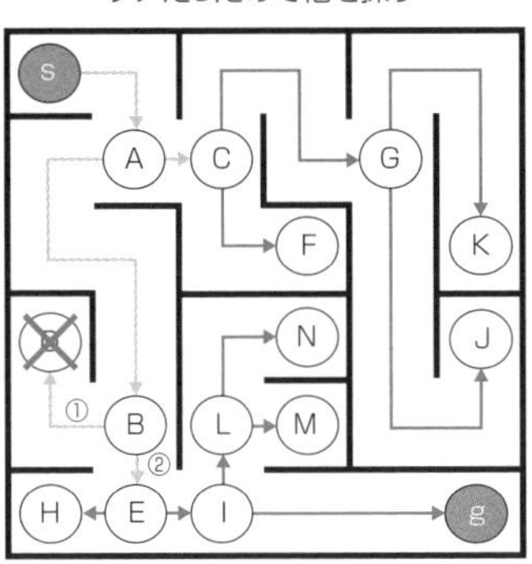

問2

➡問題　p.35

解答　(ア) 3、(イ) 2

解説

ハノイの塔について問う問題です。

■ (ア) の解説

(ア) の答えは、選択肢3の**ハノイの塔**です。フランスの数学者エドゥアール・リュカが1883年に発売したゲーム「ハノイの塔」がその名前のルーツだといわれています。その他の選択肢はさまざまなパズルや問題を取り上げました。

選択肢1の**モンティ・ホール問題**は「3つのドアがあり、1つは外れだと分かったら、自分が当たりだと思ったドアから解答を変えた方がいいのか」という問題です。これは、ベイズの理論に発展する確率論の話で、当時大きなムーブメントを巻き起こした問題ですので、興味がある方は調べてみるとおもしろいです。

選択肢2のバックギャモンは世界最古のボードゲームといわれている、15個のコマ2組と、2つのサイコロ2組で構成されるボードゲームです。

選択肢4のスライディングブロックパズルとは、ケースの中に収められたコマを動かして、目的の配置にするパズルの総称です。

■ (イ) の解説

(イ) の答えは、選択肢2の**指数関数的**です。「指数関数的」とは探索を行う上ではよく使われるので覚えておきたい表現になります。「ハノイの塔」のように、指数関数的に探索数が増大してしまう問題は、現実的な時間で解けるように、一つひとつ手法を発明していかなければなりません。そのため、近年ではそういった、探索数を減らす研究に力が注がれています。

選択肢1の**多項式関数**とは、$y=x^{\alpha}$のような関数で、指数関数よりも増加量は小さいもののため異なります。また、選択肢3の**対数関数**も同様に増加量は指数関数より小さくなります。選択肢4の**二次関数**は、多項式のうちの1つのため同じ理由で誤りです。以下に指数関数と、その他の関数を比べた図を用意したので参考にしてください。

▼**関数の増加量の例**

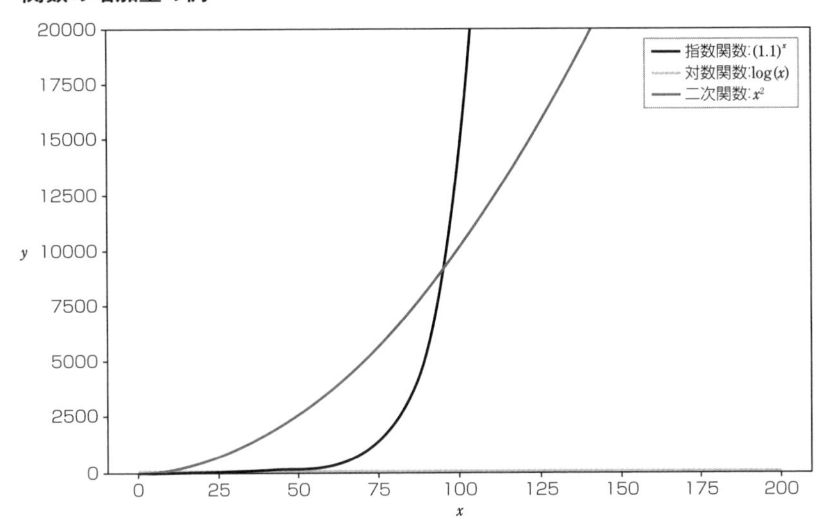

問3

➡問題　p.36

解答　4

解説

探索手法について問う問題です。

この問題の答えは選択肢4の**Mini-Max法**です。また、Mini-Max法の上で、「**αβ法**」という枝刈り手法があります。

選択肢1や選択肢2において、それぞれの名前に「Nega」という名が付く場合、相手ターンの行動に対する仮定が異なります。

通常の**Mini-Max法**や**αβ法**では、「**相手は自分のスコアが小さい手を取る**」と仮定します（つまり「自分に意地悪な手を打ってくる」と仮定します）が、「**Nega**」と付くと「**相手が相手自身のスコアが高くなるような手を取る**」と仮定します（つまり相手は相手自身のことを考えます）。

少し分かりづらいですが、自分の不利＝相手の有利とは限らないので、「相手は相手にとって有利になるように手を取るだろう」と考えるわけです。この手法のメリットはコード実装が簡潔になる点です。

選択肢3の**最尤法**は、統計学において最ももっともらしい値を推定する手法のため、不適当です。

Mini-Max法の手順を簡単に図で説明すると、以下のようになります。

▼Mini-Max法

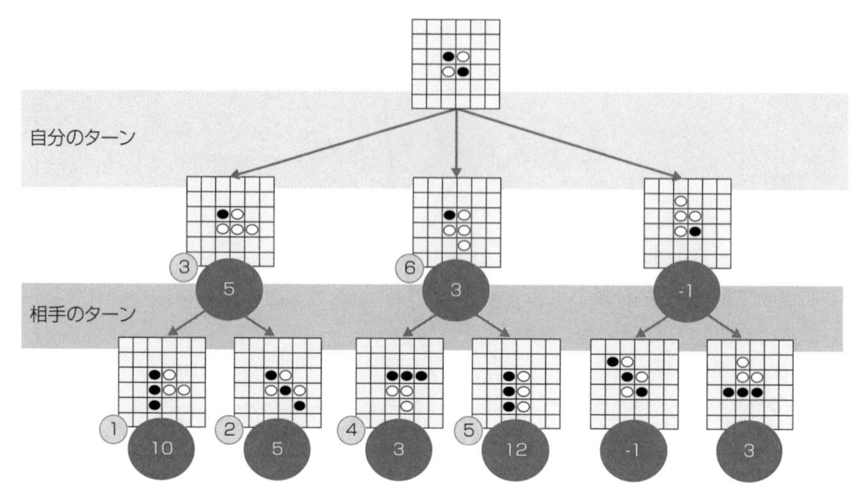

1手目は自分のターン、2手目は相手のターン
青の丸はスコア、青の網掛けの丸は検索順

基本的に**深さ優先探索**で行います。

①図の最も左端を2手先まで探索すると最後に10のスコアが得られると分かりました（この**スコアは自分にとっての有利度**であり、あらかじめ何かしらの関数や人手で与えられるものです）。

②次に1つ右の盤面を見ると、5のスコアが得られることが分かりました。

③よって10と5では、相手は自分にとってのスコアが最も低くなる(Miniな)手を選択するはずだと判断します。つまり、10と5の分岐に来た瞬間に、相手は5の盤面を選択します。よって、1手目の左端の手はスコア5だと判断します。

④、⑤、⑥、さらに右の盤面などに対しても同様の手順を行い，すべての探索が済んだら、自分の1手目は現状最もスコアの高い(Max)な③の手を選択します。こういった流れがMini-Max法です。

問4　➡問題　p.36

解答　(ア)(イ)1
(ウ)(エ)2

解説

αβ法について問う問題です。

(ア)(イ)の答えは、選択肢1の「現状**2**であり、それより**大きい**値が出た」です。

これは実装上の工夫であり、β値を2に設定し、これより大きい値が出た場合に以降の探索をあるところまで打ち切るという条件分岐を記述する際に必要な考えです。基準となる値が2であることと、それより「大きい」か「小さい」かに注意をしてください。

(ウ)(エ)の答えは、選択肢2の「αは2であり、それより**小さい**値が出た」です。上記の解説と同様ですが、今回はα値でした。このときは暫定的な値より「小さい」ことがカット条件なことに注意をしてください。

αβ法は上記の手順によって、深さ優先探索をしていく中でも、途中で探索を打ち切って探索数を削減できるようになりました。**条件が最もよい場合はMini-Max法の約2倍の速度で計算が終わる**といわれ、**最も悪い場合でもMini-Max法と変わらない**ため、現在の探索アルゴリズムの中でもいまだ現役で使われているものになります。

問5

➡問題 p.38

解答　4

解説

ボードゲームにおけるモンテカルロ法について問う問題です。

答えは選択肢4の**モンテカルロ法**です。ボードゲームにおいて、αβ法やMini-Max法のような探索方法が通用するのはあくまでゲームの終盤です。ゲームの序盤や中盤では、どれだけ工夫しても探索数がとても多すぎるという欠点がありました。そこで、モンテカルロ法を用いることによって、序盤中盤のスコアを暫定的に決めるようにしました。すると、既存の「ある盤面において人間の経験や知識からスコアを決めておく」というスコア決めより精度がよくなり、9×9の囲碁では人間のプロ棋士とほぼ同じレベルになりました。

選択肢1の**ラスベガス法**は、モンテカルロ法の1つとも捉えることが可能ですが、結果が必ず一意に定まるという点でモンテカルロ法とは大きく異なります。正しい結果を返すものの計算時間が保証されていない(正しい結果が返せない場合は失敗を意味する)ので、シミュレーションなどにラスベガス法を用いる場合には注意が必要です。

選択肢2の**ブートストラップ法**は、統計学における用語です。ブートストラップ法とは、取ってきたデータに対し、その全データから何度もランダムに抽出し、平均や分散などの統計値の信頼性を図る手法です。そのため、この記述には適しません。

選択肢3の**メトロポリス法**とは、ある状態から新しい状態をランダムに作り出した際、それを棄却するか採択するかの基準を与える方法です。統計学や熱力学などで応用されている考え方です。

問6

➡問題　p.39

解答　(ア)2、(イ)4

解説

ロボットの自動計画について問う問題です。

■(ア)の解説

(ア)の答えは、選択肢2の**STRIPS**です。ロボットの行動計画のことを「自動計画」ともいいます。**自動計画**とは、人工知能研究における1つのテーマで、戦略や行動順序の具体化をすることをいいます。自律型ロボットや無人航空機にも応用されている分野です。

自動計画を行うものを**プランナ**(自動計画機)と呼びますが、これは一般的には「初期状態」、「ゴール」、「アクションの集合」の3つを入力として取ります。そのうち「アクションの集合」には

・**前提条件**(preconditions)
・**行動**(Effect)
・**結果**(postconditions)

を与える必要があります(行動や結果は、実際にはリストの要素を加えることや削除することですが、便宜上そう設定します)。

ここでは、「サルがAという部屋にいる状態で、Cの部屋の踏み台を取ってBの部屋に吊るされたバナナを取る」という場面を例にしてSTRIPSの説明をしていき

▼STRIPSの例

ます（図を参照）。ただし、移動は1部屋ずつの移動しかできません（たとえば、Aの部屋→Cの部屋への移動には必ずBの部屋を通る）。

「初期状態」　　　　：Aにサル、Bにバナナ、Cに踏み台。
「ゴール」　　　　　：バナナを取る
「アクションの集合」：
　「XからYに動く」…前提条件はXにいること。行動はXからYに動くこと。結果はYにいること。
　「踏み台に上る」…前提条件はある位置Zにいて、踏み台を手に持っている状態であること。行動は踏み台に上ること。
　結果は、サルが手に踏み台を持っていない状態になり、踏み台を登って高い位置にいること。
　…

となります。これを記したのち、機械は「バナナが取れました」と出力し、その手順をたとえば、「サルはAからBに動く→サルはBからCに動く→サルはCで踏み台を取る→…→サルはバナナを取る」のようにゴールまで、どのように到達したのかを自動で組むことができるようになります。これは「アクションの集合」を変えずに「ゴール」を「踏み台に登る」に設定し、「初期状態」を「サルがBにいる」と変えても同様のことができます。

これを応用することで、「アクションの集合」を最初に登録し、初期状態を常に更新していれば、ゴールのみ与えることで複雑な命令も実行できるようになります。

他の選択肢について、選択肢1の**PDDL**はPlanning Domain Definition Languageの略で、1998年にSTRIPSに触発されて開発された自動計画を記述する言語です。

選択肢3の**ASIMO**は本田技研工業株式会社が開発し、2000年に発表された世界初の二足歩行ロボットです。今回の記述には適していません。選択肢4の**GPS**（General Problem Solver）は1959年、ハーバート・サイモンとアレン・ニューウェルが開発した、汎用の問題解決のためのプログラムのことです。後のさまざまな人工知能研究に影響を及ぼしたもので、上記に示した「自動計画」と同様の記述方式で書きます。このプログラムによって命題論理の式が解けるとされていました。

■（イ）の解説

（イ）の答えは、選択肢4の**SHRDLU**です。SHRDLUは、ユーザーが「○○の上に○○を置け」などと指示をすると実際にその動作を端末の中で実行してくれるものでした。また、その結果になるまでの過程（たとえば、○○を横にどけてから○○を動かし、など）を自らゴールから逆算していました。

選択肢1の**第5世代コンピュータプロジェクト**は、経済産業省（当時は通商産業省）が1982年から1992年まで行った国家プロジェクトのことです。この国家プロジェクトでは主にオペレーションシステムの開発や、人工知能、エキスパートについての投資を行っていました。

選択肢2の**シェーキー**は、スタンフォード研究所が1966年から1972年にかけて研究開発した、移動能力のある世界初の汎用ロボットの名前です。シェーキーの内部ではSTRIPSが使われており、大きな仕事を簡単な動作の連結として分解し、それを物理世界で実行することができました。

選択肢3の**Cycプロジェクト**は、1984年からスタートした「すべての一般常識をコンピュータに取り込もう」というプロジェクトです。これは第2次AIブームでの知識に関する研究の1つですが、SHRDLUのプロジェクトの結果から引き継がれたプロジェクトだといわれています。

2.2　知識表現

問1

➡問題　p.40

解答　（ア）1、（イ）3

解説

エキスパートシステムについて問う問題です。

■（ア）の解説

（ア）の答えは、選択肢1の**ELIZA**です。当時のELIZAの返答例を載せます。

ELIZA：何かお悩みはありますか？
You　：男はみんな似たようなものね。
ELIZA：何かと関係がありますか？
（※～に似た、という表現にはこう返す）
You　：彼らはいつも何かに悩んでいるね。
ELIZA：具体的な例を思いつきますか？
You　：ん～、彼氏が私をここに来させた。
ELIZA：あなたの彼氏がここに来させたことは重要ですか？
（※オウム返し）

You　：彼は私が落ち込んでいることが多いといってるの。
ELIZA：あなたが落ち込んでいるのは気の毒ですね…
（※オウム返し）
You　：そうね。不幸だわ。
ELIZA：何が原因で不幸になったのか説明していただけますか？
（※話の流れを理解していない。
また、一問一答のため堂々巡りのよう）

このような形でした。当時は音声を発せず、文章をタイプして対話を行っていました。

選択肢2の**A.L.I.C.E.**は、ELIZAに触発され開発されたもので、その年最も人間に近いと判定された会話ボットに対して授与される、ローブナー賞の銅賞を過去三度受賞しています。

選択肢3の**Alexa**は、Amazon社が開発したAIアシスタントの名前です。Alexaは非常に自由度が高く、新たなスキルセットを開発し公開することができます。そのため、簡単に実務に導入することができるツールの1つとして有用です。

選択肢4の**Siri**はApple社製品向けのAIアシスタントです。

余談ですが、SiriにELIZAのことを聞くと「友人の元精神科医だ」と返すバージョンもあったといわれています。

■（イ）の解説

（イ）の答えは、選択肢3の**人工無脳**です。チャットボットは当時の日本ではそう表現されることが多くありました。この表現は、皮肉交じりのネットスラングに近い表現です（「人工知能」に対して、賢くないとのことで付けられています）が、昔の日本語のチャットボットは「人工無脳」として語られるシーンが多かったため、この表現も覚えておきましょう。

問2

➡問題　p.40

解答　　2

解説

チューリングテストについて問う問題です。

答えは選択肢2の**チューリングテスト**です。

イギリスの数学者、アラン・チューリングが提案した手法であるためこの名前が付いています。チューリングテストと関係のあるものとして**ローブナー賞**という賞があります。毎年チューリングテストを行う機会を設け、そこで聴覚・視覚ともに人間と区別が付かない割合が30％以上ならば金賞、聴覚のみ同様の評価ならば銀賞としています。しかし2019年まで一度も金賞と銀賞を受賞したAIはおらず、「最も人間らしい会話上の振る舞いを見せているコンピュータ」に送られる銅賞のみ毎年表彰され、賞金を出しています。

▼チューリングテストのイメージ

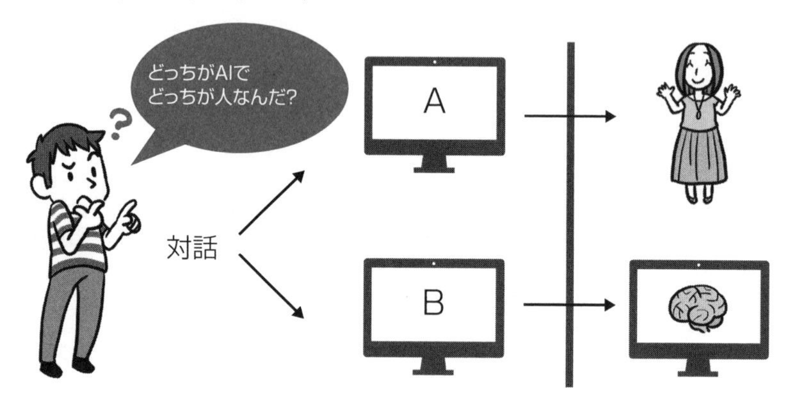

その他の選択肢について、選択肢1の**ピアソン**はイギリスの数理統計学者であり、現在でもその名は統計学では知られています。選択肢3のルイスは、ルイス・キャロルというイギリスの小説家のことです。選択肢4のハレーはイギリスの天文学者であるエドモンド・ハレーです。ハレー彗星のハレーです。

問3

➡問題 p.41

解答 1

解説

エキスパートシステムの1つである**Mycin**について問う問題です。

答えは選択肢1の「伝染性の血液疾患を診断し、抗生物質を推奨するようにデザインされているプログラム」です。以下にMycinによる診断のイメージを載せています。

Mycin：培地はどこ？
医者 ：血液
Mycin：細菌のグラム染色による分類の結果は？
医者 ：ネガティブ

Mycin：細菌の形は？
医者　：桿状（かんじょう）
Mycin：患者の痛みはひどいか？ひどくないか？
医者　：ひどい
Mycin：病原は緑膿菌です。（確実度0.3）

この精度は当時65％程度といわれており、専門医の精度（80％）よりも低いですが、「専門でない人の診断よりは使える」といったものでした。

エキスパートシステムはいわゆる条件分岐によるプログラムですが、専門的知識には矛盾の生じる部分もあり、分岐数が膨大になると知識を格納するメモリが多く必要になり、当時ではごく限定的な範囲にしか有用に活用できなかったとされています。

他の選択肢について、選択肢2の「未知の有機化合物を質量分析法で分析したデータと、有機化学の知識を用いて適合する化学構造を割り出すプログラム」は**Dendral**という、1960年代に開始されたプロジェクトで開発されたものです。

選択肢3の「価格の変動パターンなど大量の市場データの分析による超短期の市場予測に基づき、取引の執行まで自動的に行うプログラム」とは、1990年代に盛んに行われた**アルゴリズム取引**のことです。2020年現在でも、「エキスパート」という名前は残っていて、Meta Traderというアルゴリズム取引を行うことができるソフトウェアでは、アルゴリズム群に対して、「エキスパートアドバイザー(EA)」という名前が付いています。

選択肢4の「世界初の数式処理を行うプログラム」とは、**Macsyma**がそれにあたります。1968年から1982年にかけてMITのProjectの一環で行われたものです。数式処理を行う対話システムは当時としては初で、そのアイデアは現在でも使われているMathematicaやMapleなどに影響を与えています。

問4

➡問題　p.41

解答　（ア）4、（イ）2

解説

近年における対話システムについて問う問題です。

■（ア）の解説

（ア）の答えは、選択肢4の「**拡張知能 Augmented Intelligence**」です。歴史の各所でIBM社は人工知能について研究をし、それを社会に活用し続けてきました。その中で、人工知能といったあいまいな表現よりも、拡張された知能として人間を補助するものとして捉えた方が適切だとし、現在も研究を続けています。

選択肢1の「進化知能 **Advanced Intelligence**」はAbeam Consulting社が提供しているDX経営におけるデータ分析サービスの名称です。

選択肢2の「絶対知能 **Absolute Intelligence**」はDCコミックスのキャラクターです。

選択肢3の「抽象知能 **Abstract Intelligence**」はアメリカの心理学での言葉です。

なお、質問に回答するタスクを、**Question Answering**（質問応答、QA）と呼びます。たとえば、open-domain question answeringと呼ばれるタスクでは、膨大なトピックの多数の文書（例：Wikipedia）を用いて、質問の解答を推定します（QAタスクでは、質問に関連する適切な知識に基づいて解答を推定することが求められますが、open-domain question answeringでは、問題を解くために必要な知識源を特に規定しません）。Kaggle等でもコンペが開催されるなど、注目されているタスクの1つです。

また近年では、Siri、Alexa、AliMe、Cortana、Google Assistantなどのアシスタントシステムが台頭してきたことで、音声やテキストベースの対話型インターフェースを用いた情報探索の検討も増えてきています。

■（イ）の解説

（イ）の答えは、選択肢2の「**東ロボくん**」です。東ロボくんは単語の羅列などから、答えとして確率の高いものを選択しているだけだったため、質問の意図や意味を理解しているわけではありませんでした。しかしながら、東ロボくんがMARCH合格レベルを達成したことで、逆に現代の高校生の読解力が危機的状況であることに問題が派生し、「AI vs. 教科書が読めないこどもたち」（新井 紀子 著、東洋経済新報社）という書籍まで出版されました。

選択肢1の**りんな**は、2015年に日本マイクロソフト社が開発した会話ボットの名前です。

選択肢3の**ディープブルー**は、1990年代にIBM社が開発をしていた、チェスAI専用のスーパーコンピュータの名前です。

選択肢4の**Tay（テイ）**は、Microsoft社の開発した会話ボットです。2016年にTwitterのボットとして公開されましたが、途中「調整」と称して一時的にTayのアカウントは停止されました。その原因は「複数のユーザーによってTayの会話能力が不適切に訓練され、間違った方向のコメントをするようになった」とのことです。事実、停止直前のTayの投稿は非常に不適切なものが多く、物議を醸しました。

2.3　機械学習

問1

➡問題　p.42

解答　1

解説

正しく説明している文は選択肢1です。

選択肢1の**レコメンドシステム**とは、利用者にとって有用と思われる情報または商品などを選び出し、それらを利用者の目的に合わせた形で提示するシステムです。オンラインショッピングサイトのAmazon.comでは「利用者と似ているユーザーが買ったアイテム」や「閲覧しているアイテムを似ているアイテム」を推薦するシステムが一例です。

選択肢2の**スパムフィルタ**は、受信したメールが正規のメールであるかスパムメール（迷惑メール）であるか判定するシステムのことです。Gmailの迷惑メールフォルダへの自動振り分けもスパムフィルタを使用しています。

選択肢3の**一般物体認識**とは、実世界の画像に対して、計算機がその中に含まれる物体を「山」「ライオン」「ラーメン」などの一般的な名称で認識することです。同一カテゴリの範囲が広く、同一カテゴリに属する対象の見た目の変化が極めて大きいために、画像認識の研究において最も困難な課題の1つとされています。たとえば、「椅子」の色・形状は種類によってさまざまですが、すべてを「椅子」のカテゴリだと認識しなければなりません。選択肢3の内容は「**特定物体認識**」と呼ばれる物体認識の説明になります。

選択肢4の**OCR**とは、活字や手書き文字の画像データから文字列に変換する文字認識機能で、Optical Character Recognition（光学文字認識）またはOptical Character Reader（光学文字読取装置）の略称です。

古典籍の「くずし字」は、日本人でも読める人が少ないためテキスト化が難しく、機械学習に基づく「くずし字」のテキスト化を目指す研究が進みつつあります。

2.4　人工知能における問題

問1

➡問題　p.43

解答　1

解説

フレーム問題について問う問題です。

答えは選択肢1の**フレーム問題**です。問題文にあるように、問題の「枠」にとらわれてしまい、枠の外を考慮することはロボットには難しいだろうということです。ダニエル・デネットの提案した思考実験はこのようなものでした。

洞窟の中にバッテリーがあり、それとともに時限爆弾が仕掛けられています。ロボットにはバッテリーを持ってくるように指示します。

1号機：そのまま時限爆弾とともに持ってきてしまい爆発

2号機：行動を起こすと、爆発以外にも何か起こるかもしれないと思い、選択肢を考えすぎて制限時間を過ぎ、爆発

3号機：どの行動がどれだけ起こりえるのかを計算している間に爆発

▼フレーム問題の思考実験

このように「ほどほどに考える」というのは思ったよりも難しいテーマでした。現在でもその研究は続いています。

選択肢2のプリン問題は存在しませんが、ダニエル・デネットは思考実験を提案した論文で、**「The whole pudding」**という同じような問題のことを話題にしていました。

選択肢3の**シンボルグラウンディング問題**は、「言葉と、それが指し示す映像や姿、質感などを機械は結び付けて捉えることができないのではないか」という問題で、たとえば馬という言葉とその馬の構造や見た目を、機械は結び付けて考えることはできないというような問題です。

選択肢4の**組み合わせ爆発問題**は、場合分けの数が途方もなくなってしまうという問題で、上記の空欄には適しません。

問2

➡問題　p.43

解答　　4

解説

「中国語の部屋」について問う問題です。

答えは、選択肢4の**中国語の部屋**です。「中国語の部屋」は次のようなものです。

まず、中国語を理解できない人を小部屋に閉じ込めておきます。この小部屋には外部と紙切れのやり取りをするための小さい穴が開いています。この穴を通して、中の人に中国語で書かれたメモを渡します。中の人は部屋にあるマニュアル

▼「中国語の部屋」のイメージ

を使って、その中国語に適した返答をマニュアルから見つけ書き加えます（ただし内容は理解していません）。すると、外の中国人は、中の人が中国語を理解していると認識してしまいます。

つまり、この実験を通して、「たとえそれらしい返答を機械ができていたとしても、それはあくまでマニュアルに従っているだけで、知性が宿っているとはいえないだろう」ということが分かります（事実、「中国語の部屋」では、中の人は中国語を理解していなくとも外の人に中国語を理解していると思わせることができました）。

選択肢1の「テセウスの船」はパラドックスの1つで、ギリシャの哲学者テセウスが、「ここに船がある。船の部品は徐々に老朽化するため、都度新しい部品に変えていく。すべての部品が置き換えられたときこれは初めと同じ船といえるか」といったことから、「ある物体の構成要素がすべて置き換えられたとき、それは同一であるといえるか」という議論を指しますので、不適当です。

選択肢2の「哲学的ゾンビ」は心の哲学で使われる言葉で、「物理的には人間と全く同じ構造をしているが、意識がないもの」を指しますので、関係ありません。

選択肢3の「メアリーの部屋」は、「すべてが白黒の部屋でずっと過ごしてきたメアリーは知識として色の付いた世界のことを知っているが、突如色が見える世界に行った場合新しく学ぶことはあるのだろうか」という思考実験のことですのでこれも誤りです。

問3

➡問題　p.44

解答　2

解説

シンボルグラウンディング問題について問う問題です。

答えは選択肢2の**シンボルグラウンディング問題**です。シンボルグラウンディング問題を説明する際に有用な例は、「シマウマ」の例です。

われわれは、「シマウマ」と初めて聞いても、「シマ」と縞模様、「ウマ」と馬が結び付いているので「シマウマ」を想像するのは難しくありません。しかし、コンピュータはその単語と意味する抽象的な概念や画像を結び付けていないため、同じように想像することはできないというものです。

選択肢1の**身体性の問題**とは（そういった名前が付いているわけではないですが）、1980年代頃ロボット研究者であるロドニー・ブルックスが提唱した、「コンピュータには身体がないため、物体の概念までは捉えきれないのではないか」という問題です。ロドニー・ブルックスはその後ルンバで有名になる iRobot 社の創業者でもあります。

選択肢3の**ハルナッド**はシンボルグランディング問題の提唱者の名前ですが、「ハルナッド」問題とはいわれないため不適当です。

選択肢4の連想問題とは、人工知能分野には存在しない言葉のため、不適当です。

▼シンボルグラウンディング問題のイメージ

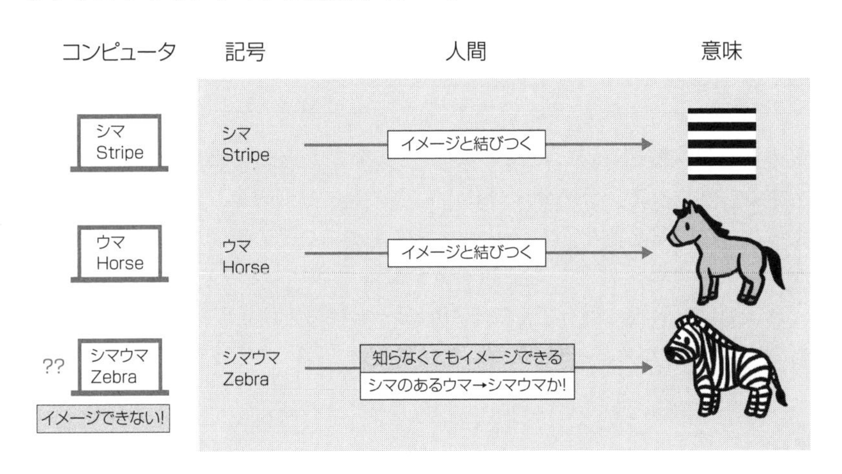

問4

➡問題　p.44

解答　1

解説

自然言語処理の歴史について問う問題です。

答えは選択肢1の「ルールベース、統計的、ニューラル」です。上記のように機械翻訳はさまざまなアプローチから研究されてきました。特に**統計的機械翻訳**と**ニューラル機械翻訳**は、**コーパスベース方式**などとまとめられることもあります。どちらも、対訳＝コーパスが付いているためです。

ここで、自然言語処理に欠かせないキーワードを紹介します。

●形態素解析

ある文を特定のルールに基づき、最小単位に区切ります。これを**形態素**と呼びます（一般的には、「富士山」や「てにをは」などの品詞が最小単位になります）。その形態素の品詞や活用形などを判別していく作業を**形態素解析**と呼びます。次頁に「Mecab」という形態素解析用パッケージを実行した結果を記載します。

```
例文　　：すもももももももものうち
解析結果：すもも　名詞,一般,*,*,*,*,すもも,スモモ,スモモ
　　　　　も　　　助詞,係助詞,*,*,*,*,も,モ,モ
　　　　　もも　　名詞,一般,*,*,*,*,もも,モモ,モモ
　　　　　も　　　助詞,係助詞,*,*,*,*,も,モ,モ
　　　　　もも　　名詞,一般,*,*,*,*,もも,モモ,モモ
　　　　　の　　　助詞,連体化,*,*,*,*,の,ノ,ノ
　　　　　うち　　名詞,非自立,副詞可能,*,*,*,うち,ウチ,ウチ
```

その他、**構文解析**といった文の構造（どの単語がどこに掛かっているなど）を解析することや、**エンティティ分析**という文章に既知のエンティティ（著名人や建物名などの固有名詞や、レストランやコンビニなどの普通名詞）があるかどうかを調べ、その単語に関する情報を分析するものなどさまざまなものがあります。現在では自動的に行ってくれるAPI（ある機能の転用を簡単に行えるようにしたもの）も豊富なため、APIを活用したプロダクトも続々と出てきています。

問5

➡問題　p.45

解答　4

解説

特徴量エンジニアリングについて問う問題です。

答えは選択肢4の「カメラの画質が悪いのでカメラを変えて取得したデータを特徴量とした。」です。

機械学習では「注目すべきデータの特徴」を如何にAIにうまく取り入れられるかが重要な要素になります。たとえば、機械学習を用いて、ある商品の売上を予測するときに、その商品のIDを特徴量として学習器に入れても売上とは全く関係がないため、学習の障害になってしまいます。

逆に、商品の値段や、季節、気温などのデータは、その商品の売上に関わってくるため、学習器の精度を向上させるのに必要不可欠なデータになります。特徴量は人間がデータとして集めたり、取得済みのデータから加工し抽出する必要があります。特に後者の取得済みデータから、データを加工して抽出することを**特徴量エンジニアリング**といいます。

選択肢4はデータの取得前の話であり、既存のデータを加工することではないので唯一当てはまらないため正解です。その他の選択肢は、すべてデータ取得

後に得られたデータに対するアプローチのため、特徴量エンジニアリングに当てはまります。

問6

➡問題 p.45

解答 2

解説

特徴表現学習について問う問題です。

答えは選択肢2の**特徴表現学習**です。問題文のように特徴量の加工・抽出まで学習器が行うことを**特徴表現学習**または**表現学習**（feature learning）といいます。自然言語処理における表現学習の一例について紹介します。

自然言語処理において、機械は単語をそのまま扱うことは難しく、そのため単語をベクトル（数値を1列に並べたもの）に変換する必要があります。このように単語をベクトルに変換した表現を**分散表現**といいます。適切な分散表現が得られれば、機械は文章の意図をつかみやすくなります。適切な分散表現が得られるとは、各単語に対して、適切な意味を表現するベクトルが得られていることを指します。

▼分散表現のイメージ

	パリ	フランス	日本	東京
国	4	4	2	2
首都	1	0	0	1

注）1つのベクトル、実際には要素の数は最も多い。
また、意味付けはイメージ

この「分散表現」のしかたと、文章の読解を同時に学習することで、適切な「表現」を得ることが可能になります。これを**表現学習**といいます。ここで得た単語の分散表現は、他のタスクに転用することもできるようになるため、非常に有用です。

選択肢1の**半教師あり学習**は、学習の途中までは答え付きのデータで学習させ、学習の途中から答えのないデータで学習を行うことです。

選択肢3の**強化学習**は「報酬を得るために最適な行動が何かを行動しながら探

索する」学習のことです。

選択肢4の**教師なし学習**は、答えの付いていないデータに対して、データのグループ分けをするような学習のことです。

そのため、これらの選択肢は空欄には当てはまりません。

問7

➡問題　p.46

解答　1

解説

シンギュラリティについて問う問題です。

答えは選択肢1の**シンギュラリティ**です。「The Singularity Is Near：When Humans Transcend Biology」(レイ・カーツワイル 著、NHK出版)という著書にてこの表現を使いました。これ以降、さまざまな技術革新について著名人がインタビューを受ける際には、この言葉が多く使われるようになりました。特にビル・ゲイツ氏や孫正義氏など、未来技術への投資を行っている著名人にはそういった多くのインタビューがなされました。現在でもたびたび話題に挙がる言葉です。

その他の選択肢について、選択肢2のトランセンデンスは「超越」という意味であり、同単語名での映画も存在します。映画「トランセンデンス」(2014)のような状況は、まさにシンギュラリティの世界観だと揶揄されました。

選択肢3のシンクロニシティは「意味のある偶然の一致」を指します。

選択肢4のカタストロフィは「大災害」を指します。

用語解説

幅優先探索	すべての場合分けを記憶しながら探索する方法。最短経路を必ず見つけられるが**計算容量を使用する数が多い。**
深さ優先探索	1方向に掘り下げて解でなかった場合、前のステップに戻り、異なる方向を探索すること繰り返しながら解を探す方法。**計算容量を使用する数が少ない。**
Mini-Max法	最善手を選ぶため手法の1つ。**自分も相手も最善手を打つ**という仮定のもとスコアを逆算する。
αβ法	Mini-Max法において、無駄な探索をカットする手法の1つ。枝刈りの方法には**αカット**と**βカット**が存在する。
モンテカルロ法	ボードゲームにおいては最善手を評価する方法の1つ。次の1手を決める際に、打てる手それぞれで**何回もプレイアウトし、勝率が高かった手を選ぶ**という手法。
STRIPS	「前提条件」、「行動」、「結果」の3つの組み合わせで1つの動作を定義する自動計画を記述する手法。
SHRDLU	自然言語処理を行う人工知能初期の研究開発プロジェクト。テリー・ウィノグラードにより実施された。自然言語を使って積み木を動かすなどの操作をすることができた。
Cycプロジェクト	1984年からスタートした「すべての一般常識をコンピュータに取り込もう」というプロジェクト。
ELIZA	1964年から1966年にかけてジョセフ・ワイゼンバウムによって開発された対話型ロボット。
チューリングテスト	ある対話式の機械に対し、「人間的」かどうかを判定するためのテスト。イギリスの数学者、アラン・チューリングが提案した。
エキスパートシステム	専門家の知識を入れ込み、その意思決定能力を誰もが使える形にするもの。**知識ベース**と**推論エンジン**により構成される。
Mycin	エキスパートシステムの1つで、伝染性の血液疾患を診断し、適した薬を処方するプログラム。
意味ネットワーク	知識を線で結びその関係性を表したもの。現在でもAIプロダクトの解釈性を高めるために使われることがある。
オントロジー	**意味ネットワーク**などで用いられる知識の結び付け方の規則。

フレーム問題	「今しようとしていることに関係ある事柄だけを選び出すことが、実は非常に難しい」という問題。
シンボルグラウンディング問題	認知科学者のスティーブン・ハルナッドにより議論されたもので、「**記号とその対象がいかにして結び付くか**」という問題。
中国語の部屋	哲学者ジョン・サールによって発表された論文内で、チューリングテストの結果は何の指標にもならないという批判がされた。その論文内で発表された思考実験の名前。
シンギュラリティ	レイ・カーツワイルが提唱した、2045年には人工知能が自分自身よりも賢い人工知能を作り出すことにより起きる**技術的特異点**のこと。
特徴表現学習	特徴量の加工・抽出まで学習器が行うこと。ディープラーニングは特徴表現学習を行う手法である。

第3章

数理統計・機械学習の具体的手法

この章の概要

本章では、機械学習の実際の技術に関する問題を扱います。さまざまな学習アルゴリズムについてだけでなく、機械学習タスクの整理から特徴量の作り方、モデルの検証やさまざまな精度指標まで、一連の流れを学んでいきます。

まずは、どのような課題を解くために機械学習を使うのか、大きな枠組みを整理したのち、個々のアルゴリズムを理解していきます。アルゴリズムは基本的なものを網羅的に扱いますが、深層学習については5章以降で取り上げるため、本章では割愛します。さらに、学習したモデルがどの程度「良い」のか、評価の手法とさまざまな精度を学びます。解説では、なぜその選択肢が適切・不適切であるのかを説明するだけでなく、関連する話題や、今後問題として取り上げられそうな点にも触れています。

出てくる用語の数は相当な数になりますが、名前を知っているだけでは解けない問題も数多く出題される傾向にあります。たとえば、「手法に対してその正しい説明をしている選択肢を選べ」というような問題が出題されます。単純な暗記にしてしまうのではなく、さまざまな手法の大まかな**仕組み**や**流れ**、**特徴**をざっくりと理解することが近道になるでしょう。覚えなければならない用語も、その由来や手法狙いに着目することで、記憶がずっと楽になるはずです。

また、G検定の合格だけでなく、データ分析の学習や実践に興味のある方は、PythonやRなどを利用して手を動かしながら知識を付けていくのも良いでしょう。実際に分析・予測することは学習の助けとなるだけでなく、楽しみがぐっと増すはずです。粘り強く取り組むことで、上辺だけの知識でなく、血肉となるような深い理解を獲得することができます。

3.1　代表的な手法

学習の種類

問1　★★★

➡解答　p.96

次の文章を読み、空欄に最もよく当てはまる選択肢をそれぞれ1つずつ選べ。

教師あり学習の手法と最も関連がある選択肢は（　ア　）、教師なし学習の手法と最も関連がある選択肢は（　イ　）、強化学習の手法と最も関連がある選択肢は（　ウ　）である。

（ア）（イ）（ウ）の選択肢

1. エージェントが自身の報酬を最大化するような行動指針を獲得する。
2. データに共通する特徴的な構造や法則を見つけることを目的とする。
3. 一部のサンプルに対して擬似的な正解データを付与することで、教師あり学習の精度を向上させることを目的とする。
4. 正解データが未知であるサンプルに対して、その値を予測するモデルを得る。

教師あり学習

問2　★★★

➡解答　p.97

次の文章を読み、空欄に最もよく当てはまる選択肢をそれぞれ1つずつ選べ。

教師あり学習は大きく（　ア　）と（　イ　）に分けることができる。（　ア　）では正解データが質的変数（カテゴリ）であり、（　イ　）では量的変数（連続値）となる。

（ア）（イ）の選択肢

1. 最適化問題
2. 回帰問題
3. 双対問題
4. 分類問題

教師なし学習

問3　★★★

➡解答　p.97

次の文章を読み、空欄に最もよく当てはまる選択肢をそれぞれ1つずつ選べ。

教師なし学習は、正解ラベルがないデータを学習し、データに共通する構造や法則を見つけ出すことを目的としている。その例としては（　ア　）や（　イ　）、確率変数の密度推定などが知られている。データを複数のグループにまとめる（　ア　）では、グループ数の決定や、観測どうしの似ている程度（類似度）の設計などが問題となる場合がある。データをより少ない変数で要約しようとする（　イ　）では、いくつの変数を用いれば十分であるのか、より解釈しやすい変数の設計などが問題となる場合がある。

（ア）（イ）の選択肢
1.　次元削減
2.　生存時間解析
3.　異常検知
4.　クラスタリング

強化学習

問4　★★★

➡解答　p.99

次の文章を読み、空欄に最もよく当てはまる選択肢をそれぞれ1つずつ選べ。

機械学習には大きく、教師あり学習、教師なし学習、（　ア　）がある。教師あり学習は分類問題と回帰問題に分けられ、入力と出力の対応を学習するものである。一方で教師なし学習は、入力のみのデータから、その背後にある構造を明らかにすることを目的とする。代表的な教師なし学習のアルゴリズムには、（　イ　）や主成分分析がある。

（ア）の選択肢
1.　過学習
2.　強化学習

3.　深層学習
4.　オンライン学習

（イ）の選択肢
1.　ランダムフォレスト
2.　最小二乗法
3.　交差検証法
4.　k-means法

3.2　教師あり学習の代表的な手法

線形回帰

問1　★★★　➡解答　p.100 

次の文章を読み、空欄に最もよく当てはまる選択肢をそれぞれ1つずつ選べ。

線形回帰は、説明変数と目的変数の関係に（　ア　）を当てはめ、予測・説明する教師あり学習の手法である。実際の解析では、推定された（偏）回帰係数が意味のある数字であるかどうか、「（　イ　）」を帰無仮説とした統計的仮説検定で判断されることがある。

ここで**統計的仮説検定**とは、**観測された標本を用いて、その母集団の性質を判断する手続き**である。多くの場合、ある特定の確率分布を帰無仮説として仮定し、その分布にデータが「従っていない」かどうかを判断する。

（ア）の選択肢
1.　主成分
2.　クラスタ
3.　直線や（超）平面
4.　シグモイド関数

（イ）の選択肢
1.　（偏）回帰係数が0
2.　（偏）回帰係数が0でない
3.　（偏）回帰係数が負
4.　（偏）回帰係数が負でない

正則化

問2　★★★

➡解答　p.101 

正則化に関する説明として、最も適切な選択肢を1つ選べ。

1. 学習の際にペナルティとなる項を追加することで過学習を防ぐ。
2. データを高次元に写像することで線形分離を可能にする。
3. 特徴量を0から1の範囲に変換し、特徴量間のスケールを揃える。
4. 特徴量を標準正規分布に従うように変換し、データの分布を調整する。

問3　★★★

➡解答　p.101 

次の文章を読み、空欄に最もよく当てはまる選択肢をそれぞれ1つずつ選べ。

過学習を防ぐためのテクニックに正則化があるが、線形回帰に対してL1正則化を適用した方法を（　ア　）、L2正則化を適用した方法を（　イ　）と呼ぶ。どちらも正則化パラメータを大きくするに従い、（　ア　）では回帰係数をスパースに（ちょうど0となるものが多くなるように）推定する効果が、（　イ　）では回帰係数を0に近づける効果が強くなる。

（ア）の選択肢
1. 一般化線形回帰
2. Ridge回帰
3. Lasso回帰
4. ロバスト回帰

（イ）の選択肢
1. 一般化線形回帰
2. Ridge回帰
3. Lasso回帰
4. ロバスト回帰

ロジスティック回帰

問4　★★★

➡解答　p.102 

次の文章を読み、空欄に最もよく当てはまる選択肢をそれぞれ1つずつ選べ。

ロジスティック回帰は、（　ア　）問題を解くための手法であり、一般化線形モデルの一種である。たとえばマーケティングにおける適用としては、見込み顧客が購買行動に至る確率を予測することが挙げられる。一般化線形モデルの1つでありながら分類問題へ適用できるのは、ある事象が起こる確率 p と起こらない確率 $(1-p)$ の比の対数、つまり対数オッズを線形回帰するためである。数式で表現すると、対数オッズは（　イ　）である。

（ア）の選択肢
1. 回帰
2. 分類

（イ）の選択肢
1. $\log p$
2. $\log(1-p)$
3. $\log(p(1-p))$
4. $\log\left(\frac{p}{1-p}\right)$

サポートベクターマシン

問5　　★★★　　➡解答　p.103

次の文章を読み、空欄に最もよく当てはまる選択肢をそれぞれ１つずつ選べ。

　サポートベクターマシン（SVM）と呼ばれる学習アルゴリズムは、識別境界近傍に位置する学習データ（　ア　）と識別境界との距離であるマージンを最大化するように線形の識別境界を構築し、2クラス分類を行う。データが直線や平面で分離できない場合は、データを高次元特徴空間へ写像し、線形分離可能にした状態で判別を行う。また、写像に伴う計算量の増加を低く抑えるためのテクニックは（　イ　）と呼ばれる。

（ア）の選択肢
1. サポートベクトル
2. 主成分
3. 重要特徴量
4. フィルター

（イ）の選択肢
1. 交差検証法
2. プーリング
3. k-近傍法
4. カーネルトリック

決定木

問6　★★★　➡解答　p.104

次の文章を読み、空欄に最もよく当てはまる選択肢をそれぞれ1つずつ選べ。

決定木は、木構造を用いて分類や回帰を行う学習アルゴリズムである。木構造の2つに枝分かれする節では条件分岐が行われ、先端の（　ア　）にたどり着くと、その葉に対応する値が出力・予測値となる。木を成長させていくと最終的には1つの葉に1つのデータが対応してしまうため、過学習が起こる。過学習を避けるために（　イ　）などに注意する必要がある。

（ア）の選択肢
1. 出力層
2. 葉
3. 入力層
4. 根

（イ）の選択肢
1. 学習率
2. 木の深さ
3. 勾配消失
4. 適合度

時系列モデル

問7　★★★　➡解答　p.105

時系列データとは、時刻が進むにつれ、値が刻々と変化していくデータである。時系列データおよび時系列モデルに関する説明として、誤っている選択肢を1つ選べ。

1. 時系列分析で重要な概念は、定常性という概念である。定常性とは、確率的な変動があるものの、時点に依存せず平均と自己共分散が一定であるという性質で、時系列分析する上で扱いやすい。
2. 時系列データは、トレンド、季節成分（周期性）、ホワイトノイズという基本構造からなるものが多い。ホワイトノイズとは、平均0、分散一定、かつ自己相関が0であって、何の情報も含まないノイズのことである。
3. ARモデルとは、自己回帰モデルの略である。ある時刻のデータをy_tとして、一期前の値y_{t-1}を用いて予測式を作る場合、$y_t = ay_{t-1} + e_t$等とできる（aは係数、e_tは時刻tにおける残差）。「自己回帰」という名の通り、自分自身の過去の値を用いて予測していることがわかる。

4. VARモデル（多変量自己回帰モデル）とは、ARモデルを多変量に拡張したモデルである。VARモデルに採用する変数はなるべく多くなるようにすることが望ましい。また、VARモデルの係数推定には何期前までのラグを取るのかを決定する必要があり、基本的には予測式として最も当てはまりが良いラグ数を選択する。

疑似相関

問8　★★★

➡解答　p.107 

次の選択肢のうち、仮に相関係数の値が高く出た場合、相関関係が実際にある可能性が高いものを1つ選べ。

1. 「アイスの消費量」と「熱中症患者の数」
2. 「年収」と「血圧」
3. 「降水量」と「傘の売上」
4. 「算数の成績」と「身長」

ランダムフォレスト

問9　★★★

➡解答　p.108  

次の文章を読み、空欄に最も当てはまる選択肢をそれぞれ1つずつ選べ。

ランダムフォレストは、複数の決定木による出力の多数決・平均を行うことで分類・回帰を行う。このように、弱学習器を複数合わせて汎化性能を高めることを（　ア　）と呼ぶ。ランダムフォレストには、（　イ　）しても過学習しにくいというメリットがある。

（ア）の選択肢
1. エンコーディング
2. スタッキング
3. ブースティング
4. アンサンブル学習

（イ）の選択肢
1. 特徴量の数を多く
2. 個々の木を深く
3. 木の数を多く
4. データを少なく

勾配ブースティング

問10　★★

➡解答　p.109  

次の文章を読み、空欄に最もよく当てはまる選択肢を選べ。

勾配ブースティングは、特にテーブルデータの教師あり学習において、幅広いデータセットで高い精度を出すモデルとして知られている。アンサンブル学習であるブースティングの1つであり、弱い学習器を次々と逐次的に学習するモデルである。2つ目以降の弱学習器は、それまでに学習したモデルによる予測とデータセットの違いを考慮して学習が行われる。弱学習器としては、（　ア　）。

（ア）の選択肢

1. 線形回帰が使用される
2. k近傍法が使用される
3. 決定木が使用される
4. さまざまなモデルを使用することができる

問11　★★

➡解答　p.109  

勾配ブースティングの弱学習器に決定木を使用した勾配ブースティング木（GBDT）は、その高い精度と使いやすさから、さまざまなライブラリが開発されてきた。代表的なGBDTのライブラリとして不適切なものを次の選択肢から選べ。

（ア）の選択肢

1. adaboost
2. catboost
3. lightgbm
4. xgboost

アンサンブル学習

問12　★★★

➡解答　p.110 

次の文章を読み、空欄に最もよく当てはまる選択肢を選べ。

アンサンブル学習の1手法であるバギング（bagging）は、bootstrap aggregatingの略語である。バギングでは、データセットに多様性を持たせ、それぞれの学習した弱学習器をまとめることで汎化性能を高める。個々のデータセットは、もとの学習データから同じ大きさのデータを（　ア　）サンプリングすることにより作られる。この作業はbootstrapやbootstrap samplingと呼ばれ、バギングの名称の由来となっている。

（ア）の選択肢

1. 重複なしで
2. 重複ありで
3. 目的変数と相関の高い観測を重点的に
4. 目的変数と相関の低い観測を重点的に

問13　★★★

➡解答　p.110 

次の文章を読み、空欄に最もよく当てはまる選択肢を選べ。

アンサンブル学習の1手法であるブースティングは、同じ種類の弱学習器を逐次的に（直列的に）作成する方法である。それまでの学習によるモデルを修正する形で、1つずつモデルを学習させる。そのため、（　ア　）という特徴がある。ブースティングを使用したモデルとしては、adaboostや勾配ブースティング木が知られている。

（ア）の選択肢

1. 並列化による計算速度の向上がしやすい
2. それぞれの弱学習木に比べてモデルの解釈性が高い
3. 弱学習器の数が多くなりすぎると過学習してしまう

3

問題

問14　★★

➡解答　p.111 

次の文章を読み、空欄に最もよく当てはまる選択肢を選べ。

アンサンブル学習の1手法であるスタッキングは、あるモデルによる予測値を新たなモデルの特徴量（メタ特徴量）とする手法である。このとき、もとの特徴量で学習したモデルを1層目のモデル、メタ特徴量で学習したモデルを2層目のモデル、というようにすると、その階層は3以上になることがある。foldに分割せずに学習データ全体を用いて学習したモデルで、そのデータに対して予測してしまうと、あらかじめ正解を知っているため（　ア　）が起きてしまう。よって実際にはデータを分割して行われることが多い。

（ア）の選択肢

1. 次元の呪い
2. 次元削減
3. 過学習
4. 標準化

ベイズの定理

問15　★★

➡解答　p.112 

次の文章を読み、空欄に最もよく当てはまる選択肢をそれぞれ1つずつ選べ。

ベイズの定理は次の式で表される。

$$P(A|B) = \frac{P(B|A)P(A)}{P(B)}$$

いま、事象Aを原因、事象Bを結果とする。左辺の$P(A|B)$は、結果が分かっているもとでの原因の確率とみなすことができ、（　ア　）と呼ばれる。また右辺の$P(A)$は事象Bが分かる前のAの確率であり、（　イ　）と呼ばれる。右辺の$P(B|A)$は、結果に対する原因のもっともらしさを表し、（　ウ　）と呼ばれる。

（ア）（イ）（ウ）の選択肢

1. 同時確率
2. 事前確率
3. 事後確率

4.　尤度

問16　★★　➡解答　p.112 

ベイズの定理を示す式として、最も適切な選択肢を1つ選べ

1.　$P(B|A) = P(A)P(B|A)$
2.　$P(B|A) = P(A)P(A|B)$
3.　$P(B|A) = \dfrac{P(B)P(A|B)}{P(A)}$
4.　$P(B|A) = \dfrac{P(A)P(A|B)}{P(B)}$

最尤推定

問17　★★　➡解答　p.113  

次の文章を読み、空欄に最もよく当てはまる選択肢をそれぞれ1つずつ選べ。

確率モデルにおいて、想定するパラメータが具体的な値を取る場合に、観測されたデータが起こり得る確率のことを（　ア　）という。たとえば、コインを3回投げ3回とも表が出た場合、表が出る確率パラメータを$p = 0.4$とすると（　ア　）は（　イ　）になる。

（ア）の選択肢
1.　適合度
2.　尤度
3.　事後確率
4.　事前確率

（イ）の選択肢
1.　0.064
2.　0.216
3.　0.4
4.　1.2

問18　★★

➡解答　p.113

次の文章を読み、空欄に最もよく当てはまる選択肢を選べ。

最尤推定もしくは最尤法とは、データからモデルのパラメータを推定する方法の1つである。

いま、表の出る確率がpであるコインがある。このコインを4回投げたところ、出た面は1回目から順に（表、表、裏、表）であった。pの最尤推定値は（　ア　）である。

（ア）の選択肢

1. 0.15
2. 0.25
3. 0.75
4. 0.85

3.3　教師なし学習の代表的な手法

k-means法

問1　★★★

➡解答　p.114

次の文章を読み、空欄に最もよく当てはまる選択肢をそれぞれ1つずつ選べ。

クラスタリングの1手法としてk-means法が知られている。k-means法は、（　ア　）的なクラスタリングであり、あらかじめクラスタ数kを指定する必要がある。また、各観測が所属するクラスタは1つであり、複数のクラスタをまたぐことのない（　イ　）なクラスタリングである。

（ア）の選択肢

1. 階層
2. 非階層

（イ）の選択肢

1. ハード
2. ソフト

階層的クラスタリング

問2　★★★　➡解答　p.114 

次の文章を読み、空欄に最もよく当てはまる選択肢をそれぞれ1つずつ選べ。

次の図は、階層的クラスタリングによって得られた樹形図、デンドログラムである。縦軸は、クラスタがまとめられる距離を表しており、横軸は各観測のラベルである。

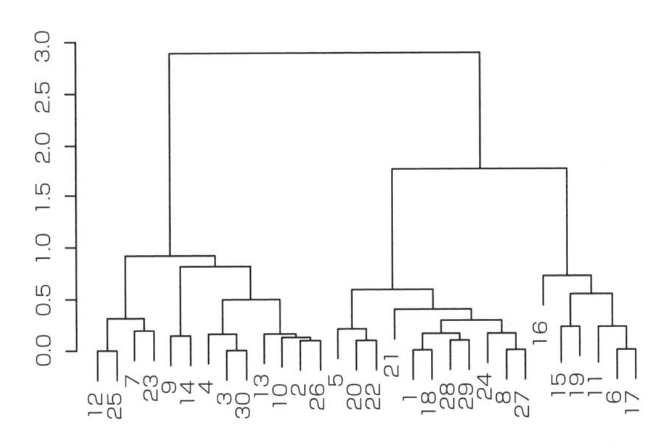

縦軸に対し閾値を定めることで、実際に複数のクラスタに分けることができる。閾値を2.5と定めた場合、クラスタ数は（　ア　）に、閾値を1.5と定めた場合、クラスタ数は（　イ　）になる。

（ア）（イ）の選択肢

1. 1
2. 2
3. 3
4. 4

レコメンデーションアルゴリズム

問3　★★★　➡解答　p.115  

ウェブサイト上でのコンテンツレコメンデーションの手法には、新着順や人気順にランキングを表示するものをはじめとして、さまざまなものがある。

これらのレコメンデーションに付随する「コールドスタート問題」に関する説明として、誤っている選択肢を1つ選べ。

1. コールドスタート問題とは、レコメンデーションに必要なデータが十分に集まっていない段階では、望まれる成果が上がらないような問題のことを指す。
2. 「協調ベースフィルタリング」では、対象アイテムの特徴から、ユーザーの嗜好の傾向に合った特徴を持つアイテムをレコメンドする。そのため、サービス利用履歴がほとんどないユーザーに対して適切にレコメンドができないという課題がある。
3. コールドスタート問題の解決策として、売れ筋の商品を提示するなどの、個別のユーザーやアイテムに依存しない方法でレコメンドするといった対策や、ユーザーの行動をできるだけ早くレコメンドに反映できるようシステムを強化すること等が考えられる。
4. ビッグデータの活用による解決も考えられる。たとえば、あるユーザーが「九州 お寺」「九州 天気 週末」といったような検索をしているというデータから、ユーザーが週末に九州の寺へ参拝に行こうとしているかもしれないという仮説が立てられる。一方で、過去に同じような検索をしたユーザーの予約情報や検索履歴等のビッグデータから作成したレコメンドモデルを用いることで、「九州の寺院巡りツアー」といったような、ニーズにある程度合致したプランを提供できると考えられる。

主成分分析

問4　★★★　➡解答　p.116 

次の文章を読み、空欄に最もよく当てはまる選択肢をそれぞれ1つずつ選べ。

主成分分析とは、相関を持つたくさんの変数から、全体のばらつき（分散）を最もよく表す変数を合成する手法である。主成分はもとの変数の数だけ合成されるが、（　ア　）の主成分のみを取り出すことで次元削減を行うことができる。また、主成分どうしの相関は（　イ　）なる。

（ア）の選択肢
1. 上位
2. 下位

（イ）の選択肢
1. 0に
2. 1に
3. -1に
4. 小さく

問5　★★★　➡解答　p.117

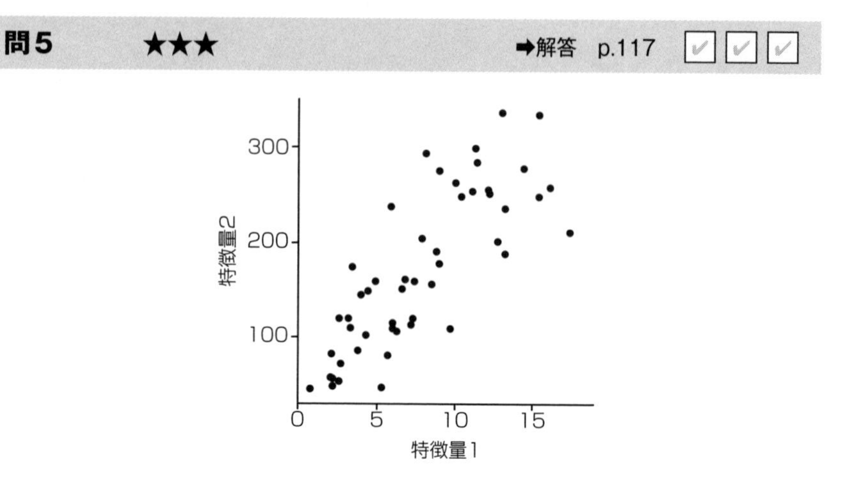

上図のデータに対して主成分分析を行った。第1主成分と第2主成分の軸を描いた図として最も適切な選択肢を選べ。

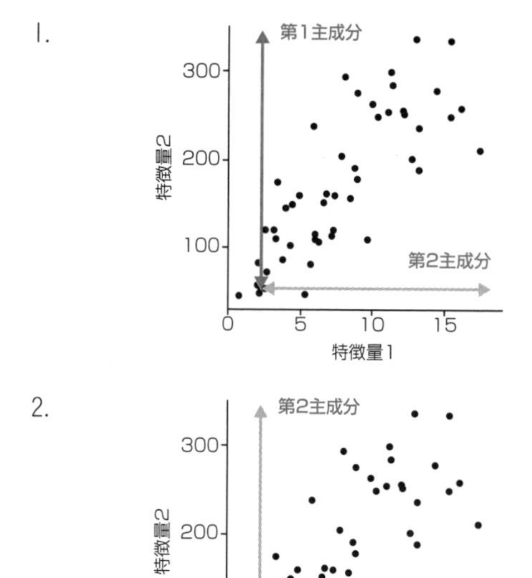

3.

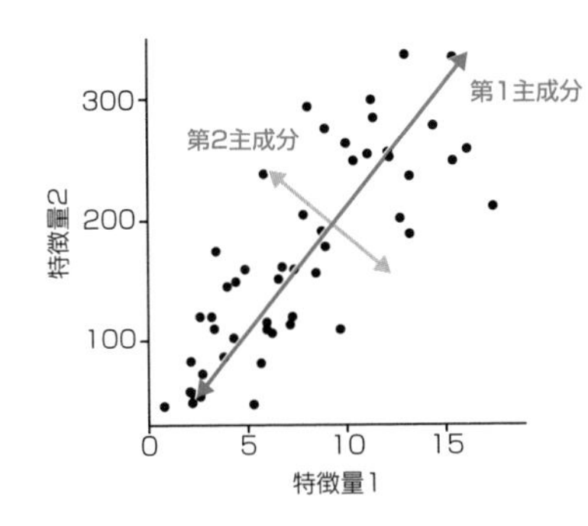

4.

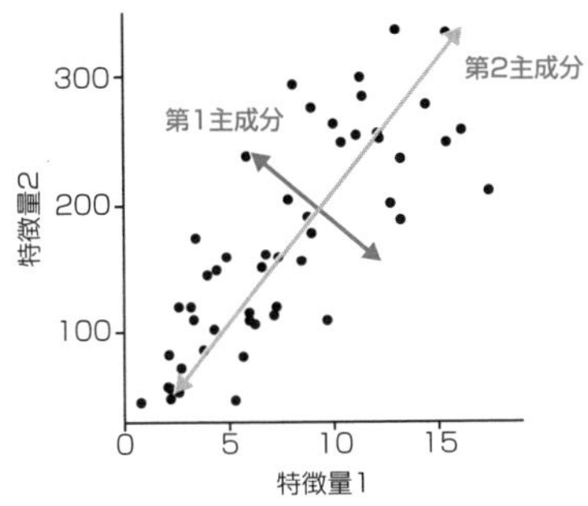

特異値分解

問6 ★★★ ➡解答 p.117  

特異値分解(Singular Value Decomposition：SVD)は、行列を分解する方法の1つで、ある行列を特異ベクトルと特異値に分解する。関連する以下の説明(A)～(C)の正誤の組み合わせとして、最も適切な選択肢を1つ選べ。

特異値分解では、ある行列Aを次のように3つの行列の積で書くのが一般的である。

$$A = UDV^{\mathrm{T}} \qquad (1)$$

Aはm×n行列とすると、Uはm×m行列と定義され、Dはm×n行列、Vはn×n行列となる。

(A) 行列を分解することで、成分の配列という表現からは明らかではない行列の機能的性質についての情報を得ることができる。

(B) 実行列(成分がすべて実数の行列)はすべて特異値分解することができる。また、特異値分解の方が、固有値分解よりもより多くの行列に対して適用することができる。

(C) 式(1)について、行列U、Vはともに直交行列(逆行列と転置行列が同じ行列)となるように定義される。また、特異値分解においては、$m=n$、つまり行列Dが対角行列かつ正方行列でなければならない。

1. (A)○　(B)○　(C)○
2. (A)○　(B)×　(C)○
3. (A)○　(B)○　(C)×
4. (A)○　(B)×　(C)×

データの視覚化

問7　★★★

➡解答　p.118

次の文章のうち、多次元尺度構成法(MDS：Multi-Dimentional Scaling)について正しく説明している選択肢を1つ選べ。

1. 多次元尺度構成法とは、対象間の類似度をできるだけ保つように高次元空間で表す手法である。
2. 多次元尺度構成法は、データ分析で利用されている手法であるが、心理学で用いられることはない。
3. 多次元尺度構成法は、計量的多次元尺度構成法と非計量的多次元尺度構成法に大別でき、前者は量的データを、後者は質的データを扱う。
4. 多次元尺度構成法は、主成分分析と同じく、データのばらつきを保持したまま可視化する手法である。

3.4　手法の評価

データの扱い

問1　★★★

➡解答　p.119 

次の文章を読み、空欄に最もよく当てはまる選択肢をそれぞれ1つずつ選べ。

学習データだけでなく、未知のデータに対しても正しく予測できる能力のことを（　ア　）という。モデルの（　ア　）を測るために、（　イ　）が利用されることがある。

（ア）の選択肢
1. 尤度
2. 検出率
3. 適合度
4. 汎化性能

（イ）の選択肢
1. バギング
2. スタッキング
3. 正則化
4. 交差検証法

交差検証法

問2　★★★

➡解答　p.120 

モデルの性能を測る検証用データの用意のしかたとして、ホールドアウト法（Hold-out法）が知られている。ホールドアウト法は、学習データを2つに分割し、一方を学習に、もう一方を評価に用いるような手法である。ホールドアウト法の特徴として不適切な選択肢を1つ選べ。

1. 学習用データが減る
2. パラメータの変更などを何度も行うことにより、評価用データに過学習する恐れがある
3. データの分割のしかたによって結果が変わる
4. データを2分割したため、2回学習を行う必要がある

問3　★★★　➡解答　p.121 

モデルがどれだけ未知のデータに対応できるか測る手法として、交差検証法（cross validation）が挙げられる。交差検証法はテストデータを除いたデータを複数のブロック（fold）に分割し、そのうちの1つを検証用、残りを学習データとする。さらに検証用のデータを入れ替え、すべての組み合わせで学習を繰り返す。交差検証法の特徴として適切な選択肢を1つ選べ。

1. 必要なモデルの学習回数は、ブロックの数から1を引いた回数である
2. 必要なモデルの学習回数は、ブロックの数に1を足した回数である
3. ブロックの数がテストデータを除いたデータの個数と一致するように分割する手法はホールドアウト（Hold-out）法と呼ばれる
4. ブロックの数がテストデータを除いたデータの個数と一致するように分割する手法は1つ抜き（Leave one out）法と呼ばれる

3.5　評価指標

回帰

問1　★★★　➡解答　p.122  

次の文章を読み、空欄に最もよく当てはまる選択肢を選べ。

モデルの精度を測る評価指標にはさまざまなものが存在する。回帰問題で代表的な評価指標としてRMSEが知られている。RMSE は、次式で表されるMSEの（　ア　）を取ったものである。

$$\mathrm{MSE} = \frac{1}{n}\sum_{i=1}^{n}(y_i - \hat{y}_i)^2$$

（ア）の選択肢
1. 絶対値
2. 対数
3. 平方根
4. 最大値

分類

問2　★★★

➡解答　p.122 

次の文章を読み、空欄に最もよく当てはまる選択肢をそれぞれ1つずつ選べ。

2クラスの分類問題において、モデルによる予測クラスと真のクラスを下表のように分割表としてまとめることができる。この表は（　ア　）と呼ばれ、(a)、(b)、(c)、(d) の適切な組み合わせは（　イ　）である。

		本当のクラス 正	本当のクラス 負
予測クラス	正	(a)	(b)
	負	(c)	(d)

（ア）の選択肢

1. エルミート行列
2. 精度行列
3. 分散共分散行列
4. 混同行列

（イ）の選択肢

1. (a) 真陽性：TP、(b) 偽陰性：FN、(c) 偽陽性：FP、(d) 真陰性：TN
2. (a) 真陽性：TP、(b) 真陰性：TN、(c) 偽陽性：FP、(d) 偽陰性：FN
3. (a) 真陽性：TP、(b) 偽陽性：FP、(c) 偽陰性：FN、(d) 真陰性：TN
4. (a) 真陰性：TN、(b) 真陽性：TP、(c) 偽陰性：FN、(d) 偽陽性：FP

コラム　データリーケージ

データリーケージとは、データ漏えいとも呼ばれ、予測の時点では利用することができない情報を含むデータを用いて、モデルを構築した際に発生する問題です。たとえば、目標は来年の売上の予測で、2000年～2019年のデータを持っていたとします。モデルの構築時に2018年の売上を予測する際、2000年～2017年と2019年のデータを用いることができます。しかし、実用時は将来を予測したいときに、そのさらに未来のデータを活用することは不可能なため、利用できないモデルが出来上がってしまいます。簡単な例でしたが、実際には気付きづらいリーケージも存在し、機械学習モデル開発においての非常に難しい問題の1つです。

問3　★★★

➡解答　p.123 

次の文章を読み、空欄に最もよく当てはまる選択肢を選べ。

二値分類を行ったところ、下表のような混同行列が得られた。このモデルを評価するために、ある指標を用いてその精度を測った。正例を正しく予測した数は30、負例を正しく予測した数は45、全体の数は100であるため、$\frac{(30+45)}{100}=0.75$が評価値として得られた。この評価指標は（　ア　）である

		本当のクラス	
		正	負
予測クラス	正	30	10
	負	15	45

（ア）の選択肢
1. 正解率（accuracy）
2. 適合率（precision）
3. 再現率（recall）
4. 偽陽性率（false positive rate）

問4　★★★

➡解答　p.123 

次の文章を読み、空欄に最もよく当てはまる選択肢をそれぞれ1つずつ選べ。

二値分類における混同行列を次に示した。二値分類における評価指標としては適合率や再現率などが知られている。適合率は $TP/(TP+FP)$ で表され、再現率は $TP/(TP+FN)$ で表される。ある疾患（正例）を検出する問題を考えたとき、適合率は（　ア　）を、再現率は（　イ　）を示す指標となる。

		本当のクラス	
		正	負
予測クラス	正	TP	FP
	負	FN	TN

(ア)(イ)の選択肢
1. 疾患の有無に関わらず正しく予測する割合
2. 疾患を有する人のうち正しく陽性判定できた割合
3. 陽性判定のうち実際に疾患を有する人の割合
4. 疾患のない人を陽性判定した割合

問5 ★★★ ➡解答 p.124 ☑☑☑

次の文章を読み、空欄に最もよく当てはまる選択肢をそれぞれ1つずつ選べ。

2クラスの分類問題における、モデルの予測精度を測る指標にはさまざまなものが存在する。代表的なものには正解率や適合率、再現率、F値などがある。正解率は実際に予測が当たっているデータの割合であり、適合率は、(ア)と予測したデータのうち実際に(ア)であるものの割合である。F値は、トレードオフの関係にある(イ)の調和平均として定義される。

(ア)の選択肢
1. 真
2. 偽

(イ)の選択肢
1. 正解率と適合率
2. 正解率と再現率
3. 適合率と再現率
4. 偽陽性率と真陽性率

問6　★★★

➡解答　p.124 

次の文章を読み、空欄に最もよく当てはまる選択肢をそれぞれ1つずつ選べ。

二値分類において、モデルの性能を評価するためにROC (Receiver Operating Characteristic) 曲線を描くことがある。ROC 曲線は、判別の閾値を動かしたときの真陽性率と偽陽性率の関係をプロットしたものである。ここでは、横軸に偽陽性率を、縦軸に真陽性率を取るものとする。

ROC曲線を描画した後は、曲線の下側の面積であるAUC (Area Under the Curve) でモデルの評価することができる。モデルがランダムな予測をする場合、ROC曲線は直線になり AUC は（　ア　）となる。モデルの性能が上がるほど曲線は（　イ　）に張り出し、AUC は（　ウ　）に近づいていく。

（ア）（ウ）の選択肢

1. -1
2. 0
3. 0.5
4. 1

（イ）の選択肢

1. 右上
2. 右下
3. 左上
4. 左下

問7　★★★

➡解答　p.125 

次の文章を読み、空欄に最もよく当てはまる選択肢を選べ。

ブラックボックスな（解釈性が低い）モデルを解釈する手法の1つとして、2016年にLundberg and Leeにより発表された、協力ゲーム理論を応用している（　ア　）が近年注目されている。（　ア　）は1つのデータにおける予測値の解釈について使えるだけでなく、予測値と変数の関係を見ることもできるなど、ミクロな解釈からマクロな解釈まで網羅的に行える有用な解釈手法である。

この手法はすでにPythonによるパッケージが開発されていることもあり、実務でも多く活用されている。

（ア）の選択肢

1. SHAP（SHapley Additive exPlanations）
2. LIME（Local Interpretable Model-agnostic Explanations）
3. Anchors
4. influence

モデル自体の評価

問8　★★★　➡解答　p.127  

一般に、AIモデルの変数・パラメータが増え、複雑になるにつれて、与えられたデータをうまく説明できるようになる（ある入力データから、予測対象である値やクラスを高精度に推定できる）。しかし、そのようなモデルは不必要に複雑である場合があり、その結果過学習に陥ることもある。

モデルの適切な複雑さを知るための指標や、複雑さについての考え方に関する以下の説明のうち、誤っている選択肢を1つ選べ。

1. モデルの汎化誤差の構成要素は、バイアスとバリアンス、データに含まれる本質的なノイズである。また、機械学習モデルの学習の目標は、バイアスの二乗、バリアンス、データに含まれる本質的なノイズの3種類の誤差の和である汎化誤差を最小化することである。
2. バイアスとバリアンスは、トレードオフの関係にある。一般には、モデルを複雑にするほどバイアスは増加し、バリアンスは減少する。この状態では、モデルは学習不足であるといえる。
3. オッカムの剃刀とは、「ある事柄を説明するためには、必要以上に多くを仮定するべきでない」という考え方である。統計学や機械学習の分野では、モデルの複雑さ・変数の多さとデータへの適合度とのバランスを取るために、オッカムの剃刀的な発想を利用する。
4. AIC（Akaike Information Criterion：赤池情報量基準）は、「AIC＝－2×（最大対数尤度）＋2×（パラメータ数）」という式で与えられる。この式からもわかるように、AICでは、パラメータが増えること自体がペナルティであると解釈される。

解答と解説

3.1　代表的な手法

学習の種類

問1

➡問題　p.71

解答　(ア) 4、(イ) 2、(ウ) 1

解説

機械学習の大きな枠組みに関する問題で、**教師あり学習**、**教師なし学習**、**強化学習**についての理解が必要です。

▼機械学習の分類

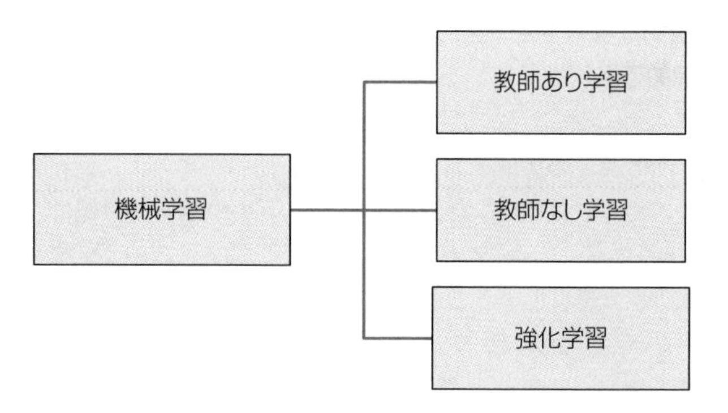

教師あり学習は、正解データを適切に予測できるように、正解データとその他の変数のセットの関数を学習する枠組みです。このとき、正解データは**目的変数**と、その他の変数は**説明変数**もしくは**特徴量**と呼ばれます。

教師なし学習は、正解を参照せずに**変数どうしの構造やパターンを抽出する**枠組みです。たとえば、出力するべき正解があらかじめ決まっていない状況で分類を行う「**クラスタリング**」などは教師なし学習に該当します。

強化学習は、正解を与える代わりに、**将来の報酬や利益を最大化するように、特定の状況下における行動を学習する**枠組みです。状況と行動が明確であるボードゲームなどの分野で目覚ましい活躍をみせています。

いずれも、具体的なアルゴリズムや手法を表すのではなく、機械学習タスクの種別を表す枠組みであることに注意が必要です。

教師あり学習

問2 ➡問題 p.71

解答　（ア）4、（イ）2

解説

教師あり学習の中でも、分類問題と回帰問題の区分けに関する知識を問う問題です。

両者は予測すべき値の性質によって分けられ、**分類問題では疾患の有無や性別などのカテゴリ**であるのに対し、**回帰問題では年収や気温などの連続値**となります。

分類問題はさらに細かく、ラベルが2種類である**2値分類**と、3種類以上である**多値分類**に区分けすることができます。さらに多値分類は、個々の観測がただ1つのクラスに属する**マルチクラス分類**と、同時に複数のクラスに属し得る**マルチラベル分類**に分けることができます。たとえば、新聞記事が「政治」カテゴリにも「経済」カテゴリにも割り当てられている、といった場合はマルチラベル分類に相当します。

その他にも、画像の中で特定の物体の領域を予測するタスクや、レコメンデーションにおいて順位をつけた出力を行うタスクなども、教師あり学習のアプローチで取り組むことがあります。

教師なし学習

問3 ➡問題 p.72

解答　（ア）4、（イ）1

解説

教師なし学習の中でも、目的毎の区分けに関する知識を問う問題です。

■（ア）の解説

データを複数のグループにまとめるタスクは、**クラスタリング**と呼ばれます。そのため、選択肢4が正解となります。観測どうしの類似度の設計により、結果が大きく異なることに注意が必要です。たとえば、数百のばらつき（標準偏差など）がある年収と数十程度のばらつきがある年齢がもとの変数にある場合、それぞれをあらかじめ揃えるような前処理、または考慮した類似度の設計が重要になります。

▼クラスタリング

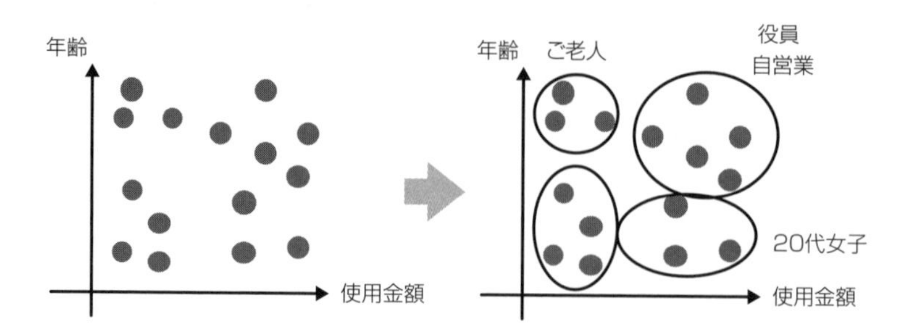

■（イ）の解説

データをより少ない変数で要約する方法は、**次元削減**または**次元圧縮**と呼ばれます。そのため、選択肢1が正解となります。クラスタリングと同様に前処理が重要となる他、重要な情報まで落としてはいけないため、圧縮後の次元をいくつにするかが問題となります。適切な次元数を測る指標として、たとえば代表的な次元削減である**主成分分析**では、**スクリー基準**や**カイザー基準**などが知られています。

▼次元削減（次元圧縮）

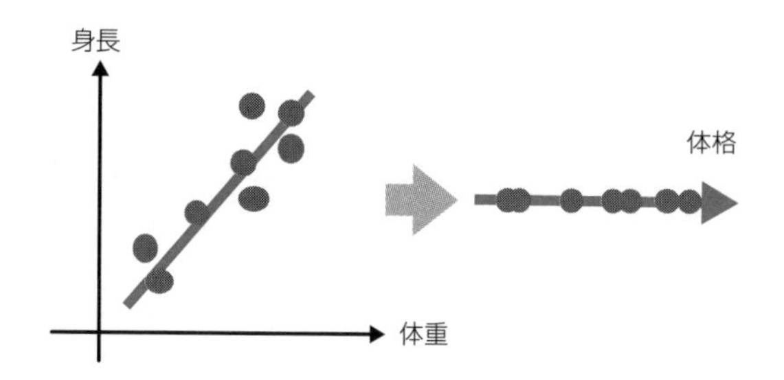

異常な観測と正常な観測を分類する**異常検知も教師なし学習として解かれることがありますが**、空欄前後の文脈より選択肢3は不適当となります。また、**生存時間解析は、個体が死亡・故障するまでの時間を目的変数にした教師あり学習**であるため、選択肢2は不適当となります。

強化学習

問4

➡問題　p.72

解答　（ア）2、（イ）4

解説

機械学習の大きな枠組みに関する問題で、それぞれの概要を把握していることを問うものです。

■（ア）の解説

強化学習とは、ある環境下で目的とする報酬（スコア）を最大化するためにどのような行動や選択を取れば良いか、その行動を学習する枠組みのことです。**過学習**は、モデルが特定のデータセットに過剰に適合してしまう状態のことです。**深層学習**は、ディープラーニングのことを指します。**オンライン学習**は、新しくデータが追加されるたびに、そのデータのみを用いてモデルを逐次的に更新する仕組みを指します。そのため、それぞれ教師あり学習、教師なし学習と並べることは不適切となります。

■（イ）の解説

教師なし学習とは、特定の出力（目的変数）を与えることなく、入力データのみからその構造を学習する枠組みです。そのため、データをいくつかの塊（クラスタ）に分ける**クラスタリング**やより低次元で表現する**次元削減（次元圧縮）**がこれに相当します。そのため、代表的なクラスタリング手法である**k-means法**が正解となります。クラスタリングは、正解がない状況下で分類問題を解くことに相当します。

> **コラム　機械学習の学習手法**
>
> 機械学習における代表的な学習手法には、教師あり学習、教師なし学習、強化学習という3つの方法が存在します。しかしながら学習方法は3種類しかないというわけではありません。教師あり学習と教師なし学習を組み合わせる手法は、**半教師あり学習**と呼ばれていますし、ラベルのないデータから機械的にラベルを作って学習する手法は、**自己教師あり学習**と呼ばれています。さらに**距離学習**と呼ばれる、同じクラスのサンプル間の距離を小さくしながら、異なるクラスのサンプル間の距離を大きくするように学習するという手法も存在します。このようにディープラーニングの分野では、モデル構造や学習データを改善するだけでなく、学習方法によってどれだけ性能を上げることができるのかという点も重要な研究テーマの1つとなっています。

3.2　教師あり学習の代表的な手法

線形回帰

問1

➡問題　p.73

解答　（ア）3、（イ）1

解説

線形回帰モデルについての基本的な知識を問う問題です。

線形回帰とは、下図のように説明変数 x と目的変数 y の関係を直線の関係で表すモデルで、式は $y=\alpha+\beta x$ で表されます。イメージは $y=-15+1.45x$ とした例です。

▼**線形回帰**

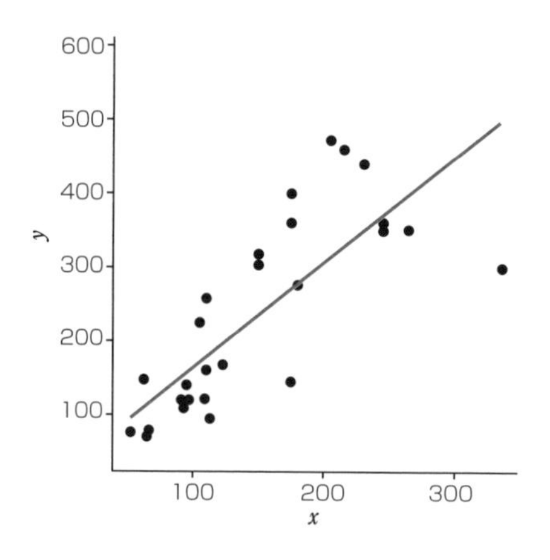

ここで、説明変数の数が複数になるとき、その式は $y=\alpha+\beta_1x_1+\beta_2x_2+\cdots$ となり、直線から平面になります。また、3次元以上の平面を**超平面**といいます。よって、（ア）は選択肢3が正解となります。

「**（偏）回帰係数に意味がある**」とは、その説明変数が目的変数を説明するのに実際に寄与しているということであり、つまり「**（偏）回帰係数が0ではない**」ということになります。（偏）回帰係数が**負の値であっても、寄与している**ことに注意が必要です。

しかし、この問題文では仮説検定を用いて、「（偏）回帰係数が0ではない」ことを主張します。仮説検定では主張したいことと逆のことを**帰無仮説**というものに設定し、それを棄却することで、もともと言いたいことが正しいとする方法です。そのため、（イ）は言いたいことの逆である選択肢1が正解となります。

正則化

問2

➡問題　p.74

解答　1

解説

過学習を避けるためのテクニックの1つである「正則化」についての問題です。

正則化については、選択肢1の通りで、学習(最適化)の目的関数にペナルティとなる項を追加することで、パラメータが極端な値になることを防ぎます。そのため、選択肢1が正解となります。また、その他の選択肢についても基本的な記述であるため、その概念を理解しておくと良いでしょう。

選択肢2は**サポートベクターマシンにおけるカーネルトリックの一部**を説明した記述です。選択肢3は**正規化**についての説明です。平均を0に、標準偏差を1に揃えるような前処理も正規化と呼ばれることがあります。

選択肢4のような作業は、変数に正規分布を仮定するモデルの前処理として行われることが多く、たとえば**対数化**、**Box-Cox変換**、**Yeo-Johnson変換**といった方法が知られています。

正則化は、基本的に以下の形で導入されます。

(最小化したい新たな目的関数)=(通常の目的関数)+(正則化項)

正則化の例としては、**Ridge回帰**や**Lasso回帰**が有名ですが、ロジスティック回帰やサポートベクターマシン、勾配ブースティング、ニューラルネットワークなど、多様なモデルに適用されることがあります。

問3

➡問題　p.74

解答　(ア)3、(イ)2

解説

正則化を線形回帰モデルに適用した例、特にL1、L2正則化の場合の知識を問う問題です。

L1正則化の場合は**Lasso回帰**と、**L2正則化**の場合は**Ridge回帰**と呼ばれます。

次頁の図に、Lasso回帰において正則化パラメータを変化させたときの係数の変化を示しました。正則化パラメータを大きくするにつれ、すべての回帰係数がだんだんと0に近づいていくことがわかります。また、最終的には、すべての回帰係数が0になることがわかります。

▼Lasso回帰ー係数の変化

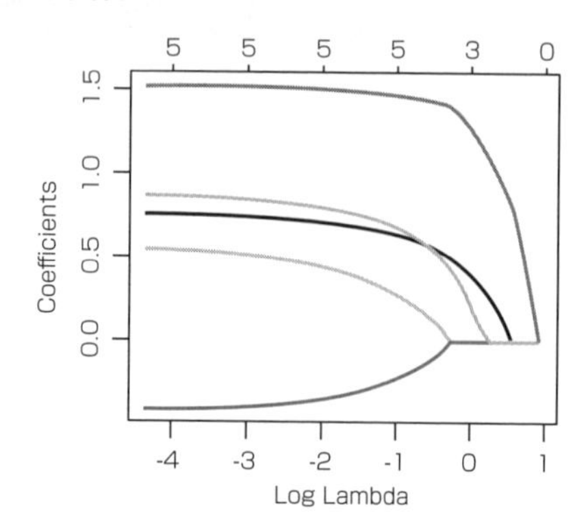

ロジスティック回帰

問4

➡問題　p.74

解答　　(ア)2、(イ)4

解説

ロジスティック回帰に関する基本的な知識を問う問題です。

ロジスティック回帰は「回帰」という名前がついていますが、**分類問題に適用されるモデル**であることに注意が必要です。また、**オッズ**とは、事象が起こる確率を起こらない確率で割ったもののことをいいます。賭け事では「賭け金に対する払戻金の倍率」をオッズと呼ぶことがありますが、ここで扱っているオッズの定義とは異なりますので注意してください。よって、(ア)の正解は選択肢2に、(イ)の正解は選択肢4になります。

分類問題では目的変数が$y=0, 1$であるため、変換した後に回帰を行うことになります。右図では、対数オッズと目的変数の散布図を示しました。実線は対数オッズを0から1の範囲に戻すための**ロジスティックシグモイド関数**です。ロジスティック曲線では、閾値を定め、回帰後の予測値がその値を上回るときに1、下回るときに0と予測することになります。

▼対数オッズと目的変数の散布図

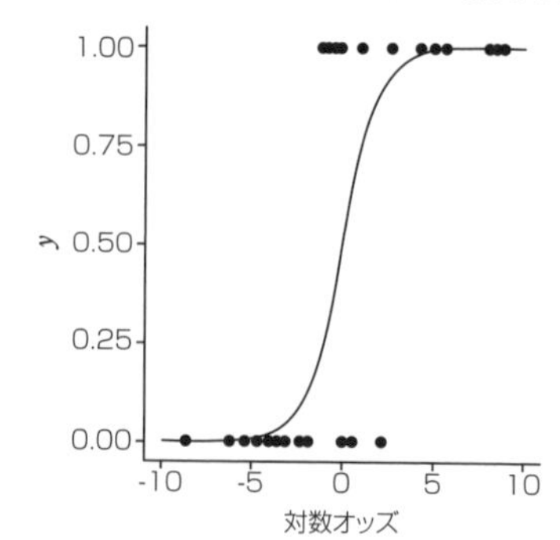

サポートベクターマシン

問5

➡問題 p.75

解答 (ア) 1、(イ) 4

解説

分類モデルであるサポートベクターマシンに関する知識を問う問題です。

サポートベクターマシン(SVM)は、明らかに所属クラスが分かる観測ではなく、**判別境界の付近にある判断の難しい観測に着目する分類モデル**です。このとき、判別境界に最も近い観測は**サポートベクトル**と呼ばれます。

またSVMでは、より高次元空間に写像することで線形判別を可能にする工夫が頻繁に行われます。その例を次頁の上の図に示しました。図では直線で青と黒を分けることは不可能ですが、$z = x^2 + y^2$ ともう1軸増やした次頁の下の図では平面で**青と黒**を分けることができます。線形分離可能にする高次元への写像を探すことは難しいですが、**カーネル関数**という関数を使うことで写像を具体的に探すことなく、高次元空間で学習を行うことができます。また、その際に計算量の少ない都合の良いカーネル関数を用いることを**カーネルトリック**といいます。

コラム カーネル関数

SVMやガウス過程などで利用されるカーネル関数にはさまざまなものが存在します。有名なカーネル関数には、線形カーネル、RBFカーネル、多項式カーネル、周期的カーネルなどが存在します。また、多層のニューラルネットワークに対応するカーネル関数も存在します。

Cho Youngmin and Lawrence K. Saul,"Kernel methods for deep learning" Advances in nueral information processing systems. 2009.

▼例

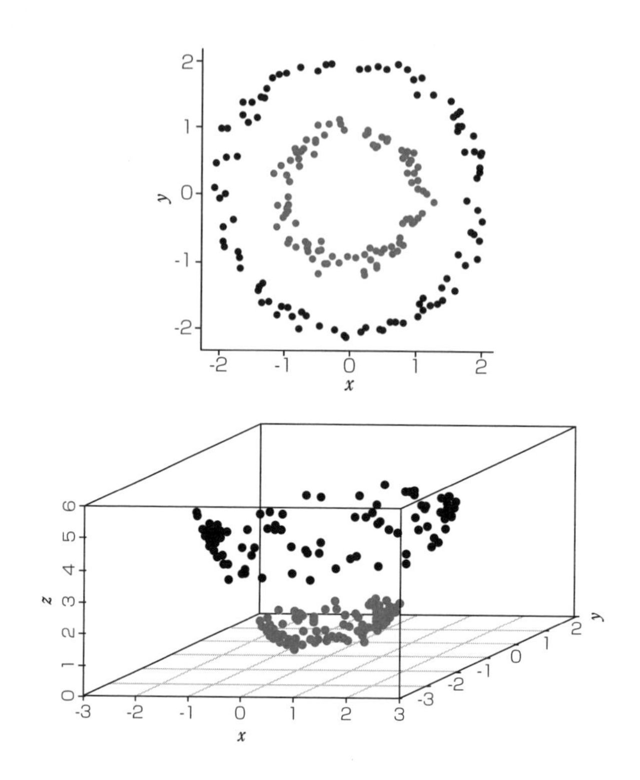

よって、(ア)の正解は選択肢1に、(イ)の正解は選択肢4になります。

また、同様にサポートベクトルを用いる回帰モデルに、サポートベクトル回帰(SVR)があります。

決定木

問6

➡問題　p.76

解答　(ア)2、(イ)2

解説

決定木に関する基礎知識を問う問題です。

▼決定木

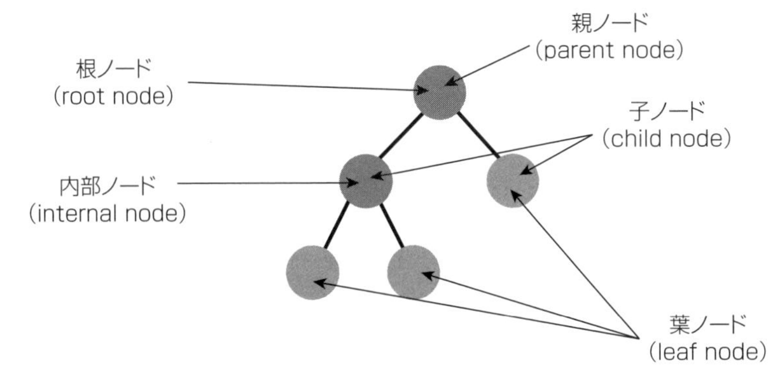

決定木は、上図のような木構造を用いて分類や回帰を行うモデルです。大元である**根ノード**から、条件分岐を経て先端の**葉ノード**へたどり着くと、数値やクラスなどの値が出力されます。それぞれの分岐は1つの特徴量に関するif文で表されるため、得られたモデルが**解釈しやすい**のがポイントです。一方で、**木の幅や深さを増やしていくほど**（条件分岐を多くすればするほど）**学習データに対し過剰に学習してしまう**ため、それらを制御するような工夫が必要です。

時系列モデル

問7

➡問題　p.76

解答　4

解説

この問題は、時系列データの特徴と、時系列モデルに関する基礎知識を問う問題です。

1　○　正しい。定常性が満たされている時系列データでは、分散も一定となります（分散は**自己共分散**のラグを0としたものであり、「自己共分散一定」の条件に含まれています）。定常性を満たすものの代表例が、ホワイトノイズ（期待値が0、分散σ^2を持ち、任意のj次の自己共分散が0）です。選択肢3で言及したARモデルについても、ある条件のもとで定常性を満たしています。また、世の中には定常でない時系列データのうち、代表的なものとして**ランダムウォーク**というものがあり、これは、分散が時間と共に拡大していくといった特徴を持ちます。

2　○　正しい。次頁の図に、時系列データの例として、1850～2018年までの全球平均気温からの気温偏差データを示しました。年々気温偏差が上昇するトレンド、季節性(夏と冬で気温偏差の大きさが変わる周期変動)、不規則成分(ノイズ)がそれぞれ見て取れます。

3　○　正しい。なお、式の左辺の値は、自分自身の過去の値によって説明できる部分と、説明しきれない誤差の部分からなります。後者に関しては定数項をつけてモデル化することもできますが、ここでは簡単のため省略しています。

4　×　誤り。本選択肢において誤っている部分は、「VARモデルに採用する変数はなるべく多くなるようにすることが望ましい」の部分です。

VARモデルを構成する各方程式は、自分自身のラグとモデルに含まれるすべての方程式のラグを説明変数とします。

定数項を除く場合、4変数でラグが2であれば8個の説明変数ですが、8個の変数でラグが4であれば32の説明変数が必要となり、自由度が著しく下がります。また、あまり長いラグを取ると説明変数が増えることになり、予測の信頼度が低下します。

最後に、例として変数2、ラグ数2のVARモデルの方程式を示しました。

$$x_t = a_1 x_{t-1} + a_2 x_{t-2} + a_3 y_{t-1} + a_4 y_{t-2} + u_{xt}$$
$$y_t = b_1 x_{t-1} + b_2 x_{t-2} + b_3 y_{t-1} + b_4 y_{t-2} + u_{yt}$$

▼1850～2018年までの全球平均気温からの気温偏差データ

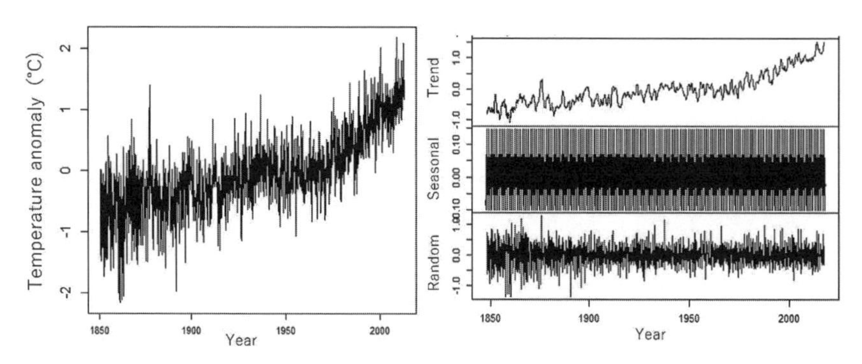

https://climatedataguide.ucar.edu/climate-data/global-surface-temperatures-best-berkeley-earth-surface-temperaturesよりデータを取得しRを用いて図を作成した。横軸の刻み幅は1か月。
図(右)上から、トレンド、季節性変動、不規則成分。

疑似相関

問8

➡問題　p.77

解答　3

解説

データ分析の際に重要な疑似相関に関する設問です。

疑似相関とは、実際の相関が低い（高い）にもかかわらず、偶然または第3の見えない要因の存在のために相関関係があるように見える「見かけ上の相関」のことです。

たとえば、相関係数などの相関を表す値が高く出ていても、実際には相関関係がないことです。以下の図は選択肢4の「算数の成績」と「身長」の疑似相関について示しています。「算数の成績」と「身長」は相関があるように見えますが、実際には相関が低く、「年齢」という第3の要素が「算数の成績」と「身長」の間に相関があるように見せています。「年齢」が上がると「算数の成績」は上がり「身長」も高くなるため、相関があるように見えるのです。

相関関係が最もある可能性が高いのは、選択肢3の「降水量」と「傘の売上」です。「降水量が多い」と、「傘の売上」が上がるという直接的な相関関係が考えられるため、「降水量」と「傘の売上」は相関関係にあります。第3の要因が主として相関を高くしているわけではないので疑似相関とは考えられません。

▼「身長」と「算数の成績」の疑似相関

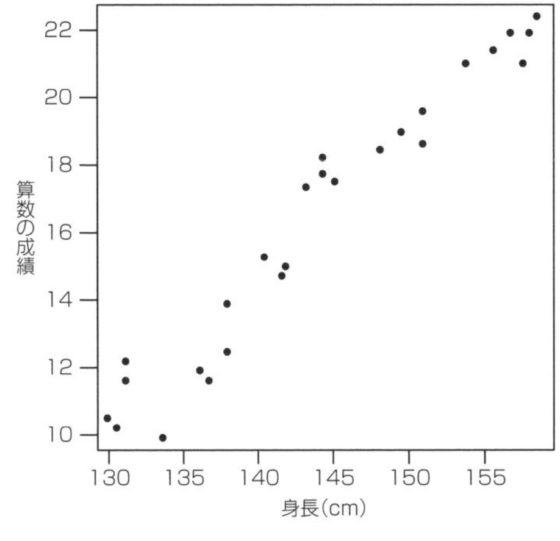

（a）「身長」と「算数の成績」の散布図

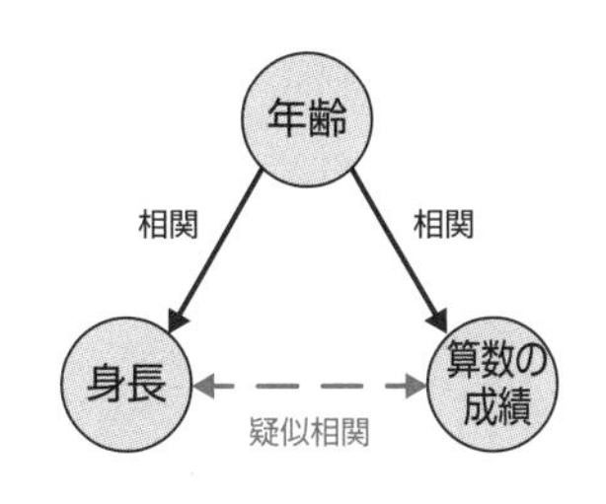

（b）疑似相関の関係

●選択肢1について

「アイスの消費量」と「熱中症患者の数」は両方とも「気温」という第3の要素によって変化します。「気温」が上がれば「アイスの消費量」も「熱中症患者の数」も上昇する傾向にあるため、「アイスの消費量」と「熱中症患者の数」は疑似相関の関係といえます。

●選択肢2、4について

選択肢2の「年収」と「血圧」および選択肢4の「算数の成績」と「身長」は「年齢」という第3の要素によって疑似相関の関係にあるため、疑似相関の例として適切だといえます。

ランダムフォレスト

問9

➡問題　p.77

解答　（ア）4、（イ）3

解説

ランダムフォレストに関する基礎知識を問う問題です。

ランダムフォレストは、たくさんの決定木により予測を行う**アンサンブル学習**のモデルです。決定木の統合には、**バギング**と呼ばれるアンサンブルの方法が使われ、**並列**にそれぞれの決定木が学習されます。そのため、計算機の環境によっては簡単に**高速化できる**メリットがあります。

また、決定木をそれぞれ並列に学習することにより、決定木の数が増えすぎて精度が悪くなることはありません。そのため、木の本数ではなく、それぞれの**決定木のパラメータ**（木の深さや葉に入る最小のサンプル数など）**を制御することで汎化性能を高めます**。このメリットはランダムフォレストの大きな特徴であり、ビジネスにおいても、ベンチマークとなるモデルとしてよく利用されます。

よって、（ア）は選択肢4が、（イ）は選択肢3が正解となります。

勾配ブースティング

問10
➡問題　p.78

解答　4

解説

勾配ブースティングに関する基礎的な問題です。

ランダムフォレストが、弱学習器に決定木を使用する具体的なモデルであるのに対して、**勾配ブースティング**はあくまでも**ブースティングを実行するための1手法**です。そのため、弱学習器には具体的なモデルを仮定しておらず、決定木の他に線形回帰モデルなどが利用されることがあります。よって、正解は選択肢4となります。

勾配ブースティングの弱学習器に決定木を使用したものは**勾配ブースティング木**と呼ばれ、特にテーブルデータの教師あり学習で人気のあるモデルです。

問11
➡問題　p.78

解答　1

解説

adaboostは、勾配ブースティングと同様ブースティングの1手法であり、GBDTを実装したライブラリではありません。そのため、選択肢1が正解となります。

xgboostはDMLC社によって開発された、オープンソースのGBDTライブラリです。既存のPythonライブラリに比べて計算が速いこと、コンペティションで高い精度を誇ったことにより人気が出たモデルです。

lightgbmはMicrosoft社によって開発されたライブラリで、xgboostよりもさらに速い計算速度と、モデルの軽さから人気があります。

catboostはロシアの検索エンジンを運営するYandex社により開発されたライブラリで、カテゴリ(質的変数)の扱いなどに工夫があります。

このように、GBDTのライブラリは多く存在しますが、すべての状況下で明確に優れているものはなく、場合によって精度等の優劣が変わります。ただし、適切に学習されパラメータ設定されていれば、これらのライブラリで精度に大きく差が出ることはごく稀です。

アンサンブル学習

問12

➡問題　p.79

解答　2

解説

バギングに関する知識を問う問題です。

▼バギングのイメージ

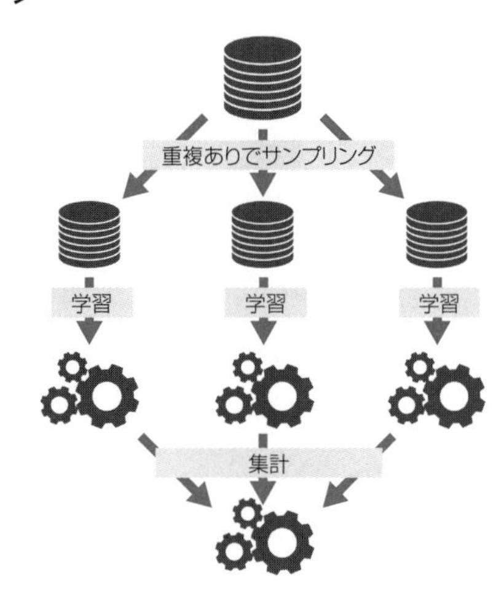

バギングのイメージ図を上図に示しました。もとの学習データからさまざまな学習データを作りだし、それぞれを学習した弱学習器を統合することで汎化性能を高めるアンサンブル学習です。特に、重複ありで同じ大きさのサンプルを得る作業は**ブートストラップ**(bootstrap)や**ブートストラップサンプリング**(bootstrap sampling)と呼ばれ、サンプルを擬似的な母集団とみなす統計的手法です。よって、選択肢2が正解となります。

問13

➡問題　p.79

解答　3

解説

ブースティングに関する基本的な問題です。

ブースティングのイメージ図を次図に示しました。**ブースティング**ではこのように、前段階までに作成したモデルと学習データを照らし合わせ、新たな弱学習器を用いて**逐次的**に修正を行うアンサンブル学習です。学習データと照らし合わせ何度も修正を行うため、**弱学習器の数を増やしすぎてしまうと、学習データに適合しすぎて過学習を起こしてしまいます**。そのため、モデルをよくモニタリングし、適切な弱学習器の数を決定しなければならないことに注意が必要です。

よって、選択肢3が正解となります。

▼ブースティングのイメージ

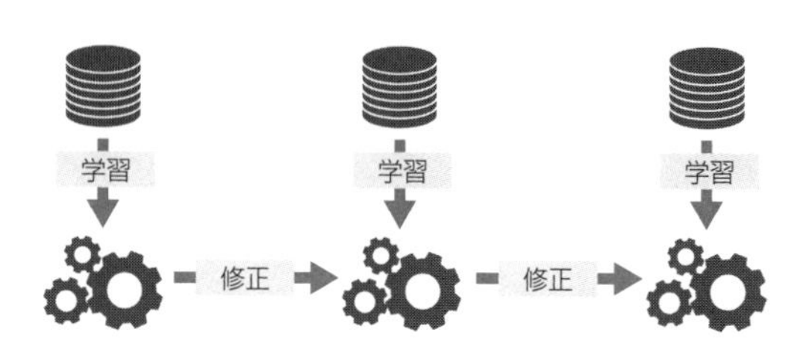

問14

➡問題　p.80

解答　　3

解説

アンサンブル学習の1手法である**スタッキング**に関する問題です。

選択肢3が正解ですが、その他の選択肢は基礎的な単語であり、文脈からも不適切であると分かります。

データセット1で学習したモデルでデータセット2を予測し、新たなメタ特徴量とします。一方で、データセット2で学習したモデルでデータセット1を予測し、新たなメタ特徴量とする、など、学習に使用したデータに対してそのままメタ特徴量を作ってはいけないことに注意が必要です。

勾配ブースティング木や線形回帰などを始めとし、多様性の観点から各層でさまざまなモデルが使用されることが普通であるため、**最終的な解釈性が非常に低くなる**という特徴もあります。

ベイズの定理

問15 ➡問題　p.80

解答　（ア）3、（イ）2、（ウ）4

解説

ベイズの定理と確率の用語に関する基礎的な問題です。

結果をデータなどから所与のものとし、原因やパラメータを確率変数とした$P(A|B)$を、結果がすでにわかっているという意味で**事後確率**と呼びます。また、結果がまだわからない状態の$P(A)$を**事前確率**といいます。最後に$P(B|A)$についてですが、これは原因やパラメータを仮定した（具体的なパラメータで条件付けした）ときの結果のもっともらしさとして解釈することができます。**尤度**（ゆうど）の尤は「もっともらしい」という言葉に使われる漢字であることから、正解にたどり着けるでしょう。

以上をまとめると、（ア）の正解は選択肢3、（イ）の正解は選択肢2、（ウ）の正解は選択肢4となります。

問16 ➡問題　p.81

解答　3

解説

ベイズの定理の数式に関する問題です。

ベイズの定理は、観測された事象（結果）が起こったもとで、背後に潜む事象（原因）がどうであるかの確率を表すのに役立ちます。決して難しい概念ではなく、**同時確率の恒等式を整理したもの**と考えることが重要です。つまり、$P(A, B) = P(A)P(B|A) = P(B)P(A|B)$からスタートすることが重要で、これを整理することにより簡単に導出することができます。事象Aを結果、事象Bを原因としたとき、$P(A)P(B|A) = P(B)P(A|B) \Leftrightarrow P(B|A) = \frac{P(B)P(A|B)}{P(A)}$と整理することで、結果が起こったもとでの原因がどうであるかの確率$P(B|A)$を求めることができます。

よって、正解は選択肢3となります。

最尤推定

問17

➡問題　p.81

解答　(ア) 2、(イ) 1

解説

尤度（ゆうど）に関する基本的な知識を問う問題です。

尤度については問題文の通りです。$p=0.4$とすると、3回とも表が出る確率は$0.4^3=0.064$となります。そのため、(イ) の答えは選択肢1になります。

コインのパラメータに $p=0.5$を仮定した場合、問題文の事象が起こる確率は$p^3=0.5^3=0.125$ となり、その尤度は $p=0.4$の場合より大きくなります。このように、尤度をもとにすることで、パラメータの**もっともらしさ**でモデルを比較することができます。尤度が最も大きくなるようにパラメータを推定する方法を、**最尤推定**（さいゆうすいてい）といいます。問題文の事象を最尤推定すると$p=1$と推定されることからも分かるように、データが少ない場合やモデルが複雑な場合の最尤推定では**過学習に注意**する必要があります。

問18

➡問題　p.82

解答　3

解説

問題文の事象の尤度は $p*p*(1-p)*p=p^3-p^4$です。よって、この尤度を最大とするpを見つけるためには微分して0とすれば良いため、$3p^2-4p^3=p^2(3-4p)=0$を解いて最尤推定値は $p=0.75$となります。

3.3　教師なし学習の代表的な手法

k-means法

問1

➡問題　p.82

解答　（ア）2、（イ）1

解説

基本的なクラスタリングの手法であるk-means法の位置づけに関する問題です。

k-means法のように、あらかじめクラスタ数を決めなければならない手法を**非階層的なクラスタリング**といいます。一方で、最も似ている組み合わせから順にクラスタにまとめていき、まとめていく過程が階層的な樹形図のように表せる手法を**階層的なクラスタリング**といいます。

また、観測が各クラスタに属する割合や確率を出力し、どのクラスタに属するかを決めてしまわない方法を**ソフトクラスタリング**といいます。所属クラスタが複数考えられる状況など、曖昧さを維持したい場合に有用です。

そのため、（ア）の正解は選択肢2に、（イ）の正解は選択肢1になります。

階層的クラスタリング

問2

➡問題　p.83

解答　（ア）2、（イ）3

解説

階層的クラスタリングの結果を解釈する問題です。

階層的クラスタリングの結果を表す問題文の図のようなグラフは、**デンドログラム**と呼ばれ、観測がクラスタにまとまっていく過程を表すものです。縦軸は観測やクラスタを統合する際の距離を表し、ある距離を閾値として定めることでクラスタにすることができます。

たとえば閾値を2.5と定めると、次図のようにクラスタリングすることができ、このときクラスタ数は2となります。よって（ア）の正解は選択肢2に、（イ）の正解は選択肢3となります。

▼閾値を2.5と定めた場合

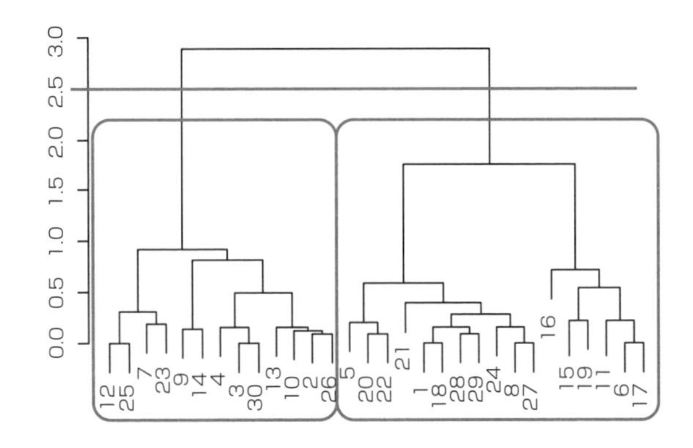

レコメンデーションアルゴリズム

問3

➡問題　p.84

解答　　2

解説

　レコメンデーションに付随する**コールドスタート問題**に関する問題です。サービスの利用を始めたばかりの初期ユーザーへの推薦や、新たに登場したアイテムを推薦対象にするような状況は、コールドスタート問題に該当します。効果の低いレコメンデーションは、顧客満足の低下にも繋がり、逆効果となる場合もあります。そのため、コールドスタート問題への対応ニーズが高まっています。

1　○　正しい。なお、レコメンデーションとして何を推薦するか決定する仕組みを**フィルタリング**といいます。

2　×　誤り。前半部分の「対象アイテムの特徴から、ユーザーの嗜好の傾向に合った特徴を持つアイテムをレコメンドする」の部分の説明は、「**コンテンツベースフィルタリング**」のものです。コンテンツベースフィルタリングでは、推薦対象の属性がわかれば推薦が可能であるという点で、コールドスタート問題には対応しやすいといえます。

　他方、「**協調ベースフィルタリング**(Collaborative Filtering)」は、ユーザーの過去の行動履歴(購入・チェック履歴)を元に、アイテムや利用者間の類似度を計算し、類似したアイテムをレコメンドする方法です。

　特徴としては、レコメンドにおいて他顧客のデータを利用することから、コンテンツベースフィルタリングよりも、意外性のある推薦が行われることがメリットの1つです。

課題としては、新規のアイテムに対してレコメンドができないことが挙げられます。また、問題文の後半でも言及されているように、これまでにサービスの利用がほとんどなかったユーザーに対して、その嗜好にあったレコメンドを出すことが難しいことも挙げられます。

以上のように、これら2つのフィルタリングはそれぞれ一長一短の手法となっています。

3　○　正しい。また、コールドスタート問題の具体的な解決策の一例として、**ハイブリッドモデル**（協調ベースとコンテンツベースのフィルタリングを組み合わせたモデル）を利用することが考えられます。

ハイブリッドモデルとして、たとえば、英Lyst社が開発した「LightFM」というものがあります。ユーザーとアイテムのメタ情報（ユーザーの属性、取り扱う商品のジャンル、キーワードなど）を活用し、「コールドスタート問題」を解決することができます。高精度で動作が軽く、Pythonのコードセットが準備されている（https://github.com/lyst/lightfm）ことなどが高評価されています。

4　○　正しい。この選択肢の事例は、Yahoo！Japanのチームによるものです。元のページに（https://techblog.yahoo.co.jp/entry/2020033182644７/）、アルゴリズムや考え方がわかりやすくまとまっているので、興味がある方はぜひ参照してみてください。なお、問題文中で説明したモデルには、多クラス分類を行うDeep Neural Networkを用いています。

主成分分析

問4

➡問題　p.85

解答　（ア）1、（イ）1

解説

主成分分析に関する基本的な問題です。

主成分分析の概要は問題文の通りで、多変数の空間の中から、**分散の大きい**順に新たな軸を第1主成分、第2主成分、…と見つけていく手法です。そのため、（ア）の正解は選択肢1になります。また、**第1主成分**の方向のばらつきは第1主成分によってすでに説明されているため、**第2主成分**以降はそれと**直交**するように与えられます。よって主成分どうしの**相関は0**であり、（イ）の正解は選択肢1になります。

問5

➡問題　p.86

解答　3

解説

主成分の概念に関する問題です。

主成分分析とは、データのばらつきを最も説明できる順番で直交する軸を抽出する手法でした。そのため、選択肢1、2は誤りとなります。また、**寄与率**（主成分がばらつきを説明する大きさ、主成分に対応する固有値の大きさ）の**大きい**順に**第1主成分**、**第2主成分**…と呼びます。そのため、選択肢3が正解となります。

特異値分解

問6

➡問題　p.87

解答　3

解説

特異値分解に関する問題です。

■(A)について

○　正しい。行列に限らず、数学的な対象の多くは、対象を構成部分に分解したりすることで、理解しやすくなります。

たとえば、整数12に対して素因数分解を行うと$12=2\times2\times3$となり、「12が5では割り切れない」といったような有用な情報を得ることができます。特異値分解以外の行列分解の代表的な手法の1つが、固有値分解です。固有値分解は、行列をA、スカラをλとすると、「$Av=\lambda v$」となるような固有ベクトルvを見つける手法です（図）。

▼固有ベクトルの概念図

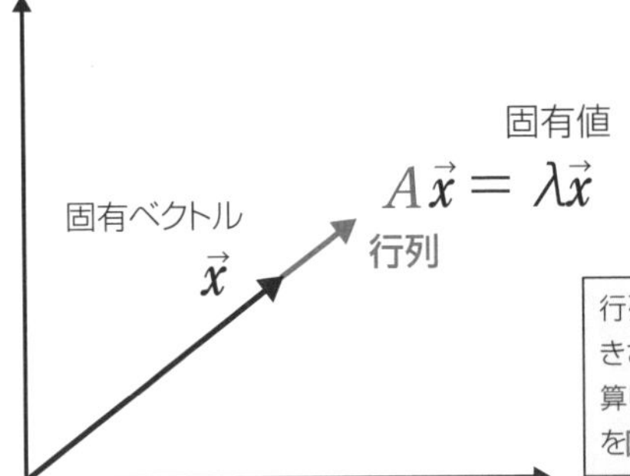

行列Aをベクトルに掛け算すると、ベクトルの向きと大きさが変わる。一方、図中のベクトル$\vec{x}$は、行列Aを掛け算しても向きは変わらない特別なベクトルであり、これを固有ベクトルと呼ぶ

ここで、スカラλを行列Aの固有値と呼びます。行列Aに対して線形独立(一次独立)な固有ベクトルがn個あり($\{v^{(1)},...,v^{(n)}\}$)、それに対応する固有値が、$\lambda=[\lambda_1,...,\lambda_n]^T$であるとすると、$A$の固有値分解は次の式で与えられます。

$$A = Vdiag(\lambda)V^{-1}$$

$diag(\lambda)$とは、λの成分、つまり各固有ベクトルに対応する固有値からなる対角行列です。$diag(1,2,3)$なら、$\begin{bmatrix}1&0&0\\0&2&0\\0&0&3\end{bmatrix}$となります。

特に、Aが実対称行列の場合は、実数値からなる固有値と固有ベクトルを使って、次のように分解できます。

$$A = Q \wedge Q^{-1}$$

ここで、Qは固有ベクトルからなる直交行列、$\wedge$(ラムダ)は対角行列です。$\wedge_{i,i}$の固有値は、Qのi行目の固有ベクトルと対応します。また、Qは直交行列であるため、Aは$v^{(i)}$の方向にλ_i倍だけ拡大縮小された空間と考えることができます。固有値分解を行うことで、データの特徴が見えやすくなったり、行列全体に影響をもたらさない小さい固有値を無視することで次元削減ができたりするといったメリットがあります。

■(B)について

○　正しい。固有値分解は正方行列以外には適用できないため、そのような場合には特異値分解を用いる必要があります。

■(C)について

×　誤り。行列Dが正方行列でなくても特異値分解を適用することができます(Dが正方行列である必要があるのは、固有値分解です。特異値分解を用いることで、Dが正方行列でない場合にも、固有値分解と同じようなメリットを享受することができます)。

また、Dの対角成分は、行列Aの特異値と呼ばれ、Uの列は左特異ベクトル、Vの列は右特異ベクトルとも呼ばれます。

データの視覚化

問7

➡問題　p.88

解答　3

解説

多次元尺度構成法(MDS：Multi-Dimentional Scaling)について正しく理解しているかを問う問題です。

正解は選択肢3です。**多次元尺度構成法**とは、対象間の類似度をできるだけ保つように低次元空間で表す手法です。高次元空間で表すことを目的としていないため選択肢1は誤りです。また、データのばらつきではなく、類似度を保持するため選択肢4も誤りです。多次元尺度構成法は、主に心理学の分野で発展してきた手法です。心理学では、さまざまな要因が複雑に絡み合った現象を扱うことが多いため、錯綜したデータの処理に利用されてきました。そのため、選択肢2も誤りです。

3.4　手法の評価

データの扱い

問1

➡問題　p.89

解答　（ア）4、（イ）4

解説

教師あり学習におけるモデルの「良さ」に関する基礎的な問題です。

教師あり学習では、手元のデータで学習したモデルが未知のデータに対してもうまく働く保証はありません。そのため、**学習データだけでなく、これから観測するデータに対しても良い識別性能を示さなくてはなりません**。下図のようにしてモデルの精度を測る「**再代入**」では、精度が高く出たとしても過学習している恐れがあります。

▼再代入

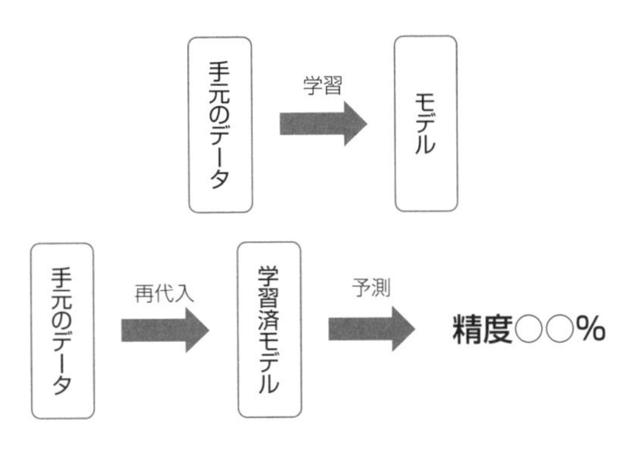

モデルの**汎化性能**を測るための解決策としては、学習データとは別の評価用データを用いることがあります。評価用データの用意のしかたとして、たとえば**ホールドアウト法**（Hold-out法）や**交差検証法**があります。

交差検証法

問2

➡問題　p.89

解答　4

解説

評価用データの用意のしかたである、ホールドアウト法（Hold-out法）に関する問題です。

ホールドアウト法のイメージを下図に示します。学習データとは別にテストデータを用意するため、再代入に比べて適切に汎化性能を測ることができます。分割した後の学習データで一度学習を行い、テストデータで精度を測れば良いため、選択肢4が正解となります。

また、下図にある通り、データを3分割する方法もあります。

▼**ホールドアウト法のイメージ**

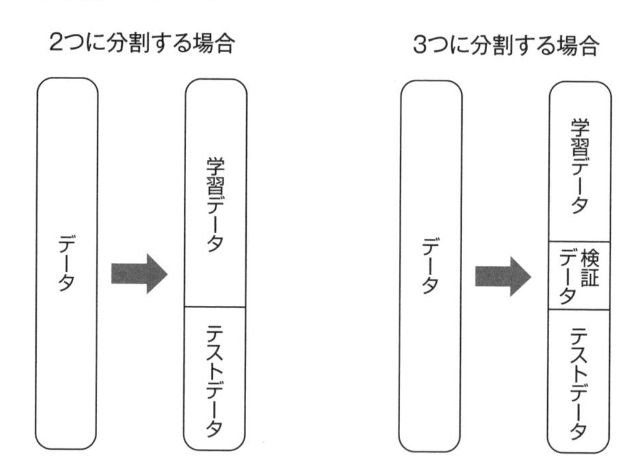

その他3つの選択肢はすべて**ホールドアウト法の欠点**です。データの分割を行うため学習用データが減ってしまうことは、データが貴重である場合もったいないことになるでしょう。また、特徴量の推敲やパラメータの調整を何度も行ってしまうことにより、今度は学習データや検証データに対して過学習してしまうことに注意が必要です。

問3

➡問題　p.90

解答　4

解説

交差検証法に関する問題です。

交差検証法は、検証データを用意するしかたの1つであり、その方法は問題文の通りです。交差検証法のイメージを下図に示しました。分割したブロックのそれぞれを検証用にする一方で、その他を学習に用いるため、必要なモデルの学習回数はブロックの数に一致します。また、データをサンプル1つひとつまで分割して学習データと検証データを用意する交差検証法は**1つ抜き（Leave one out）法**と呼ばれます。そのため、正解の選択肢は4になります。

交差検証法においてもホールドアウト法（Hold-out法）と同様、分割のしかたで結果が変わる他、何度もパラメータチューニングや特徴量の推敲を行うことにより**過学習**してしまう恐れがあります。

▼交差検証法のイメージ

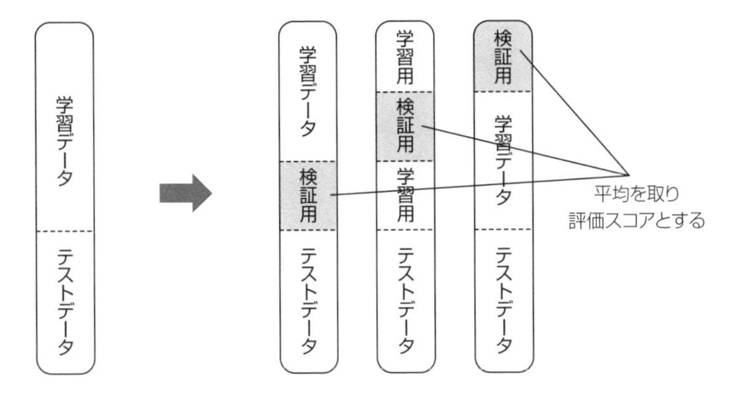

3.5　評価指標

回帰

問1

➡問題　p.90

解答　3

解説

回帰問題の代表的な評価指標であるRMSEに関する問題です。

問題となっている**RMSE**（Root Mean Squared Error：**二乗平均平方根誤差**）は、次式で表されます。

$$\mathrm{RMSE}=\sqrt{\frac{1}{n}\sum_{i=1}^{n}(y_i-\hat{y}_i)^2}$$

ルートの内側は**MSE**（Mean Squared Error：**平均二乗誤差**）と呼ばれ、次式で表されます。

$$\mathrm{MSE}=\frac{1}{n}\sum_{i=1}^{n}(y_i-\hat{y}_i)^2$$

正解ラベルと予測値の差である誤差をそのまま集計してしまうと、正の誤差と負の誤差が打ち消し合ってしまいます。MSEや RMSEは誤差を二乗することでこの問題を回避しています。また、二乗により、より大きな誤差を拡大し、重要視するような指標であることがわかります。MSEでは誤差の単位がもとの単位の二乗になってしまいますが、RMSEでは平方根を取ることでもとの単位に戻しています。よって、正解は選択肢3となります。

分類

問2

➡問題　p.91

解答　（ア）4、（イ）3

解説

二値分類の結果を表として整理した**混同行列**（confusion matrix）に関する問題です。真陽性や偽陽性などの用語は一見複雑に見えますが、次のように整理することで分かりやすくなります。

真偽：予測が当たっていれば真，外れていれば偽

陽陰：予測が正であれば陽性，負であれば陰性
（検査薬が陽性か否かの用語から取られている）

よって、（ア）の正解は選択肢4、（イ）の正解は選択肢3となります。

なお、統計学の仮説検定においても同様の概念があり、偽陽性は「**第一種の過誤**」や「**α過誤**」と呼ばれ、偽陰性は「**第二種の過誤**」や「**β過誤**」とも呼ばれます。

仮説検定の文脈において第一種の過誤とは、帰無仮説が真のときに、それを棄却することです。たとえば、「コインを20回投げたとき14回表が出たとしたらコインに歪みがないといえるか」という問題を考えた場合に、「コインに歪みがない」という仮説を**帰無仮説**と呼びます。

この帰無仮説が実際には、真である、即ちコインが歪んでいないにも関わらず、「コインが歪んでいる」と誤って判定してしまうのが、第一種の過誤です。逆に第二種の過誤は帰無仮説が真でないときに，帰無仮説を棄却すべきであるにも関わらず，帰無仮説を棄却できない場合を指します。

問3

➡問題　p.92

解答　1

解説

二値分類の評価指標に関する基本的な問題です。

問題文のように、正例・負例の数に関わらず正しく当てられた割合を**正解率**(accuracy)といいます。正解率は直感的に分かりやすい指標ですが、少数クラスを正しく予測したい場合や、一部のクラスにサンプルの大半が集中している場合には注意が必要です。なぜならば、**大半を占めるクラスに対する予測精度の影響を大きく受けてしまう**ためです。

問4

➡問題　p.92

解答　（ア）3、（イ）2

解説

二値分類の評価指標のうち、特に**適合率**と**再現率**に関する基本的な問題です。

検査において、正例（疾患を有する）と予測することを陽性判定といいます。そのため、問題文中の数式と丁寧に照らし合わせれば、（ア）の正解は選択肢3、（イ）の正解は選択肢2であるとわかります。

やや発展的な事項になりますが、**適合率**と**再現率**の間には、一方を高めれば

もう一方が下がってしまう**トレードオフ**の関係があります。その中庸を取るため、両者の調和平均**F値**が評価指標として用いられる場合があります。

問5

➡問題　p.93

解答　（ア）1、（イ）3

解説

二値分類の評価指標に関する基本的な問題です。

適合率は $TP/(TP+FP)$ で表され、**再現率**は $TP/(TP+FN)$ で表されます。そのため、両者には**トレードオフ**の関係があります。たとえば、陽性を多く出すような検査では、FNが減るため再現率が高くなる一方で、FPが増えるため適合率が低くなります。両者の中庸を取るような指標として、**F値**が知られています。

以上をまとめ、（ア）の正解は選択肢1に、（イ）の正解は選択肢3になります。

問6

➡問題　p.94

解答　（ア）3、（イ）3、（ウ）4

解説

二値分類の評価において、しばしば用いられるROC曲線とAUCに関する問題です。各クラスに属する予測確率が与えられたとき、予測確率が1なら正例と判断すれば良いですが、0.9、0.8、…0.5、…となっていったときに、どこからを正例に分類するべきかは、問題により異なるでしょう。予測確率のどこからを正例に分類するか、の閾値をさまざま変化させたとき、偽陽性率と真陽性率の推移をプロットしたものを**ROC曲線**といいます。

▼ROC曲線

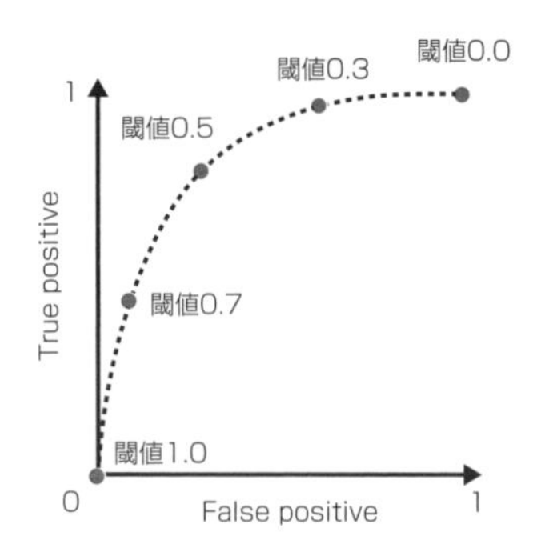

以下の3つのROC曲線を示しました。ランダムに、まるでコイン投げのように予測した場合は左の図のように、モデルの精度が上がっていくに従って真ん中の図のように、理想的なモデルでは右の図のようになります。これは、モデルの精度が向上するに従い、偽陽性率を下げるために閾値を大きくしても、真陽性率が下がりにくくなるためです。左の図で下側の面積を計算すると0.5に、右の図で計算すると1に近い値となります。

▼ROC曲線

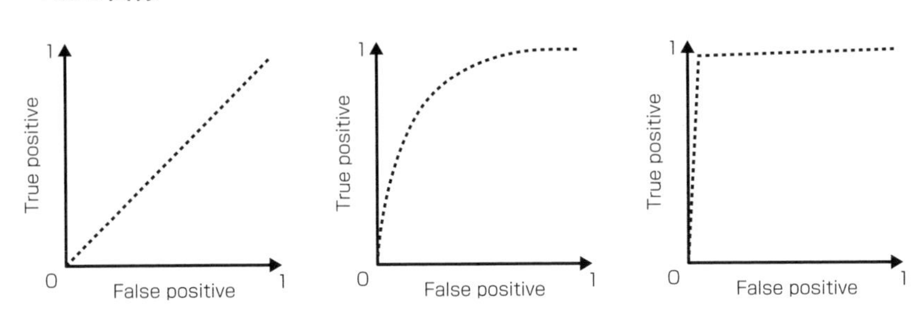

よって、ここまでをまとめ、(ア)の正解は選択肢3に、(イ)の正解は選択肢3に、(ウ)の正解は選択肢4になります。

問7

➡問題　p.94

解答　1

解説

この問題は、近年注目されている解釈性をもたらす研究について問う問題です。正解は選択肢1の「**SHAP**」です。決定木系のアルゴリズムや、ニューラルネットワークの派生アルゴリズムにも多様に活用できることから、実務において使われる場面も増えてきています。

選択肢2のLIME(詳細は後述します)も同様の技術でSHAPの前によく使われていた手法です。ライブラリとしてもリリースされ、リリース当初は話題になりました。

選択肢3のAnchorsや選択肢4のinfluenceも解釈に関する1つのアプローチとして活用されているものでした。

LIME(Local Interpretable Model-agnostic Explanations)は、ニューラルネットワークやランダムフォレストなどの複雑なモデルを、より平易で解釈しやすい線形モデルやルールモデルに近似し、局所的説明を生成する方法です。ただし、モデル全体を線形回帰モデルで近似することはできないので、局所的なサンプリングにより線形回帰モデルを作成します。以下に概念図を示しました。青で塗られている部分は、分類モデルが「正（＋）」と分類する範囲を指し、逆に白い部分はモデルが「負（○）」と分類する範囲となっています。

▼LIMEの概念図

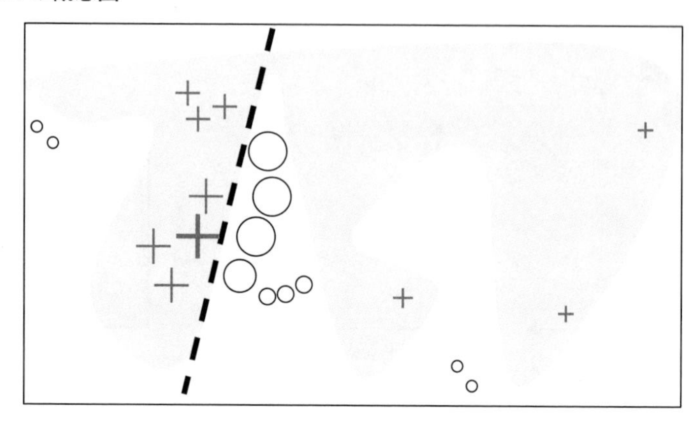

太字の「＋」を、説明を生成したいデータxとします。「＋」や「○」の大きさは、サンプリングされたインスタンスと興味のあるインスタンス間の近接度による重み付けの効果を表現しています。

図中では、データxの周辺に限り「＋」と「○」が一本の直線でうまく分類されています。一方で、1本の直線を引いただけでは、図の領域内すべての「＋」と「○」を分類する元のモデルを近似しきれていないことがわかります。仮に一本の直線で完全に分類できるのであれば、最初から線形モデルを使えば大域的な分類がうまくいくことになります。

そこでLIMEでは、予測対象のデータx（太字の「＋」）の周辺（予測対象に類似したもの）のデータに対してサンプリングを行って解釈可能なモデルを学習させ、元の分類モデルを近似します（上でも言及した通り、必ずしも大域的に良い近似である必要はなく、局所的に機械学習モデルを近似できていればよい）。そして、この局所的なサンプリングと解釈可能なモデルを用いた近似を他の各予測対象に対しても行っていきます。

ハスキー犬であるにも関わらず狼と誤判定された実例があります。この実例では、LIMEを適用すると雪景色の背景が分類に使われていました。このことから、誤判定の理由について、たとえば「トレーニングデータセット内の狼の画像に、背景が雪景色であったものが多く、ハスキー犬の画像では少なかったことから、この画像を狼であるとモデルが判断したと思われる。」といったように解釈をすることができます。一方で、「LIMEを適用したからといって、必ずしも人間が解釈可能な説明を得られるわけではない」ことには、注意が必要です。

モデル自体の評価

問8

➡問題　p.95

解答　2

解説

この問題は、モデル自体の評価に際して必要となる知識を問う問題です。

1　○　正しい。**バイアス**とは、予測値の平均と正解値とのずれのことで、学習データとモデルの予測の誤差を表現します。一方で、**バリアンス**とは、予測値自体のばらつき具合を表す指標です。モデルの性能については、次頁の図の左下の、低バイアス・低バリアンス（手元のデータにも当てはまりが良く、予測のばらつきが小さい頑健なモデルの状態）が最も好ましいといえます。

2　×　誤り。「モデルを複雑にするほどバイアスは増加し、バリアンスは減少する」が誤りです。一般に、モデルを複雑にするほどバイアスは減少する（つまり、予測値の平均については正解値に近づく）ものの、バリアンスが大きく（予測値のばらつきが大きく）なります。なお、このような状態を**過学習**と呼び、これは、モデルが学習データに適合しすぎており、新たな入力データに対する予測がうまくできていない状態を指します（次頁の図の右下の状態に当たります）。

3　○　正しい。一般に、ある測定データが与えられたとき、統計モデルを複雑にすればするほど、その測定データをうまく説明できます。しかし、そのようなモデルは、不必要に複雑であり、過去のデータに過剰に適合してしまい、未来のデータを説明できなくなってしまう状況に陥ります（過学習）。

4　○　正しい。AICにおいて、パラメータを多くすると対数尤度を大きくできますが、その一方でパラメータが増えること自体がペナルティであると解釈されます。AICを用いてモデルを評価することで、統計的モデリングにおいて、「誤差が同じ程度ならパラメータ数の少ないモデルを選ぶべき」という考え方（この考え方のことを「**オッカムの剃刀**」と呼びます）が強調されます。

▼**バイアスとバリアンスの関係**

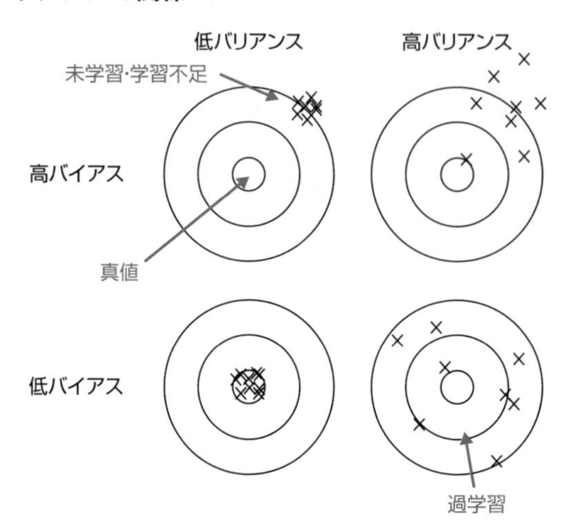

https://towardsdatascience.com/understanding-the-bias-variance-tradeoff-165e6942b229を参考に作成。

用語解説

教師あり学習	正解データを適切に予測できるように、正解データとその他の変数のセットを学習する枠組み。このとき、正解データは**目的変数**と、その他の変数は**説明変数**もしくは**特徴量**と呼ばれる。また、予測値が連続な場合を回帰、不連続な場合を分類という。
教師なし学習	正解を参照せずに**変数どうしの構造やパターンを抽出する**枠組み。クラスタリングや次元削減などは教師なし学習に該当する。
強化学習	正解を与える代わりに、**将来の報酬や利益を最大化するように、特定の状況下における行動を学習する**枠組み。
線形回帰	線や平面、超平面で関数をデータにフィッティングさせることで回帰を行う手法。
正則化	主に過学習などを防ぎ、汎化性能を上げるために、モデルに制約を設ける手法。
Lasso回帰	L1正則化を施した線形回帰手法で、解がスパースになりやすい。
Ridge回帰	L2正則化を施した線形回帰手法で、Ridge回帰の解は解析的に書ける。
ロジスティック回帰	線形回帰の考え方を拡張し、目的変数が2クラスを取る場合などに使われる分類手法
サポートベクターマシン(SVM)	サポートベクターを利用して予測を行う教師あり学習のモデルで、カーネル法により非線形分離を可能としている。
カーネルトリック	カーネル関数を使うことで、高次元の特徴空間における内積を行わず、入力空間でのカーネルの計算に落とし込むアプローチ。行っていることに対して計算量が大幅に少なく済む。
k近傍法	回帰と分類が行える手法。分類においては、特徴量空間において距離が近い順に任意のk個を取得し、多数決でデータが属するクラスを推定する。
決定木	木構造を用いて回帰や分類を行う手法で解釈性の高さが特徴。
アンサンブル学習	複数のモデルを合わせて、1つのモデルとして扱う手法で、**バギング、ブースティング、スタッキング**の3種類が存在する。

ランダムフォレスト	弱学習器に決定木を用いたアンサンブル手法(バギング)で回帰と分類に用いられる。決定木同様解釈性の高さが特徴。また、特徴量のランダムサンプリングも行っている。
勾配ブースティング	アンサンブル学習であるブースティングの一種。前の弱学習器の損失の勾配を用いて、次の弱学習器を作成する。
k-means法	教師なし学習で非階層型クラスタリングを行う手法。
階層的クラスタリング	分割型と凝縮型に別れ、凝縮型では距離の近いものを1つのクラスタとして順にデータをまとめていく手法。最終結果を樹形図(デンドログラム)で表すことができる。
主成分分析	教師なし学習の次元削減の手法で、データのばらつきを最も顕著に表現できるように、すなわち分散を最大化するように第一主成分を選択する。
交差検証法	手元のデータを複数のブロック(fold)に分割し、そのうちの1つを評価用として使い残りを学習データとすることを、評価用データを入れ替えてすべてに対し行う方法。
RMSE、MSE、MAE、RMSLE	それぞれ回帰で使用される評価手法で、root、絶対値、logがついてることによってさまざまな特徴がある。
正解率	正例・負例の数に関わらず正しく当てられた割合。
適合率	正と予測したデータのうち、実際に正であるものの割合。$TP/(TP+FP)$
再現率	実際に正であるもののうち、正であると予測されたものの割合。$TP/(TP+FN)$
F値	**適合率と再現率の中庸を取る**ような指標であり、両者の調和平均を取ることで算出。

第4章

ディープラーニングの概要

この章の概要

本章ではディープラーニングの基礎となっている**ニューラルネットワークについて基本となる構造やその特徴**を取り扱います。また深いニューラルネットワークを構築する意義について確認し、ディープラーニングを実現するのにあたって問題となる現象やこれらを解決するためのさまざまなアプローチについていくつかの重要な手法を学んでいきます。

G検定では、ニューラルネットワークが長年解決できずにいた問題の説明や、それら問題を改善した手法について問われることが想定されます。これらの内容はそれぞれの内容の関連性が高く、**ニューラルネットワークが抱えてきた問題点と「なぜその手法で問題が改善するのか」をセット**で理解することで体系的な理解が身につきます。

本章の内容はニューラルネットワークの理論的な部分を扱っていますので、基本を理解することでディープラーニングに関する話題の視野が大きく広がります。注意深く取り組むとディープラーニングによって何ができるようになったのかといったイメージが鮮明になり、ディープラーニングの持つ可能性をより身近に感じることができるはずです。

4.1　ニューラルネットワークとディープラーニング

問1　★★★　➡解答　p.141 

次の図はニューラルネットワークにおける順伝播を表している。重みを表しているものとして適切なものを1つ選べ。

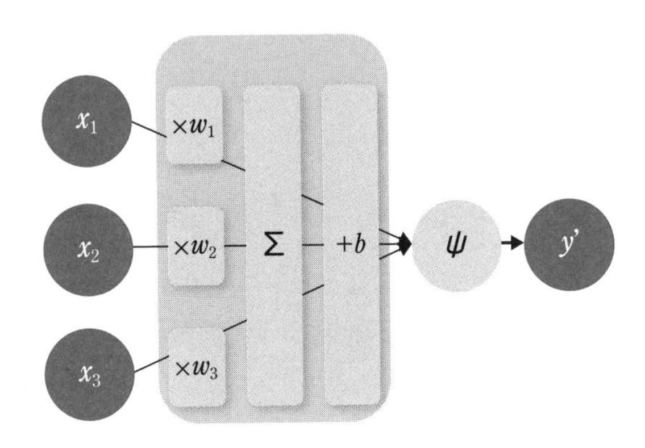

1. x
2. w
3. b
4. ψ
5. y'

問2　★★　➡解答　p.142 

ニューラルネットワークは複数のニューロンが集まった層構造を内部に持つが、隠れ層に関する説明として不適切なものを1つ選べ。

1. 活性化関数としては、恒等関数やソフトマックス関数が使用される。
2. 中間層とも呼ばれる。
3. 入力と出力を対応付ける関数に相当する。
4. 複数の層を持つことができる。

問3　★★　➡解答　p.142

ニューラルネットワークの原点として知られる単純パーセプトロンの特徴として適切なものを1つ選べ。

1. 線形分類と非線形分類を行うことができる。
2. 非線形分類しか行うことができない。
3. 隠れ層を1つ持つ。
4. 隠れ層を持たない。

問4　★★　➡解答　p.143

一般に隠れ層を増やしたニューラルネットワークをディープニューラルネットワークと呼ぶが、隠れ層を増やす目的として最も適切なものを1つ選べ。

1. 過学習を防ぐため。
2. モデルの表現力を高めるため。
3. 重みが大きくならないようにするため。
4. 学習にかかる時間を減らすため。

問5　★　➡解答　p.143

次の文章を読み、空欄に最もよく当てはまる選択肢を1つ選べ。

ニューラルネットワークはもともと(　ア　)を真似しようと考えられた手法だが、そこから解きたい課題の種類に応じて工学的にさまざまなアプローチが考えられ、さまざまなモデルが考えられることとなった。

(ア)の選択肢
1. 無線LANの仕組み
2. ニュートンの法則
3. 人間の脳の構造
4. GPUの働き

問6　★★

➡解答　p.144  

ディープラーニング（深層学習）の説明として最も適切なものを1つ選べ

1. 人間が抽出した特徴量を記述して人間と同様のことを行えるようにしたルールベースの人工知能である。
2. Generator（生成者）とDiscriminator（判定者）の2つのネットワークが競合することで学習される。
3. 大規模なラベル付けされたデータとニューラルネットワークの構造を利用して学習を行う。
4. 学習データに正解はないが、目的として設定された報酬を最大化するための行動を学習する。

問7　★★★

➡解答　p.144 

信用割当問題とは、一連の行動によってある結果が得られたとき、その結果に対して各行動の貢献度がどれくらいであるのかを求める問題である。この問題はニューラルネットワークにおいて、モデル出力に貢献しているパラメータが一体どれなのかを見つける問題として知られている。

もし、この問題を解決できなければ、どのパラメータを最適化すれば良いかがわからないためモデルの最適化が困難となる。ここで、ニューラルネットワークにおいて、この問題を解決した手法として正しいものを、次の選択肢から1つ選べ。

1. 勾配降下法
2. 誤差逆伝搬法
3. グリッドサーチ
4. 主成分分析

問8　★

➡解答　p.145 

ニューラルネットワークを多層化することで生じる問題として適切なものを1つ選べ。

1. 次元の呪いが起きやすくなる
2. 勾配が消失し、学習が進み辛くなる
3. トロッコ問題が浮き彫りになる
4. 状態行動空間が爆発する

問9　★★

➡解答　p.146 

ニューラルネットワークにおいて、隠れ層を増やすと誤差のフィードバックがうまくいかなくなることがある。大きな原因の1つとしてシグモイド関数の特性が挙げられる。その特性として適切なものを1つ選べ。

1. S字型の曲線グラフである。
2. 単調増加関数である。
3. あらゆる入力を 0 から 1 の範囲の数値に変換する。
4. 微分すると値が小さくなる。

問10　★

➡解答　p.146 

ディープニューラルネットワークにおける事前学習（pre-training）は次元削減に役立つといわれているが、その中でも制限付きボルツマンマシン（RBM）について述べているものとして適切なものを1つ選べ。

1. 2層のニューラルネットワークであり、深層信念ネットワーク（deep belief networks）の構成要素である。
2. 出力ユニットが直接入力ユニットに接続される単純な 3 層ニューラルネットワークである。
3. 情報量を小さくした特徴表現を獲得するため、出力を入力に近づけるよう学習するニューラルネットワークである。
4. ディープラーニング用に改良したものを積層オートエンコーダ（stacked auto encoder）と呼ぶ

4.2　事前学習によるアプローチ

問1　★★　➡解答　p.148 

積層オートエンコーダ(stacked autoencoder)の特徴について、空欄に最もよく当てはまる選択肢を1つ選べ。

積層オートエンコーダとは、複数のオートエンコーダの隠れ層(中間層)を積み重ねたものであり、次のような構造をしている。

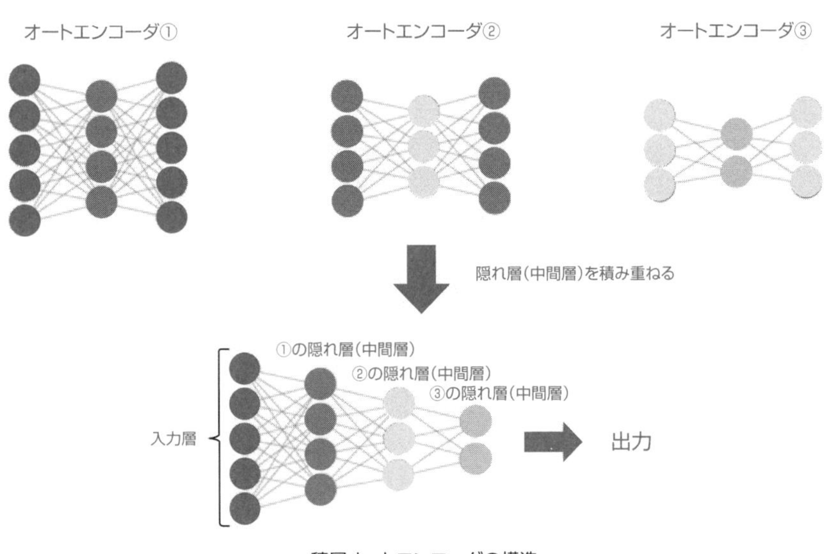

積層オートエンコーダの構造

ここで積層オートエンコーダでは、勾配消失の問題を回避してニューラルネットワークの重みを学習するために(　ア　)という方法で学習を行った。

(ア)の選択肢

1. ランダムな初期値から全体を通して学習を行う
2. 入力層に近い層から順に逐次的に学習を行う
3. 出力層に近い層から順に逐次的に学習を行う

問2　★★　➡解答　p.149

積層オートエンコーダを用いた教師あり学習について、空欄に最もよく当てはまる選択肢を1つ選べ。

積層オートエンコーダにおける事前学習では、入力と出力を同じものになるように学習を進めていくが、これは教師なし学習となる。

この事前学習によってデータに含まれる重要な特徴を取り出すことができる。

一方で、分類問題や回帰問題といった教師あり学習を行うためには、事前学習済みの積層オートエンコーダに出力層を追加し、調整を行うといった工夫が必要となる。

ここで、積層オートエンコーダで**分類問題**を解く際に追加する出力層が持つ活性化関数は(　ア　)である。

(ア)の選択肢

1. ReLU関数
2. sigmoid関数またはsoftmax関数
3. tanh関数
4. 恒等関数

問3　★★　➡解答　p.150

オートエンコーダ(自己符号化器)の特徴について、空欄に最もよく当てはまる選択肢を選べ。

基本的にオートエンコーダとは、入力と出力の形が同じになるようにした中間層を1つ持つニューラルネットワークであると考えられる。ここで、オートエンコーダでは、入力と出力が同じものになるように学習を行う。このときオートエンコーダでは、中間層の次元数を(　ア　)ような構造にすることで、入力データに含まれる重要な特徴を抽出できると考えられる。

(ア)の選択肢

1. 入力層の次元数より大きくする
2. 入力層の次元数と同じにする
3. 入力層の次元数より小さくする

4.3　ハードウェア

問1　★

➡解答　p.150

次の文章を読み、空欄に最もよく当てはまる選択肢をそれぞれ1つずつ選べ。

ディープラーニングの根幹である（　ア　）のアルゴリズム自体は1950年代に提案されたものだが、莫大な計算量が必要であったことや、SVMなどが人気であったことから、長きに渡り日の目を見なかった。近年は、その学習が並列計算と相性が良いことから、（　イ　）を利用して短時間での学習が行われている。

（ア）の選択肢
1. 線形回帰
2. 決定木
3. パーセプトロン
4. k近傍法

（イ）の選択肢
1. CPU
2. GPU

問2　★

➡解答　p.151

次の文章を読み、空欄に最もよく当てはまる選択肢をそれぞれ1つずつ選べ。

CPUの主な役割は（　ア　）であり、（　イ　）な計算を得意とする。CPUのコア数は通常（　ウ　）であるのに対し、GPUのコア数は（　エ　）である。

（ア）の選択肢
1. コンピュータ全体の計算
2. 3DCGなどの描写に必要な計算

（イ）の選択肢
1. 単純な命令の並列計算
2. 複雑な命令の逐次計算

（ウ）（エ）の選択肢
1. 数個
2. 数千個

問3　★　➡解答　p.151 

次の文章を読み、空欄に最もよく当てはまる選択肢をそれぞれ1つずつ選べ。

GPUは画像処理に特化したプロセッサだが、GPUを用いて汎用的な演算を行わせるための技術である（　ア　）を適用することで、ディープラーニングに応用することができる。NVIDIA社の提供する汎用並列コンピューティングプラットフォームに（　イ　）がある。

（ア）の選択肢
1. GPGPU
2. Hadoop
3. TPU

（イ）の選択肢
1. CUDA
2. Keras
3. PyTorch
4. Tensorflow

問4　★　➡解答　p.151 

次の文章を読み、空欄に最もよく当てはまる選択肢を選べ。

Google社が開発する、ディープラーニングの学習・推論に最適化された計算ユニットに（　ア　）がある。ディープラーニングでは演算の精度（倍精度演算など）がそこまで求められないことから、精度を犠牲にすることで高速化を行っている。また、GPUなどは演算中の途中結果をメモリに読み書きするが、（　ア　）では回路内で結果を渡すことでメモリへの読み書きを減らし、高速化を図っている。

（ア）の選択肢
1. CPU
2. GPU
3. GPGPU
4. TPU

解答と解説

4.1　ニューラルネットワークとディープラーニング

問1

➡問題　p.133

4

解答　2

解説

ニューラルネットワークのモデルの概要や重みについて問う問題です。xは入力、wは重み、bはバイアス、ψは活性化関数、y'は出力を表しています。

ニューラルネットワークはノードとリンクで結ばれたような構造をしています。まず**入力**xを各ノードに渡し、$y' = \Sigma wx + b$として**出力**y'を求めます。そして**重み**wと**バイアス**bの2つを合わせて**パラメータ**と呼びます。これらを用いてどの入力データが出力結果に影響を与えたかを学習します。

たとえば、以下の図のようなアイスの売上を推定するタスクをニューラルネットワークの中でも単純パーセプトロンを用いて行う場合、気温x_1が売上に最も大きい影響を与えたため、その入力部分の重みw_1が大きくなるように学習します。

▼アイスの売上を推定するタスク

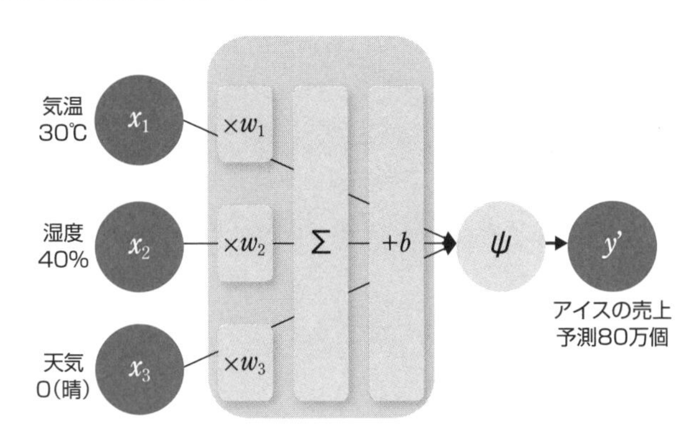

また、ニューロンの興奮を活性化関数ψでモデル化し、各パーセプトロンの出力を非線形化します。これは得られた$\Sigma wx + b$に活性化関数ψを通して次のノードの入力とします。

解答と解説

問2

➡問題　p.133

解答　1

解説

ニューラルネットワークのモデルの構造について問う問題です。

以下は隠れ層を増やしたニューラルネットワークの図です。

▼隠れ層を増やしたニューラルネットワーク

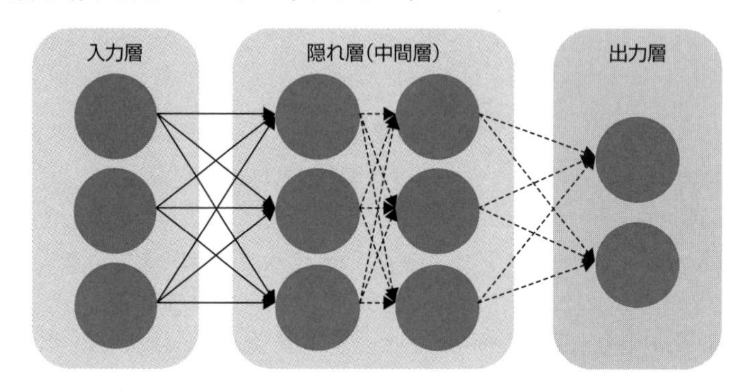

ニューラルネットワークにおいて、データが入力される層を**入力層**と呼び、結果を出力する層を**出力層**と呼びます。そして入力層と出力層の間にあり、**入力と出力を対応付ける関数に相当する層**を**隠れ層**（または**中間層**）と呼びます。この隠れ層の**デザインの自由度は高く**、その自由度の高さがニューラルネットワークの優れた表現能力の要因となっています。

選択肢1は出力層における活性化関数に近い選択肢です。一般的には回帰問題では恒等関数が、分類問題ではソフトマックス関数が使われています。隠れ層の活性化関数は、主に**シグモイド関数**や**ReLU関数**が使われています。

問3

➡問題　p.134

解答　4

解説

単純パーセプトロンと多層パーセプトロンの違いについて問う問題です。

入力層と出力層のみの2層からなるニューラルネットワークを**単純パーセプトロン**といいます。このモデルは**線形分類しか行うことができず**、非常に単純な関数しか表現できません。

一方で、**多層パーセプトロン（MLP）は1層以上の隠れ層が存在し、入力層と**

出力層を合わせて3つ以上の層が存在します。MLPは隠れ層の追加によって、より複雑な関数を表現できるようになり、非線形分類を行うことが可能です。

問4

➡問題　p.134

解答　2

解説

ニューラルネットワークの層の数と表現力について問う問題です。

ニューラルネットワークにおいて**層を増やすことで表現力が上がる**ということが経験的にわかっており、層の数に対し表現力が指数的に上がっていくということを示す論文も存在します。そのため、選択肢2が正解となります。

しかし、**層を増やすことにより学習時間も増える**ので、他の事前学習済みモデルを目的のモデルの初期値として利用する、転移学習等の、効率的な学習のための工夫が求められています。このことから、選択肢4は誤りです。

また、**モデルの表現力が上がるほど、過学習の可能性も上がります。過学習**とは、学習データに過剰適合してしまうことです。モデルの表現力が高いとさまざまな関数を表現することができるため、複雑な関数であったとしても**過剰適合できてしまう**、と考えるとわかりやすいでしょう。そのため、選択肢1は誤りです。

また、層を増やすことで重みが大きくならないようにできる、という効果はないので、選択肢3も誤りとなります。

問5

➡問題　p.134

解答　3

解説

ニューラルネットワークの原点について問う問題です。

ニューラルネットワークは、**人間の脳の構造**を模したアルゴリズムです。この原点である**形式ニューロン**は、神経科学者・外科医である**マカロック**と、論理学者・数学者である**ピッツ**によって1943年に発表され、その後の人工知能分野の研究に大きな影響を与えました。

心理学者・計算機科学者の**ローゼンブラット**は、1958年に形式ニューロンをもとにして**パーセプトロン**を開発しました。

1969年に**ミンスキー**がニューラルネットワークの限界を指摘したことにより、しばらくはあまり人気の手法ではありませんでした。しかし、バックプロパゲーションの出現や活性化関数の工夫などを経て、今ではニューラルネットワークの層を深くした**ディープニューラルネットワーク**を始めとして、さまざまなディープラーニングのモデルが登場し、使われています。

問6

➡問題　p.135

解答　3

解説

ディープラーニング（深層学習）は、ニューラルネットワークを応用した手法であることを問う問題です。

ディープラーニングの技術は、人間の神経細胞（ニューロン）の仕組みを模したシステムであるニューラルネットワークがベースとなっています。そうした背景からディープラーニングのモデルは、**ディープニューラルネットワーク**とも呼ばれています。大規模なラベル付けされたデータとニューラルネットワークの構造を利用して学習を行うことで、**データから直接特徴量を学習**することができ、これまでのように手作業の特徴抽出は必要なくなりました。よって、選択肢3が正解で、選択肢1は誤りです。

選択肢2は**GAN（敵対的生成ネットワーク）**で誤りです。Generatorが入力データに似たデータを生成し、Discriminatorはそれが学習データかGeneratorが生成したデータかを判定します。これらのネットワークを互いに競わせて入力データの学習を進めることで、徐々に生成データが本物に近づき、クオリティの高いデータを生成することができるようになります。

選択肢4は**強化学習**で誤りです。将棋や囲碁等のゲームAIが打ち手を学習する際や、自動運転における状況判断の学習に活用されています。

問7

➡問題　p.135

解答　2

解説

信用割当問題と誤差逆伝搬法について問う問題です。

1. ×　誤り。**勾配降下法**は、あるパラメータの誤差に対する勾配がわかったときに、その勾配を用いて最適化するものであり、どのパラメータを更新するのかを見つけるものではありません。
2. ○　正しい。**誤差逆伝搬法**によって誤差に対する各パラメータの勾配を求めることができます。すなわち、勾配の大きなパラメータは出力に大きな影響を与えるパラメータだということを見つけていることになります。

3. × 誤り。**グリッドサーチ**は、ニューラルネットワークにおいて学習率などのハイパーパラメータの最適な組み合わせを探索するものであり、ニューラルネットワーク内のどのパラメータが出力に貢献しているのかを探索するものではありません。
4. × 誤り。**主成分分析**とは、多くの特徴量を少ない特徴量に縮約するために用いられる手法であり、ニューラルネットワーク内のどのパラメータが出力に貢献しているのかを探索するものではありません。

問8

➡問題 p.136

解答 2

解説

勾配消失問題について問う問題です。

ニューラルネットワークを多層化すると、誤差逆伝播法においてそれぞれの層で活性化関数の微分がかかることから、勾配が消失しやすくなり、学習が進まなくなります。これを**勾配消失問題**といいます。そこで活性化関数をシグモイド関数からReLU関数に変更したり、事前学習を行ったりすることでこの問題を回避していましたが、複雑なモデルでは勾配消失問題は依然として課題となっています。

選択肢1、3、4は、それぞれニューラルネットワークを多層にすることで起こる問題ではないので誤りとなります。

選択肢1の**次元の呪い**は、扱うデータの次元が高くなるほど、計算量が指数関数的に増えていってしまう現象のことです。

選択肢3の**トロッコ問題**は、倫理学における思考実験の1つであり「ある人を助けるためであれば、別の人を犠牲にしても良いのだろうか？」を問うものです。

選択肢4の**状態行動空間の爆発**は、強化学習における課題で、状態と行動の組に対して定義される値を保存するための領域が極端に必要になってしまうというものです。

その他にもAIが抱える課題として、「AI技術が自ら人間より賢い知能を生み出すことが可能になる」時点を指す**シンギュラリティ（技術的特異点）**、「AIの自ら膨大なデータを学習し、自律的に答えを導き出すという特性上、その思考のプロセスが人間にはわからない」という**ブラックボックス問題**等さまざまなものが挙げられます。

問9

➡問題　p.136

解答　4

解説

シグモイド関数の微分と**誤差逆伝播法の勾配消失**について問う問題です。

以前はニューラルネットワークの活性化関数として**シグモイド関数**が使われていました。このシグモイド関数とこれを微分した関数は以下の図のようになります。

▼シグモイド関数と、シグモイド関数を微分した関数

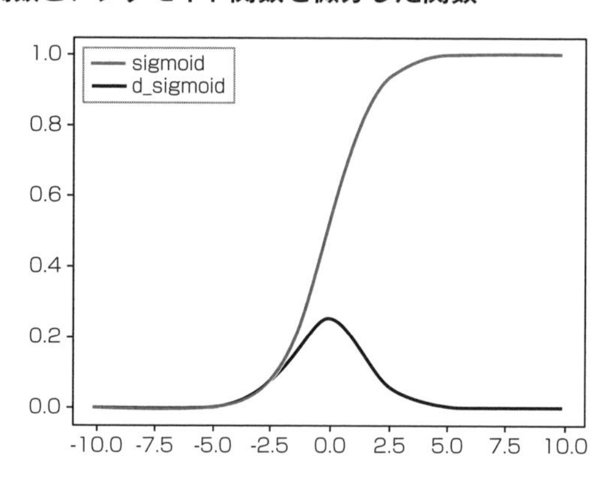

図からも確認できるようにシグモイド関数の微分は最大値が0.25です。これは1よりもだいぶ小さいため、**隠れ層を遡る（活性化関数の微分が掛け合わさる）度に伝搬する誤差がどんどん小さくなります**。その結果、入力層付近の隠れ層に到達するまでに誤差がなくなってしまうという問題が生じました。この問題を数式上の表現に合わせて**勾配消失問題**と呼び、ニューラルネットワークを深くする上での大きな妨げとなりました。そこで現在はシグモイド関数の代わりに**ReLU関数**を用いることで、勾配消失が起こりにくくなりました。

問10

➡問題　p.136

解答　1

解説

ニューラルネットワークのモデルの中でも比較的シンプルな制限付きボルツマンマシン（RBM：Restricted Boltzmann Machine）について問う問題です。

ヒントンによって開発された**制限付きボルツマンマシン（RBM）**は、次元削減、分類、回帰などが可能です。RBMは次の図のようなシンプルな2層のニューラルネットワークであり、**深層信念ネットワーク**（deep brief networks）の構成要素です。最初の層は可視層、2つ目の層は隠れ層です。よって、選択肢1が正解です。

▼**制限付きボルツマンマシン（RBM）**

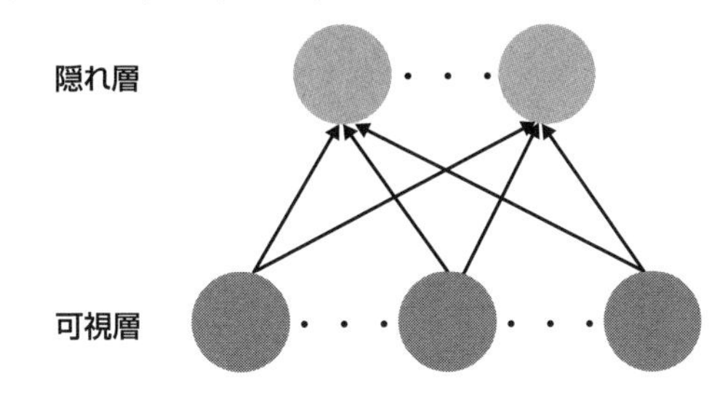

選択肢2、3、4は、すべて**オートエンコーダ**（auto encoder）に関する説明です。オートエンコーダも事前学習の一種であり、下図のような3層のニューラルネットワークです。入力データの最も効率的でコンパクトな表現（エンコード）を見つけます。

▼**オートエンコーダ**

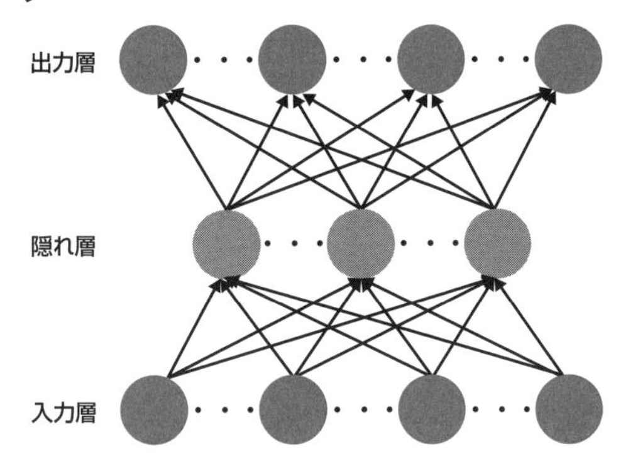

4.2　事前学習によるアプローチ

問1

➡問題　p.137

解答　　2

解説

この問題は積層オートエンコーダの構造を確認するとともに、どのように学習を行うのかを問う問題です。

積層オートエンコーダでは、以下の図のように**入力層に近い層から順に逐次的に学習を行う**ことでニューラルネットワークの重みの学習が行えます。

▼積層オートエンコーダの学習

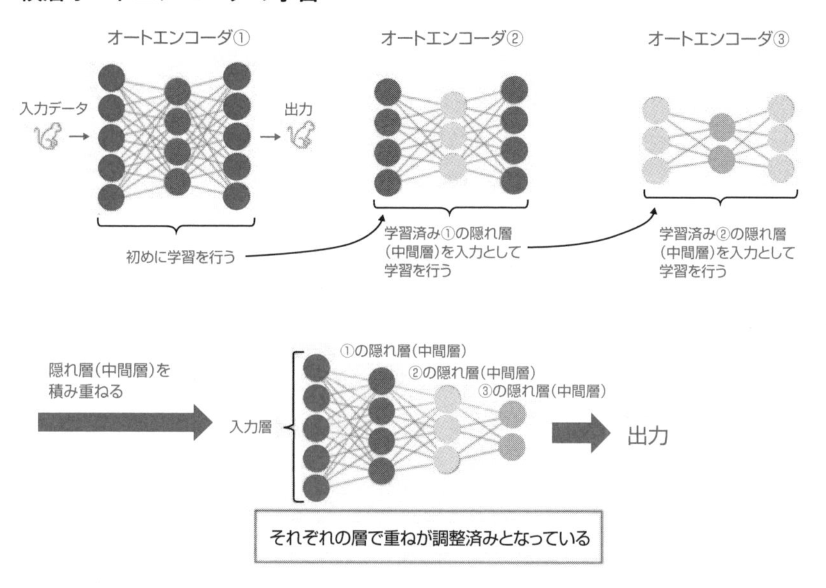

このように逐次的に学習を進めていくことで積層オートエンコーダのそれぞれの隠れ層(中間層)で重みが調整されることになり、隠れ層(中間層)を積み重ねた全体のネットワークとしても重みが調整されたものになることに繋がります。

このようにオートエンコーダを順番に学習していく手法を**事前学習**(pre-training)といいます。したがって、正解は選択肢2となります。

問2

➡問題 p.138

解答 2

解説

分類問題において、積層オートエンコーダにラベルを出力させるためには、どのような層を出力層として追加するのかを問う問題です。

積層オートエンコーダのように、オートエンコーダを積み重ねただけでは、ネットワークはラベルを出力することはできません。

そこで積層オートエンコーダでは、以下の図のように**sigmoid関数またはsoftmax関数による出力層（ロジスティック回帰層）を追加することにより、ラベルを出力できる**ようになり、教師あり学習を実現しています。

▼ロジスティック回帰層の追加

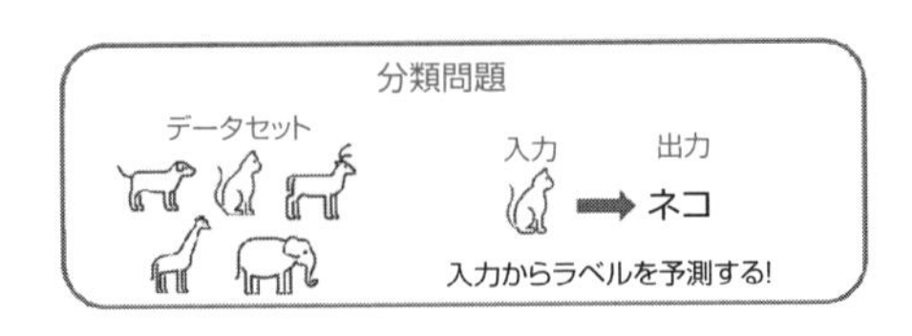

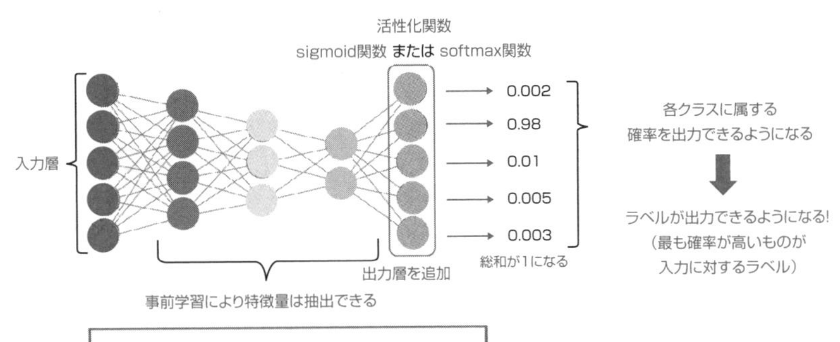

積層オートエンコーダの教師あり学習

このように分類問題では、出力は入力データがどのクラスに属するのかを表す確率となるため、出力層では出力値の範囲が[0,1]（0以上1以下）となる必要があります。したがって、分類問題を解く際には二項分類の場合にsigmoid関数、多項分類の場合にsoftmax関数による出力層が追加されます。

したがって、正解は選択肢2となります。

一方で回帰問題の場合には、出力層に線形回帰層が用いられます。

このように新たな出力層を追加した場合には、出力層の重みを調整するためにネットワーク全体を学習して調整する**ファインチューニング**が必要となります。

したがって、積層オートエンコーダを用いたモデルは、**初めに事前学習によってデータの特徴量を学習し、その後出力層を追加してファインチューニングを行う**という2つの工程によって構成されます。

問3

➡問題　p.138

解答　3

解説

この問題は、オートエンコーダがどのようなものであるかを確認するとともに、入力データの重要な特徴をどのように捉えているのかを問う問題です。

正解は選択肢3です。一般的にオートエンコーダは入力層の次元数と比べて中間層の次元数が小さくなるような構造をしています。このような構造を持つことによって、オートエンコーダでは入力されるデータの情報を圧縮している（**エンコード**）とともに、圧縮されたデータから元のデータを復元している（**デコード**）と考えることができます。

4.3　ハードウェア

問1

➡問題　p.139

解答　（ア）3、（イ）2

解説

ディープラーニングとGPUの相性の良さに関する問題です。

問題文の通り、ディープラーニングのアイデアや技術自体は、**多層パーセプトロン**という形で昔から存在していましたが、層を深くしたときの計算量が非現実的であったことから、すぐに派手な実績を上げることはありませんでした。ディープラーニングの学習で主に行われている計算は行列の積和演算であり、これは画像やCGの分野でポリゴンの処理が得意な**GPU**に向いている計算です。近年ではこの相性の良さが注目され、畳み込みニューラルネットワーク（CNN）などのアイデアが次々と実現可能になりました。

問2

➡問題　p.139

解答　(ア)1、(イ)2、(ウ)1、(エ)2

解説

CPU(Central Processing Unit)は、コンピュータ全体の処理を担う部品であり、メモリやハードディスク、キーボード、ディスプレイなどの周辺機器とデータをやりとり・制御しています。そのコアは少数で高性能なものになっており、多様なタスクを順番に処理していくことに特化しています。

問3

➡問題　p.140

解答　(ア)1、(イ)1

解説

GPUを汎用的プログラミングに用いるための技術であるGPGPU(General-Purpose computing on GPU)についての問題です。

GPUの主要メーカーであるNVIDIA社が開発したCUDAは、GPU向けの汎用並列コンピューティングプラットフォームです。(イ)の選択肢2、3、4はいずれも深層学習のフレームワークですが、GPUを使用する際はCUDAのようなGPGPUを利用することになります。

問4

➡問題　p.140

解答　4

解説

Google社が開発したTPU(Tensor Processing Unit)に関する問題です。

TPUはディープラーニングの学習・推論に最適化されており、タスクによってはGPUの数十倍のパフォーマンスを発揮します。Google社の提供するクラウドサービスGCP(Google Cloud Platform)上で使用することができ、誰でも簡単に試すことができます。

用語解説

ニューラルネットワーク	脳神経系のニューロンを模したアルゴリズム。 今ではニューラルネットワークの層を深くした**ディープニューラルネットワーク**を始めとして、さまざまなディープラーニングのモデルが登場し、使われている。
単純パーセプトロン	ニューラルネットワークにおいて最も基本的なモデルの1つで隠れ層(中間層)を持たない。
活性化関数	ノードの出力がどのように伝播するかを調整する関数でsigmoid関数やtanh関数、ReLU関数などさまざまな種類がある。
勾配消失問題	ニューラルネットワークを多層化すると、誤差逆伝播法においてそれぞれの層で活性化関数の微分がかかることから、勾配が消失しやすくなり、学習が進まなくなる問題。
誤差逆伝播法	出力に近い層から順に連鎖的に勾配を求めていく学習法。
オートエンコーダ	入力と出力の形が同じになるようにした隠れ層(中間層)を1つ持つニューラルネットワークで、隠れ層(中間層)の次元は一般的に入力層よりも小さい。
積層オートエンコーダ	オートエンコーダを多層にしたもの。
GPU	画像処理に特化したプロセッサ。
TPU	Google社が開発した**プロセッサ**で、ディープラーニングの学習・推論に最適化されている。

第5章

ディープラーニングの手法(1)

この章の概要

本章の序盤では、実際にニューラルネットワークを学習するために用いられる手法について学びます。ここでは、数学的な理論に踏み込んだ内容を、最も基本となる要素から順に学んでいきます。さらに最新のモデルでも用いられているような学習の際のテクニックについても概要や効果を扱っています。

G検定では、**これらのテクニックがどのような処理であり、どのような問題を解決するのか**、が問われると想定されます。深く理解するためには、手法の処理の内容だけでなく、問題が発生する要因を理解しておくことが重要です。

これらのテクニックを深く理解し、知識として留めておくことで、実際の現場で発生する問題を解決するためのアプローチとして重要なものになるでしょう。

本章の中盤では、**畳み込みニューラルネットワーク**(CNN)と**リカレントニューラルネットワーク**(RNN)について、その構造や特徴を、基本から応用まで幅広く丁寧に学んでいきます。これらは、画像処理や時系列解析(特に自然言語処理)など特定分野のデータと関わりが深く、データの特徴をうまく捉えるためにはどのような構造となっているのか、ということを具体的にイメージすることで、構造の内容や効果が明確になります。

G検定では、これらの手法の構造や特徴などの基本から、構造を応用したモデルの知識まで、幅広く問われることが想定されます。このような問題に対応するためには、それぞれの構造の同じ部分・違う部分を一つひとつ明確にして、整理することで、内容の関連性や特徴を記憶できるでしょう。

本章の終盤では、強化学習や生成モデルといったディープラーニングの応用分野について、ディープラーニングがこれらの問題の解決にどのように用いられているのかを学んでいきます。これらの分野は近年大きな注目を集めており、ディープラーニングの登場によって飛躍的に進歩しています。

この分野は理論的な側面に加えて、多くの用語が登場し、一つひとつの用語の違いについて出題が想定されます。**それぞれの内容の流れと用語**を注意深く理解し、それぞれの手法を区別できるようにしておきましょう。また、ディープラーニングが解決した問題や代表的なアルゴリズムの違いを整理し、幅広い視点から問題を捉えられるようにしておくことも重要になります。

この章で扱っている内容は、G検定だけでなく、E資格取得を目指している方などにとって最も重要な内容を含んでいます。注意深く内容を整理し、体系的に理解しておくことでディープラーニングの特徴が深く理解でき、G検定合格だけでなくさらに踏み込んだ話題を理解していくことで、ディープラーニングの持つ面白さをより体感できるはずです。

5.1　活性化関数

問1　★★★　➡解答　p.208  

ディープラーニングで用いられる活性化関数の1つである、シグモイド関数について、空欄に最もよく当てはまる選択肢をそれぞれ1つずつ選べ。

活性化関数の1つであるシグモイド関数は数式で表すと$y=\frac{1}{1+e^{-x}}$である。この関数は入力$x(-\infty \leq x \leq \infty)$[∞は無限大]に対して、出力$y$の取り得る範囲は(　ア　)となる。

近年では、この関数はニューラルネットワークの隠れ層の活性化に用いられることは減ってきているがその理由は(　イ　)という特性があるからである。

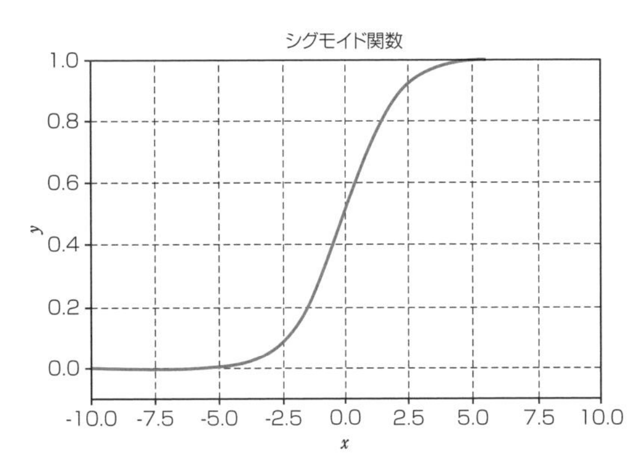

(ア)の選択肢

1. $-\infty \leqq y \leqq \infty$
2. $0 \leqq y \leqq \infty$
3. $0 \leqq y \leqq 1$
4. $0 \leqq y \leqq 0.25$

(イ)の選択肢

1. 計算に時間がかかる
2. 勾配消失が起きやすい
3. 計算誤差が拡大しやすい
4. 関数内に微分不可能な点が存在する

5

問題

問2 ★★

➡解答 p.209  

出力層で用いられる活性化関数は出力を確率で表現するために、特定の活性化関数が用いられる。

これらの関数について用いられる活性化関数とニューラルネットワークで解きたい問題の組合せを1つ選べ。

ここで解きたい問題は次のようなものである。

- 二値分類：2種類にグループ分けする
  [例]○×問題の答えを予測する(答えは○または×?)。
- 多値分類：3種類以上にグループ分けする
  [例]3択問題の答えを予測する(答えはどの選択肢?)。

選択肢

1. 二値分類：シグモイド関数、 多値分類：ソフトマックス関数
2. 二値分類：ソフトマックス関数、多値分類：シグモイド関数
3. 二値分類：ReLU 関数、 多値分類：ソフトマックス関数
4. 二値分類：ソフトマックス関数、多値分類：ReLU 関数

問3 ★★

➡解答 p.210 

ニューラルネットワークの隠れ層で用いられる活性化関数の1つであるtanh関数(ハイパボリックタンジェント関数)について、空欄に最もよく当てはまる選択肢をそれぞれ1つ選べ。

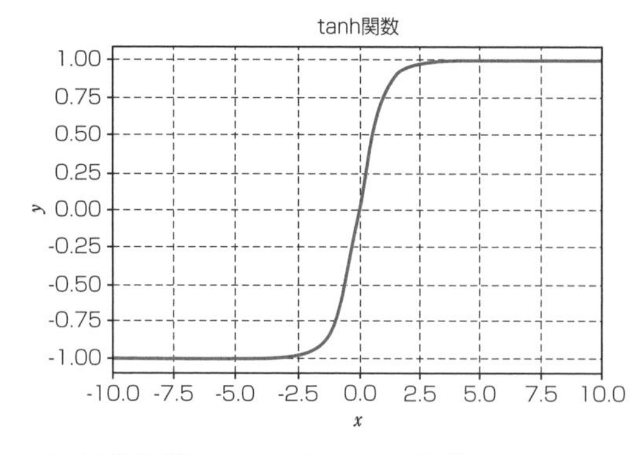

活性化関数の1つであるtanh関数は、シグモイド関数と比べて新しく考案されたものである。シグモイド関数は、任意の実数で微分したとき(導関数)の最大

値が0.25であるのに対しtanh関数は微分したときの最大値が(　ア　)ようになっている。

　したがって、シグモイド関数と比較して、活性化関数にtanh関数を用いた場合、誤差逆伝播法を用いて重みなどのパラメータを計算した際に勾配消失問題が緩和されている。またtanh関数はシグモイド関数を(　イ　)ことで求めることができる。

(ア)の選択肢

1. より小さくなる
2. 変わらない(0.25)
3. より大きくなる

(イ)の選択肢

1. 微分する
2. 積分する
3. 式変形する
4. 近似する

問4　★★★ ➡解答　p.211 

ディープラーニングで用いられる活性化関数の1つである、ReLU関数(Rectified Linear Unit)について、空欄に最もよく当てはまる選択肢をそれぞれ1つ選べ。

　ReLU関数は、ニューラルネットワークの隠れ層の活性化関数として(　ア　)である。

　ReLU関数は、シグモイド関数やtanh関数と比較して大きく異なった形をしているが、数式では$y = max(0, x)$と簡単に表せる。この式をグラフで表すと(イ)のグラフになる。

(ア)の選択肢

1. 簡易なモデルより特殊なモデルで多く使われている活性化関数
2. 多くの種類のモデルでよく使われている活性化関数
3. 近年はあまり使われなくなってきた活性化関数

(イ)の選択肢

1.

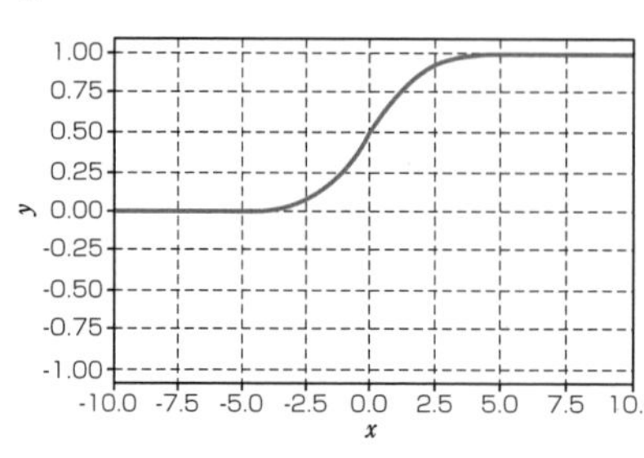

2.

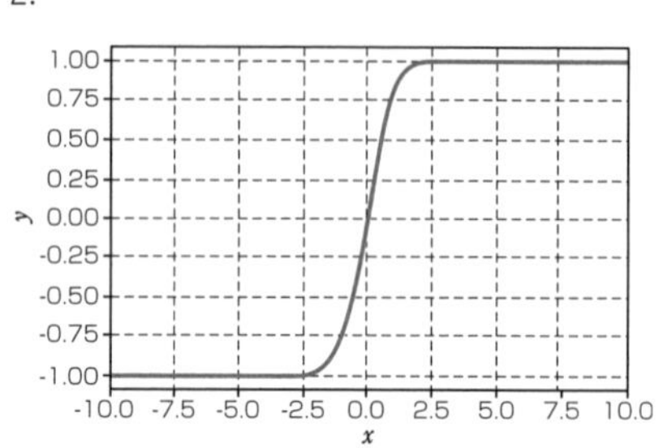

3.

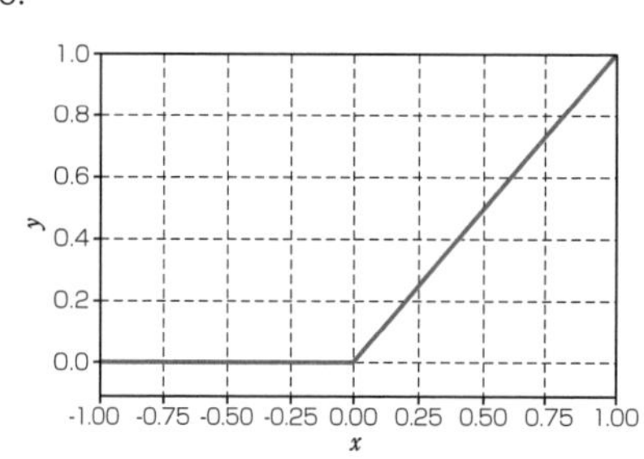

4.

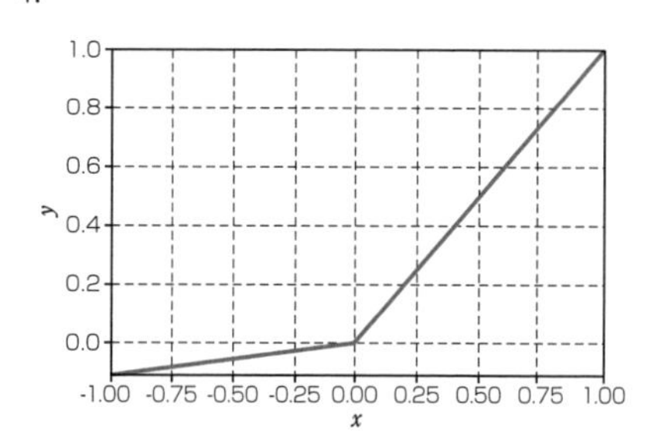

5.2　学習の最適化

学習と微分

問1　★★★　➡解答　p.212  

ニューラルネットワークの学習における誤差関数について、空欄に最もよく当てはまる選択肢を1つ選べ。

ニューラルネットワークの目標はモデルの予測値を実際の値に近づけることであり、この目標を達成するために誤差関数を最小化するというアプローチが取られている。

たとえば、朝の気温から正午の気温を予測するモデルを作ることを考える。まず、学習に用いるために次のようなデータを集めた。

朝の気温	正午の気温
15℃	20℃
17℃	17℃
16℃	20℃
…	…

この集めたデータから次のような統計量が求まった。

朝の気温の平均	正午の気温の平均
16℃	18℃

5

このデータから朝の気温から正午の気温を予測するモデル（ニューラルネットワーク）を作るとき、学習を進めていく過程は、次の図のようなイメージとなる。

▼ニューラルネットワークの学習過程

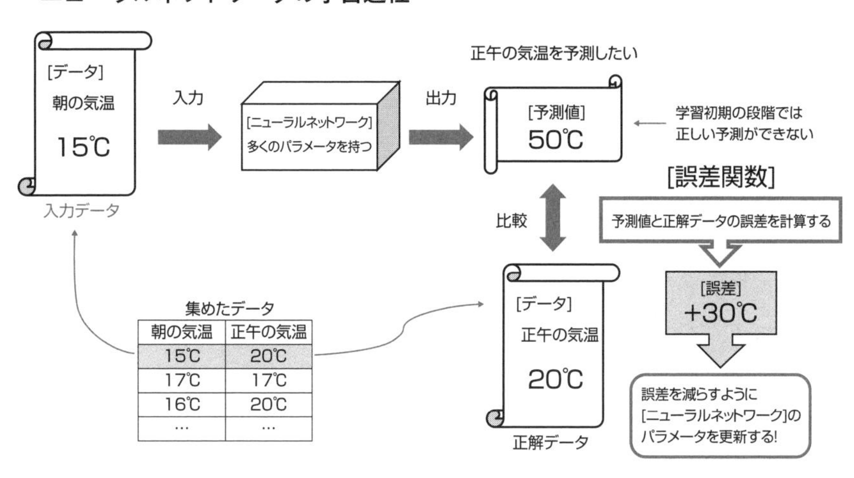

以上の図より、このときの誤差関数は、（　ア　）のように定義される。

（ア）の選択肢

1. 集めたデータにおける朝の気温と正午の気温の誤差
2. 朝の気温に対するモデルの予測値と正午の気温の平均との誤差
3. 朝の気温に対するモデルの予測値と対応する正午の気温との誤差

問題

問2　★

➡解答　p.213 

関数の傾きについて、空欄に最もよく当てはまる選択肢を1つ選べ。

関数の中で最小値を探すということと、関数を微分するということは非常に深く関わっている。

ここでは微分と深く関わっている直線の傾きを求める。

この問題では具体的な例として、$y=3x^4-4x^3+1$ を用いる。

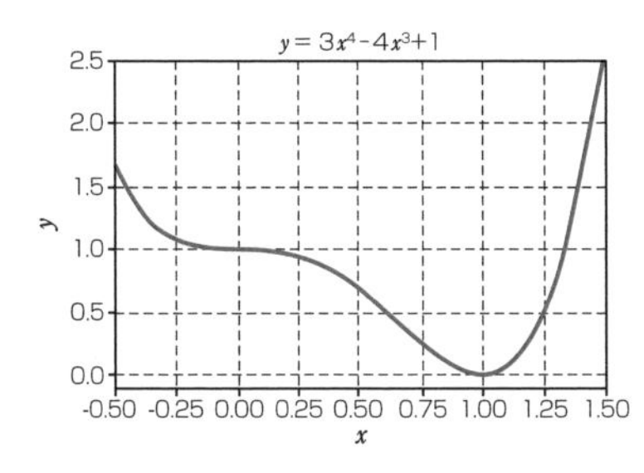

ここで関数上の2点 $(x, y)=(0, 1)$ と $(x, y)=(1, 0)$ を考える。

この2点を結ぶ直線の傾きは、x が＋1増加するとき、y の値がどれだけ変化するのかを表すものであるということから、(　ア　) となる。

(ア) の選択肢

1. $\frac{0+0}{1+1}$　　2. $\frac{0-0}{1+1}$　　3. $\frac{0-1}{1-0}$　　4. $\frac{0+1}{1+0}$

問3　★

➡解答　p.214 

関数の最小化と微分について、空欄に最もよく当てはまる選択肢をそれぞれ1つずつ選べ。

具体的に関数の微分がどのように最小化に繋がるのかを考える。

この問題では具体的な例として $y=3x^4-4x^3+1$ を用いる。

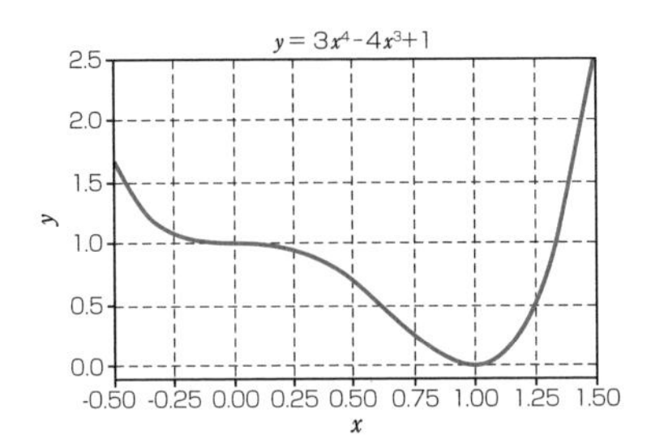

まず、この関数の最小値はx = 1のときのyの値であるが、このxの値が未知で直接求めることができないとき、最小値を求めるための初期値としてxに仮の値を与える。

今回は初期値としてx = 0.5を設定する。

このときx = 0.5でこの関数の微分係数を求めると、その符号は(　ア　)となる。この微分係数はx = 0.5において、この関数に接する直線の傾きである。

以上を踏まえて、x = 0.5の初期値から未知の最小値x = 1に近づく方向に進むためには、xの値を(　イ　)ように更新すれば良いことがわかる。

その後、更新したxの値で再び微分係数を求め、上記の動作を繰り返すことでxの値は最小値を得るx = 1にだんだんと近づいていくことが期待できる。

また、xが1に十分近づいたとき、そのときの微分係数は(　ウ　)に非常に近い値となるため、それ以降の更新によってxの値が変化しなくなることがわかる。

以上よりx = 1が求まると、最小値y = 0は簡単に計算できる。

このように関数の最小値を求めるために微分が利用できることがわかる。

(ア)の選択肢

1. +
2. -
3. 微分係数が0となり、符号は定まらない状態

(イ)の選択肢

1. xに微分係数を足す
2. xから微分係数を引く
3. xを微分係数と等しくする

(ウ)の選択肢

1. 0
2. 0.5
3. ∞

5

問題

勾配降下法

問4　★★

➡解答　p.216  

勾配降下法における学習率について、空欄に最もよく当てはまる選択肢を1つ選べ。

関数の勾配にあたる微分係数に沿って降りていくことで、最小値を求める手法を勾配降下法と呼ぶ。

この手法において、学習率とは(　ア　)という役割を持つものである。

ここでいう学習率とは、勾配降下法においてパラメータ(x)を更新する前に微分係数に掛ける0より大きい実数である。

学習率は勾配降下法において重要な要素の1つであり、設定によっては最適解が得られない場合がある。

(ア)の選択肢

1. 勾配に沿って一度にどれだけ降りていくかを設定するもの
2. 最適解に一度にどれだけ近づくかを設定するもの
3. 現在の値から更新後の値までの距離を厳密に設定できるようにするもの

問5　★

➡解答　p.216 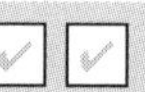

勾配降下法の収束値について、空欄に最もよく当てはまる選択肢を1つ選べ。

勾配降下法を用いる関数について、$y = x^4 - 4x^3 - 36x^2$ を考える。

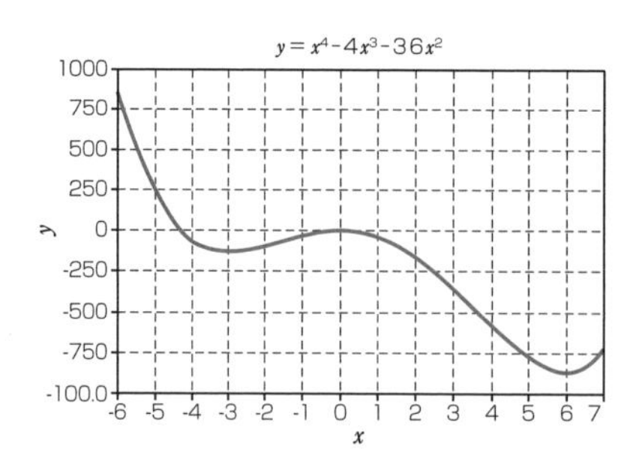

この関数に対して勾配降下法を用いて最小値を探すことを考える。

このとき、xの初期値と学習率をあらゆる値で試したとき、xが収束する可能性がある値は(　ア　)である。ただし、学習率の範囲は(0,1]内の値とする。

したがって、勾配降下法は確実に最小値を見つけることができるわけではない。

この関数において、真の最小値は$x=6$のときの値であるが、この真の解を**大域最適解**と呼び、$x=-3$のような局所的な解を**局所最適解**と呼ぶ。

(ア)の選択肢

1. 6
2. -3, 6
3. -3, 0, 6

学習率

問6　★★　➡解答　p.217  

勾配降下法の最適解について、空欄に最もよく当てはまる選択肢をそれぞれ1つずつ選べ。

勾配降下法を用いる関数について、$y = x^4 - 4x^3 - 36x^2$を考える。

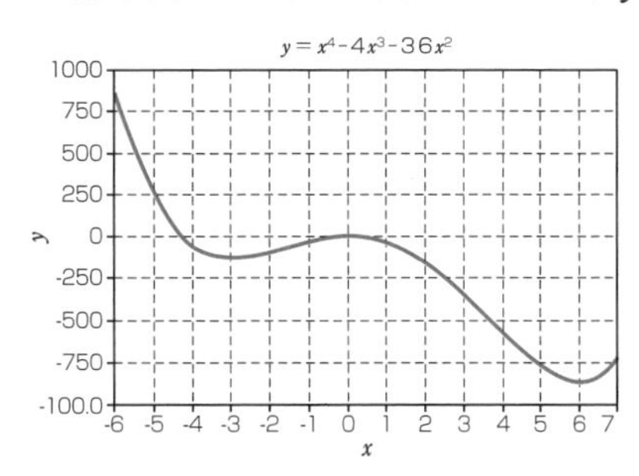

この関数に対して、初期値を$x = -6$に設定して、勾配降下法を用いたところ、局所最適解である$x = -3$に収束した。

そこで、初期値は$x = -6$のまま、学習率を調整するというアプローチで大域最適解である$x = 6$に収束しやすくしたい。

このとき、イテレーションが少ない段階において学習率は(　ア　)なるように設定すると良い(勾配降下法においてパラメータの更新回数のことを**イテレーション**と呼ぶ)。

そうすることで、局所最適解と大域最適解の間にある一時的にyの値が大きくなる領域を越えて大域最適解に近づくことが期待できる。

一方で学習率が(　ア　)なっているままだと(　イ　)という問題が起きやすくなる。したがって、学習率を適切なタイミングで調整しなおすことが必要になる。

(ア)の選択肢
1. 大きく
2. 小さく

(イ)の選択肢
1. 再び局所最適解に陥りやすくなってしまう
2. 大域最適解付近においても最適解を飛び越えてパラメータの更新をし続けてしまう
3. 計算誤差が蓄積してしまい、求まる最適解に誤差が生じる
4. $\boldsymbol{x}$の初期値だけで収束する解の位置が決まるようになってしまう

鞍点

問7　★★　➡解答 p.219

鞍点について、空欄に最も当てはまる選択肢を1つ選べ。

3次元以上の関数に対して勾配降下法を用いる際は、鞍点というものが学習のうまくいかない原因となることがある。

鞍点とは、ある次元から見ると極大点であるが、他の次元から見ると極小点となる点である。

次のグラフの中で鞍点を含むグラフは(　ア　)である。

鞍点は一般的に平坦な領域に囲まれている場合が多く、一度鞍点に陥ると再び鞍点から抜け出すことが難しくなる。

また、こうした停留状態にあることをプラトーという。

(ア)の選択肢

1.

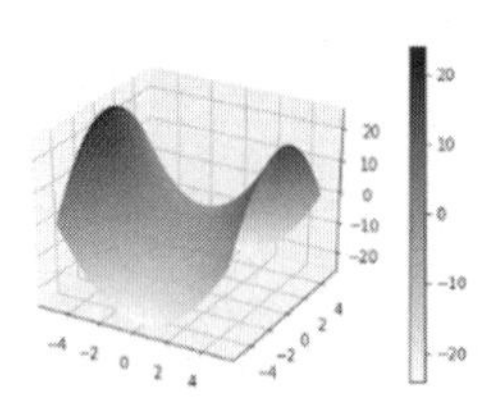

2.

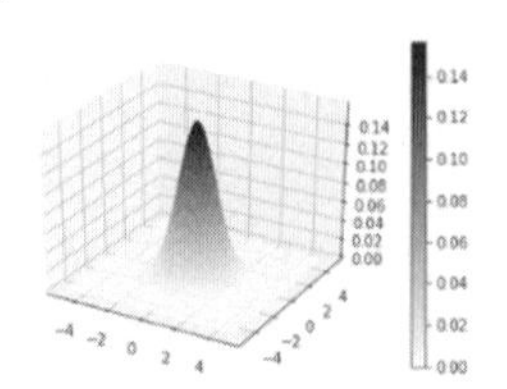

3.

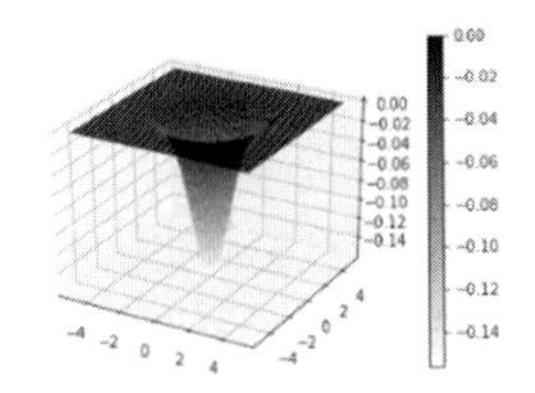

SGD

5

問8　★★　➡解答　p.220

勾配降下法の手法について、空欄に最もよく当てはまる選択肢をそれぞれ1つずつ選べ。

ニューラルネットワークの学習では、パラメータに対して最適な値に近づく勾配を求めることが重要である。そのためには、まず訓練データをネットワークに入力し結果（出力）を求め、その結果と正解の誤差を計測する。このように求めた誤差を減らすということを考えることで、ニューラルネットワークの学習を誤差関数の最小化問題と考えることができ、パラメータを最適化する勾配を求めることができる。

ここで**最急降下法**（Gradient Descent）と呼ばれる手法では、データセットをすべてネットワークに入力し誤差を求め、パラメータを更新することを繰り返す。

一方、SGD（Stochastic Gradient Descent：**確率的勾配降下法**）と呼ばれる手法ではパラメータxを更新するための勾配を求める際、データは（　ア　）。このようにしたときSGDのパラメータを更新する式は（　イ　）のように表せる。

（ア）の選択肢

1. 全データの中からデータをランダムに抜き出して利用する
2. 全データの中からデータを平均に近いものから順に抜き出して利用する
3. 全データの中からデータを大きいものから順に抜き出して利用する

（イ）の選択肢

1. $x_{new} = x_{old} +$（学習率）×（抜き出したデータを使って求めた勾配）
2. $x_{new} = x_{old} -$（学習率）×（抜き出したデータを使って求めた勾配）
3. $x_{new} = x_{old} \times$（学習率）×（抜き出したデータを使って求めた勾配）

問題

モーメンタム

問9　★★
➡解答　p.222

勾配降下法の手法について、空欄に最もよく当てはまる選択肢を1つ選べ。

ニューラルネットワークの学習において基本的な手法であるSGD (Stochastic Gradient Descent：確率的勾配降下法) は、最急降下法を改良したものの1つである。しかしSGDには局所解に陥ってしまう問題や非効率な経路で学習してしまうといった問題がある。そこでSGDに改良を加えた**モーメンタム**と呼ばれる手法が考えられた。

この手法自体はディープラーニングブーム以前の1990年代から考えられている。

このモーメンタムと呼ばれる手法は、力学の考え方を用いて(　ア　)という工夫を加えることでSGDを改善し学習をより効率的に行えるようにしたものである。

(ア) の選択肢

1. パラメータの更新に慣性的な性質を持たせ、勾配の方向に減速・加速したり、摩擦抵抗によって減衰したりしていくようにパラメータを更新していく
2. 力を加えて、最小値までの経路がわざとジグザグに移動するようにパラメータを更新していく
3. 学習が停滞した場合、その領域を抜けるまで力を加えるようにパラメータを更新していく

問10　★★★
➡解答　p.222 

勾配降下法の手法について、空欄に最もよく当てはまる選択肢をそれぞれ1つずつ選べ。

ニューラルネットワークの学習において鞍点などに陥る問題に対処するため、ディープラーニングブーム以前からモーメンタムと呼ばれる慣性の考え方を用いた手法があった。

その後ディープラーニングのブームを受けてモーメンタムより効率的なさまざまな手法が考えられた。これらはモーメンタム同様に求めた勾配を用いてどのよ

うにパラメータを更新するのかという部分に工夫を加えたものであり、古いものから順に、

（　ア　）→ RMSProp →（　イ　）

といった手法が考案されている。

（　ア　）は求めた勾配によってパラメータ毎の学習率を自動で調整するものである。

また、RMSPropは（　ア　）の学習のステップが進んでいくと、すぐに学習率が小さくなり更新されなくなってしまうという問題を改良したものであり、（　イ　）はRMSPropのいくつかの問題点をさらに改良したものである。

5

(ア)の選択肢
1. Adam
2. AdaGrad
3. SGD

(イ)の選択肢
1. Adam
2. AdaGrad
3. SGD

最新の最適化手法

問11　★★★　➡解答　p.223 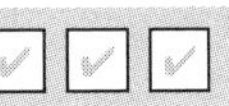

次の文書を読み、空欄に最もよく当てはまる選択肢をそれぞれ1つずつ選べ。

ディープラーニングを最適化する手法はたくさん提案されている。その1つであるSGD（Stochastic Gradient Descent：確率的勾配降下法）は、学習率を固定してパラメータを更新していく。これに対しAdamは学習率を動的に求めることで学習速度をSGDに比べて速めることに成功した。しかしAdamの学習率は重要でない勾配に対して大きくしすぎたり、重要な勾配に対して小さくしすぎたりすることがあり、学習がうまくいかない場合があった。

そこで重要でない勾配に対して2乗勾配を利用して学習率が大きくなりすぎることを改善する（　ア　）という手法が提案された。

しかし、これは学習率が小さくなりすぎることを考慮していない。そこで学習率の上限と下限を設定し、少しずつ狭めて最終的に1つの値となるようにする手法が生まれた。

その手法は2つあり、Adamに対して適応した手法が（　イ　）、（　ア　）に対して適応した手法が（　ウ　）である。これらは学習前半でAdamのように高速に学習し、学習後半でSGDのような学習をする。

問題

(ア)(イ)(ウ)の選択肢

1. AMSBound
2. RMSProp
3. AMSGrad
4. AdaBound

ハイパーパラメータチューニング

問12　★★★

➡解答　p.224

次の文書を読み、空欄に最もよく当てはまる選択肢を1つ選べ。

ハイパーパラメータとは、ニューラルネットワークの更新に使う学習率や、決定木の深さなど、人が設定するパラメータのことである。機械学習モデルでは、ハイパーパラメータを適切に設定することで学習速度が上がったり、汎化性能が上がったりすることが期待できる。そのハイパーパラメータを探索することをハイパーパラメータチューニングという。以下にチューニングの流れの例を図で示す。

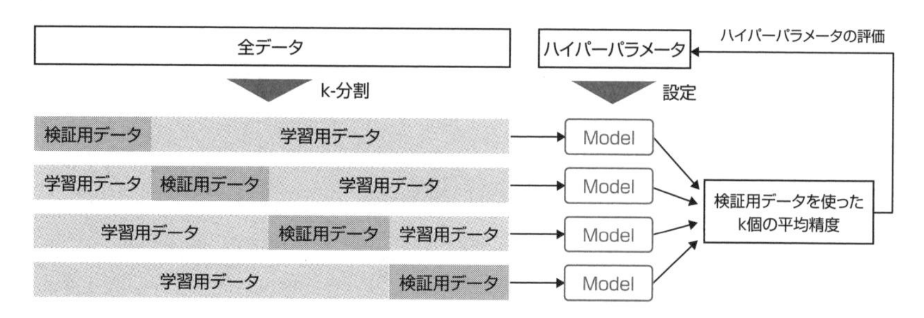

ハイパーパラメータチューニングをする方法の1つとして、上図のようにk-分割交差法を用いた検証を行って、評価したりする。

ハイパーパラメータチューニングは、考え得るハイパーパラメータの組み合わせから1つの組を選び、それの学習結果を見て、学習時のハイパーパラメータの良し悪しを決める。

そのハイパーパラメータの選び方として、グリッドサーチとランダムサーチがある。それぞれの手法の特徴は(　ア　)。

(ア)の選択肢
1. グリッドサーチはハイパーパラメータの組み合わせをランダムに選択し、ランダムサーチは組み合わせを全通り選択する。
2. グリッドサーチは結果の良いハイパーパラメータの組に似た組のものを毎回選択し、ランダムサーチはランダムに組み合わせを選択する。
3. グリッドサーチは考え得るハイパーパラメータの組み合わせを全通り選択し、ランダムサーチはランダムに組み合わせを選択する。
4. グリッドサーチは考え得るハイパーパラメータの組み合わせを全通り選択し、ランダムサーチは結果の良いハイパーパラメータの組に似た組のものをランダムに選択する。

5.3　さらなるテクニック

過学習

問1　★★★　➡解答　p.224 

過学習について、空欄に最もよく当てはまる選択肢をそれぞれ1つずつ選べ。

過学習(オーバーフィッティング)とは、機械学習においてモデルが訓練データに過剰適合することである。

過学習が進んでしまっているとき、モデルの予測値と訓練データの間の誤差は(　ア　)傾向がある。一方でモデルの予測値とテストデータ(学習に用いていないデータ)との間の誤差は(　イ　)傾向がある。

したがって、過学習が進んでしまうとモデルの実用性が落ちてしまう。

(ア)の選択肢
1. だんだん増加していく
2. 十分小さな値に収束する
3. 大きな値と小さな値の間で振動する

(イ)の選択肢
1. だんだん増加していく
2. 十分小さな値に収束する
3. 大きな値と小さな値の間で振動する

二重降下現象

問2　★★★　➡解答　p.226

次の文書を読み、二重降下現象についての説明として、最も適切な選択肢を1つ選べ。

1. 学習が進んでいくと、訓練エラーとテストエラーが同じように動き、2つが一緒に降下していく現象。
2. 学習を安定させるため、学習時の学習率を2回以上は小さくする現象。
3. モデルのパラメータ数やエポック数を増やすと学習結果のエラーは降下していくが、さらに増やすと上昇して、さらに増やすと降下していく現象。
4. 正則化手法を2つ以上適応させることで、エラーを降下させつつ汎化性能も上げる。

ドロップアウト

問3　★★★　➡解答　p.227 

ドロップアウトについて、空欄に最もよく当てはまる選択肢をそれぞれ1つずつ選べ。

過学習が進んでしまうとモデルの汎化性能が落ちてしまう。

この問題に対して、ニューラルネットワークの学習においては過学習を防ぐ手法の1つにドロップアウトがある。

ドロップアウトとは、学習の際、一定の確率でランダムにノードを無視して学習を行う手法である。すなわち、ドロップアウトによってノードを無視するのは学習時のみで、推論時は除外しない。

ドロップアウトにより、学習中のニューラルネットワークの形は(　ア　)となると考えられる。つまり、ドロップアウトを行った場合、複数のネットワークが同時に学習されることになる。

このようにすることで、複数のネットワークのうち、いくつかが過学習してしまったとしても、全体として過学習の影響を抑えることができる。

したがって、ドロップアウトは(　イ　)を行っていると考えることができる。

(ア)の選択肢
1. 更新の度に異なる形
2. 常に同じ形
3. 出力層のみが、更新の度に異なる形

(イ)の選択肢
1. 次元削減
2. アンサンブル学習
3. CEC学習

early stopping

問4　★★★　➡解答　p.229  

early stoppingについて、空欄に最もよく当てはまる選択肢をそれぞれ1つずつ選べ。

過学習を防ぐ手法の1つにearly stoppingがある。

early stoppingとは学習の際、学習を早めに切り上げて終了することである。

このとき学習を打ち切るタイミングを(　ア　)とすると、そこが過学習の起きる前の最適な解であると考えることができる。

この手法をニューラルネットワークに適応する際の良い点として(　イ　)ということも大きなメリットである。

(ア)の選択肢
1. 訓練データに対する誤差関数の値が変化しなくなったとき
2. テストデータに対する誤差関数の値が上昇傾向に転じたとき
3. 訓練データに対する誤差関数の値が大きく減少したとき
4. テストデータに対する誤差関数の値が大きく減少したとき

(イ)の選択肢
1. テストデータに対する誤差関数の値がより早く減少する
2. どんな形状のネットワークの学習においても容易に適応できる
3. モデルのパラメータを削減できる
4. モデルのパラメータの初期値に対する依存性を下げることができる

データの正規化

問5　★★★　➡解答　p.231  

データの正規化について、空欄に最もよく当てはまる選択肢を1つ選べ。

ディープラーニングなどの機械学習において学習をより効率的に行うために、データに前処理を行うことを考える。

具体的なイメージとしては、たとえば、(身長[m]、座高[cm])のデータに対し、(身長[m]、座高[m])となるようにスケールを揃えるような処理を行いたい。このような変換を行うことにより、パラメータに偏りがなくなるため、より効率的に学習できると考えられる。

このようにデータ全体を調整することを**正規化**という。

ここであるデータに含まれる各特徴量の値をすべて[0,1]範囲に収まるように正規化をしたいとする。

このときの変換として(　ア　)のように変換を行うと、うまく[0,1]の範囲に収まる。ここでは、データはすべて0以上の数値であるとする。

集めたデータ

	特徴量1	特徴量2
データ1	100	0.4
データ2	120	0.2
データ3	50	0
データ4	0	0.3
…	…	…

(ア)の選択肢

1. 各特徴量の最大値で対応するデータの特徴量を割る
2. 各特徴量の値を100で割る
3. 各データの特徴量から対応する特徴量の平均値を引く
4. 各データの特徴量を対応する特徴量の平均値で割る

問6　★★★　➡解答　p.233 

データの標準化について、空欄に最もよく当てはまる選択肢を1つ選べ。

機械学習におけるデータの前処理について、各特徴量を平均0、分散1となるように変換する処理を標準化という。

ここで、1つの特徴量に対して、標準化を行うことを考える。

たとえば、任意の実数値を取るデータを10000個収集したとき、次のような分布のデータが得られた。

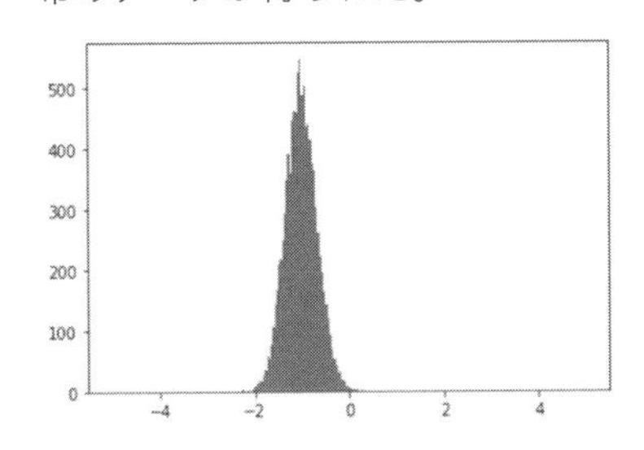

このデータを標準化した後の分布として適するものは(　ア　)である

(ア)の選択肢

1.

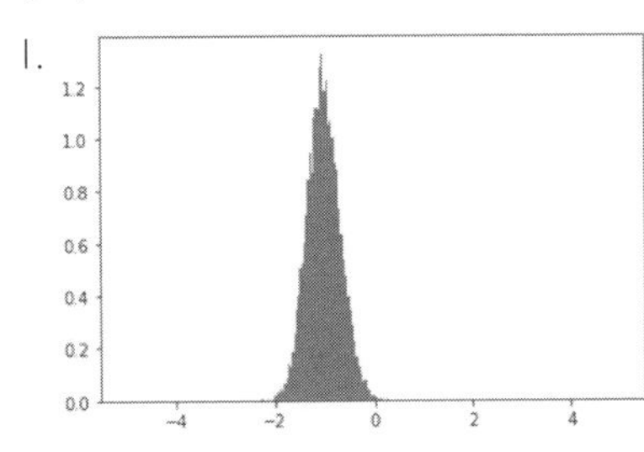

2.

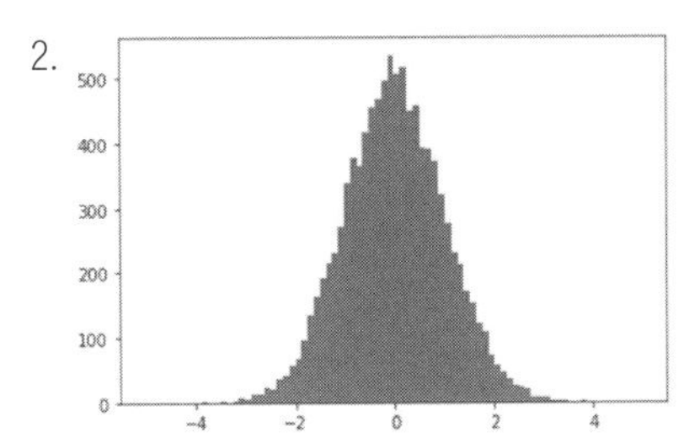

3.

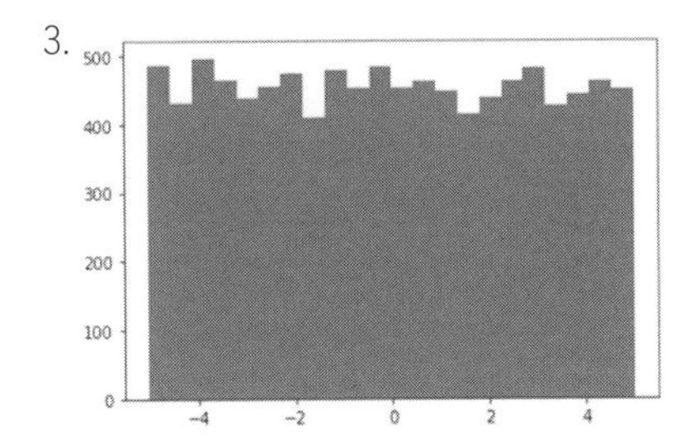

問7　★★

➡解答　p.234 

データの白色化について、空欄に最もよく当てはまる選択肢を1つ選べ。

機械学習におけるデータの前処理について、各特徴量を無相関化した上で標準化する処理を白色化という。

ここで、あるデータの2つの特徴量$x0$, $x1$に対して、次のデータが得られたとする。

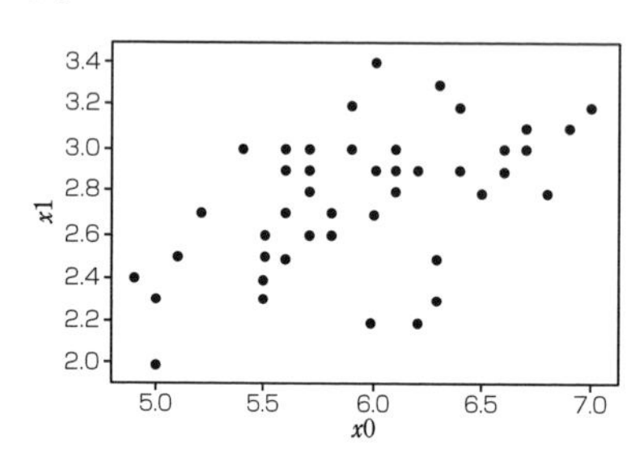

このとき2つの特徴量$x0$, $x1$に対して無相関化を行った後の散布図は、(　ア　)である。

したがって、この(　ア　)のデータを標準化し、平均0、分散1に合わせることで白色化したデータが得られる。

(ア)の選択肢

1.

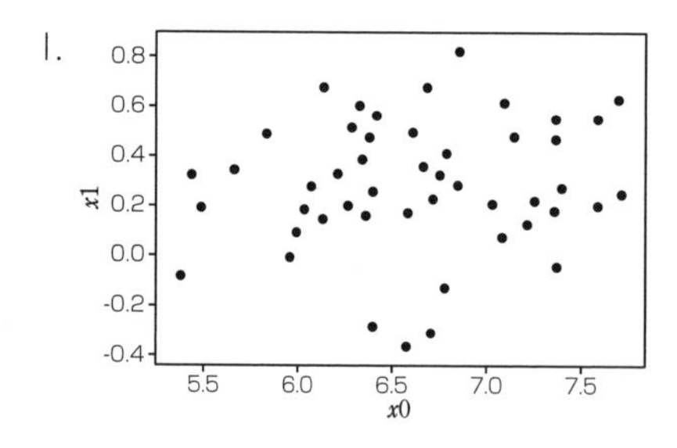

2.

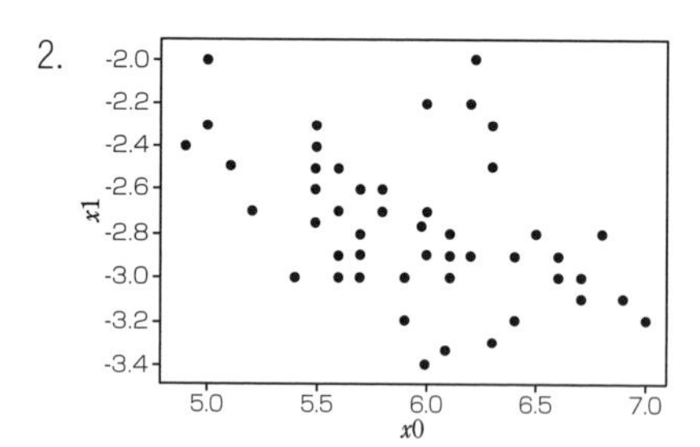

3.

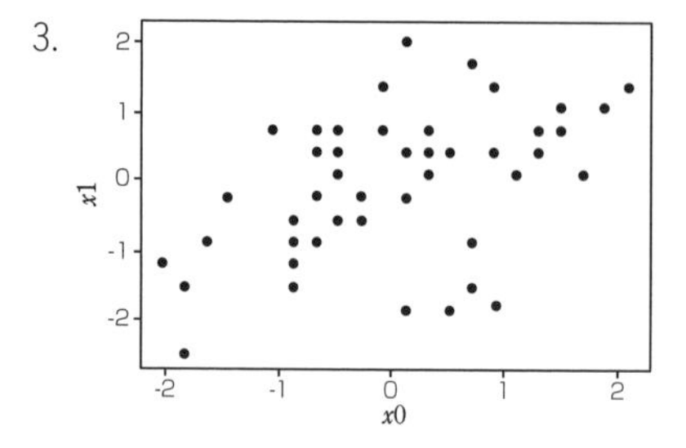

重みの初期値

問8　★★　➡解答　p.236 

ニューラルネットワークのパラメータの初期値について、空欄に最もよく当てはまる選択肢を1つ選べ。

ディープラーニングにおいて、入力前にデータの標準化を行うことでデータの分布を揃えることができた。

しかし、深いニューラルネットワークの学習においては、活性化関数を何度も通るためにその分布がだんだんと崩れていってしまう。このように分布が崩れて偏りが発生すると、勾配消失問題が起きたりネットワークの表現力が落ちてしまう可能性が高い。

このような問題に対して、ネットワークの重みの初期値を工夫するというアプローチがある。

これはネットワーク内のある層に対して、ネットワークの大きさと活性化関数の種類に対応する適切な乱数を設定するというものである。

たとえば、ReLU関数は入力が負の値の場合出力が0になることから、各層の出力に適度な広がりを持たせるには、sigmoid関数と比較して初期値がより広い分布を持ったものであると良いと考えられる。

このアプローチについて、ネットワーク内のある層に用いられている活性化関数とその適切な初期値について適切な組合せは(　ア　)である。

ここでXavierの初期値とHeの初期値とは、次のようなものである。

Xavierの初期値	$\sqrt{\frac{1}{n}}$ の標準偏差を持つガウス分布
Heの初期値	$\sqrt{\frac{2}{n}}$ の標準偏差を持つガウス分布

(ア)の選択肢

1. シグモイド関数：Xavierの初期値、ReLU関数：Heの初期値
2. シグモイド関数：Heの初期値、　ReLU関数：Xavierの初期値
3. シグモイド関数：Adamの初期値、ReLU関数：Xavierの初期値
4. シグモイド関数：Xavierの初期値、ReLU関数：Adamの初期値

バッチ正規化

問9　★★★　➡解答　p.237  

バッチ正規化について、空欄に最もよく当てはまる選択肢をそれぞれ1つずつ選べ。

　ニューラルネットワークにおいて、活性化関数を通ることでデータの分布が崩れていく問題に対するアプローチには、ネットワークの重みの初期値を工夫するというものの他に、直接的なアプローチとしてバッチ正規化というものがある。
　これはネットワークにおいて、各層で(　ア　)に対し、正規化を行うというものである。
　これは無理やりデータを変形しているということであり、どのように調整するかはネットワークが学習する。
　バッチ正規化の処理を行うことによって、データの分布が強制的に調整され、勾配消失問題などが改善することにより学習がうまくいきやすくなると考えられる。
　さらにバッチ正規化のメリットには、(　イ　)という効果があることも知られている。

(ア)の選択肢
1. 伝わってきたデータ
2. 層の持つ重み
3. 層の持つ重みの微分値
4. 層の持つバイアス

(イ)の選択肢
1. 推論にかかる計算コストが減る
2. 過学習しにくくなる
3. 層の持つ重みが小さくなる
4. モデル容量が小さくなる

5.4　CNN：畳み込みニューラルネットワーク

画像データの扱い

問1　★★★　➡解答　p.239 

畳み込みニューラルネットワークについて、空欄に最も当てはまる選択肢を1つ選べ。

画像データと数値データの大きな違いの1つに、次元の違いがある。

画像データは縦横の2次元のデータであると考えられ、さらに色情報（RGBなど）が追加されると数値情報としては3次元のデータとなる。

通常のネットワーク（多層パーセプトロン）では、この画像データを入力する際に縦横に並んでいる画像を分解して、1次元に並び変えるように変形することでネットワークに入力できる形にする必要がある。

したがって、この変形の段階で画像データから（　ア　）が失われてしまう。

そこで、これらの情報を維持できるように考えられたのが、**畳み込みニューラルネットワーク**（CNN：**C**onvolutional **N**eural **N**etwork）である。

CNNでは、画像を崩すことなく、2次元のまま入力に用いることができる。

したがって、（　ア　）の情報が維持されるため、通常のニューラルネットワークに比べて精度の向上が期待できる。

（ア）の選択肢

1. 画像の色情報
2. 画像に映っている物体の位置情報
3. 画像に何が映っているのかという情報
4. 画質情報

5

問題

畳み込み

問2　★★★

➡解答　p.241 

畳み込みニューラルネットワークについて、空欄に最もよく当てはまる選択肢を1つ選べ。

畳み込みニューラルネットワークでは、畳み込みと呼ばれる処理を利用して画像内の一定の領域から情報を得て学習を行うことができる。

畳み込みでは**カーネル**や**フィルタ**と呼ばれるものを用いて計算を行う。具体的にはカーネルを画像の左上から順番に画像上をスライドさせながら移動していき、各領域における画像の値とカーネルの値との積の総和を取っていくという処理になる。

次の画像とフィルタにおいて、畳み込み処理を行っていく場合、(A)の値はカーネルと画像が重なる4ピクセルの領域から計算される値(　ア　)であることがわかる。

このように畳み込みでは一定の領域を考慮して計算を行うことができる。

畳み込みニューラルネットワークではこの図におけるカーネル内の値をネットワークの重みとすることで、よりうまく画像の特徴が抽出できるように学習が進んでいく。

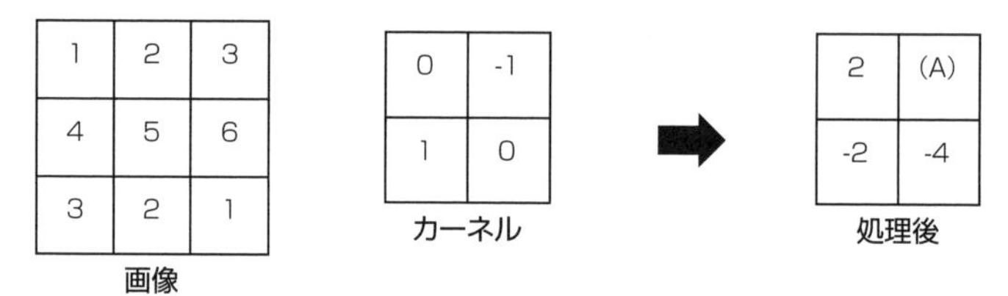

(ア)の選択肢

1. 1
2. -1
3. 2
4. -2

問3　★★★

➡解答　p.243

畳み込みニューラルネットワーク(CNN)において、空欄に最もよく当てはまる選択肢を1つ選べ。

CNNでは、畳み込み演算を用いて画像を2次元のままニューラルネットワークに通して、学習を行うことができる。

畳み込み演算は、次のように2次元の入力から新たな2次元の出力を得るものと考えることができ、このように得られた新たな2次元の出力を**特徴マップ**という。

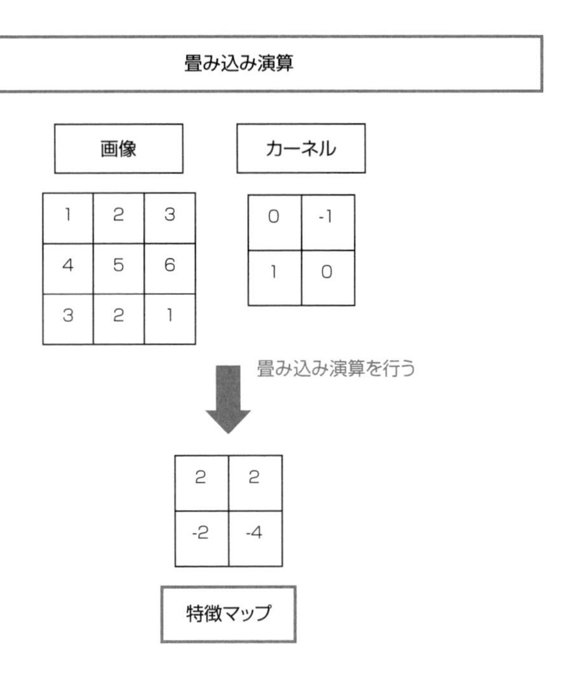

このような畳み込み演算において、同じ画像が入力された場合でも（　ア　）が異なると、特徴マップは異なるものが得られる。

そのためCNNでは、畳み込み演算によって得られる特徴マップの中に、入力画像に映っている物体の特徴がうまく抽出されるように、（　ア　）を**学習によって最適化**する。

（ア）の選択肢

1. カーネルのサイズ
2. カーネルの中の数値
3. ストライド（畳み込み演算においてカーネルをずらす際の移動量）
4. パディングをするかしないか

プーリング

問4　★★★　➡解答　p.244

畳み込みニューラルネットワーク(CNN)に用いられるプーリングにおいて、空欄に最もよく当てはまる選択肢をそれぞれ1つずつ選べ。

CNNでは畳み込み演算と組み合わせてプーリングと呼ばれる処理が行われることがある。

プーリングは画像や特徴マップなどの入力を小さく圧縮する処理であり、圧縮する方法には特定のサイズの領域毎に「最大値を抜き出す方法」や「平均値を取る方法」などがある。

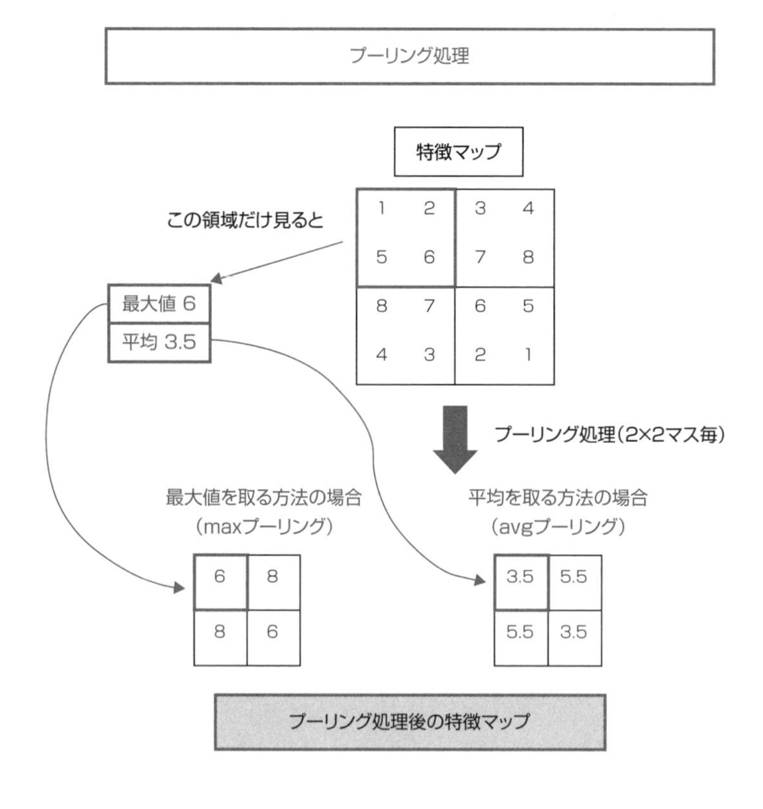

このような**プーリング処理**を行うと(　ア　)の2つの特徴マップは同じ特徴マップに変換される(ここでは2×2の領域毎にmaxプーリングを行うとする)。

したがって、プーリング処理によりニューラルネットワークが画像に映っている物体にわずかに（　イ　）といった違いが生じても、同じ特徴量を見つけ出すことができるようになると期待できる。

このような（　イ　）といった違いに対する不変性は、CNNにおいて畳み込み層でも獲得することができるが、プーリング処理を行うプーリング層には、（　ウ　）という特徴がある。

（ア）の選択肢

1.

0	1	0	0
0	1	0	0
0	1	0	0
0	1	0	0

と

1	0	0	0
1	0	0	0
0	1	0	0
0	1	0	0

2.

0	1	0	0
0	1	0	0
0	1	0	0
0	1	0	0

と

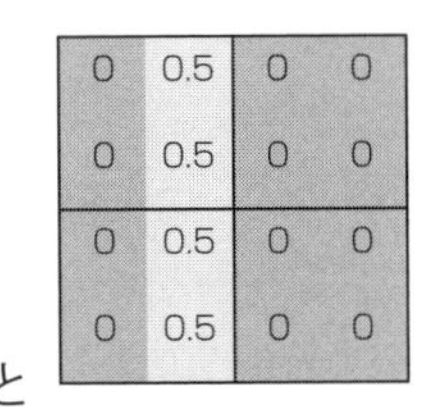

3.

0	1	0	0
0	1	0	0
0	1	0	0
0	1	0	0

と

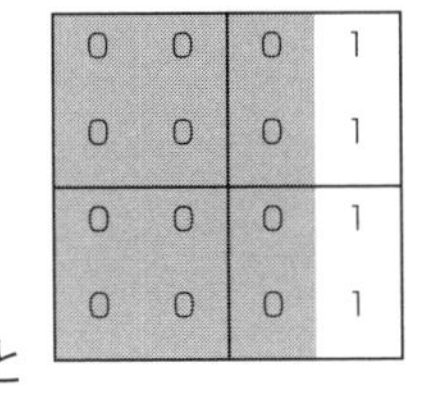

（イ）の選択肢

1. 物体の位置が変化する
2. 物体の色や明るさが変化する

（ウ）の選択肢

1. 出力が1次元になる
2. 学習によって最適化されるパラメータが存在しない
3. 畳み込み層より計算量が多い
4. 画像サイズを大きくする

全結合層

問5　★★★　➡解答　p.246 

畳み込みニューラルネットワーク(CNN)に用いられる全結合層について、空欄に最もよく当てはまる選択肢を1つ選べ。

CNNでは、入力画像が複数の特徴マップとなり、畳み込み層やプーリング層を伝播していく構造をしている。この構造を局所結合構造という。

ここで**入力が画像であった場合、特徴マップは入力画像と同じような2次元の形をしている**。

しかし、次の犬と猫を分類するモデルの例のように、入力画像に対応付けられている正解ラベルは、1次元の形をしている。そのため出力層において正解ラベルと特徴マップを比較することができず、パラメータを最適化する勾配を計算するために必要な誤差が計算できない。

このような問題を解決するために、基本的なCNNでは**特徴マップを1次元の数値に変換したのち、全結合層に接続する**といった構造を持っている。

したがって、CNN全結合層の説明として正しいものは(　ア　)である。

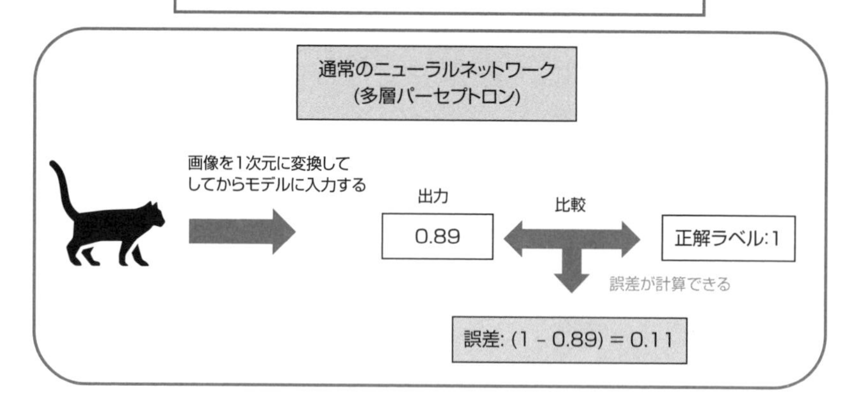

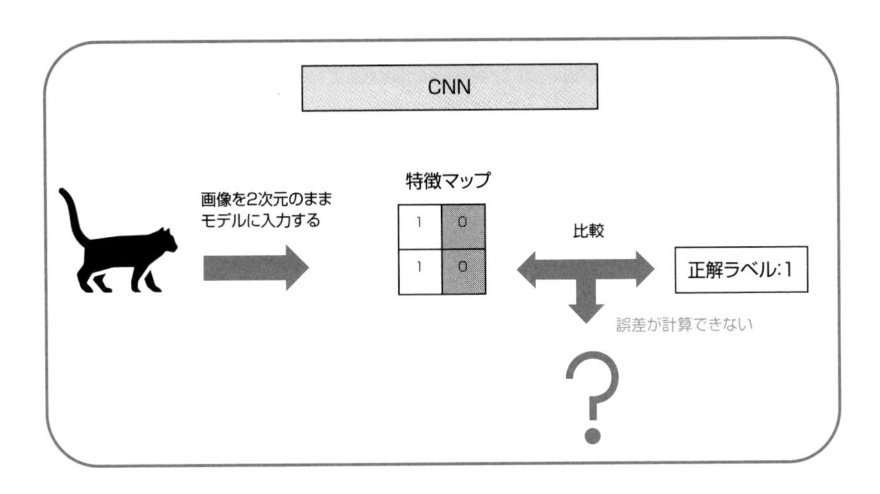

（ア）の選択肢

1. 学習すべきパラメータを持たない
2. 特徴マップを入力として受け取り、新たな特徴マップを生成して出力する
3. 多層パーセプトロンに用いられている層と同じ構造をしている
4. 画像に映っている物体の位置情報から効率的に特徴を抽出できる

問6　★★★　➡解答 p.246

畳み込みニューラルネットワーク（CNN）に用いられるGlobal Average Poolingについて、空欄に最もよく当てはまる選択肢を1つ選べ。

CNNにおいて、近年ではGlobal Average Poolingという処理が使われることが多い。

Global Average Poolingとは、**分類したいクラスと特徴マップを1対1対応させ、各特徴マップに含まれる値の平均を取る**ことで誤差を計算できるようにする手法である。

この手法を使うことで、全結合層のみを使う場合と比べて（　ア　）ということに繋がるため、過学習が起きにくくなる等のメリットが得られる。

（ア）の選択肢

1. モデルの持つパラメータ（重み）が少なくなる
2. 正解ラベルがどのような表現方式をしていても学習ができる
3. モデルの持つパラメータの値が大きくなり過ぎない

畳み込み層の派生

問7　★★★　➡解答　p.248 

Dilated Convolutionの説明として、誤っている選択肢を1つ選べ。

1. 通常のConvolutionのカーネルに隙間のような間隔をあけて畳み込みを行う。これにより、広範囲の情報を取得できる。
2. より広範囲の情報を取得するため、もととなるConvolutionのカーネルのパラメータ数が多くなる。
3. Atorus Convolutionと呼ばれることもある。
4. カーネルの隙間の間隔はハイパーパラメータで設定される。

問8　★★★　➡解答　p.249 

Depthwise Separable Convolutionの説明として、正しい選択肢を1つ選べ。

1. 通常の畳み込み層のカーネルの間隔を広げて活用することで、より広い範囲を見るように工夫した。
2. 通常の畳み込み層のカーネルサイズを3×3または1×1の小さなもののみにして層数を増やすことで性能向上をした。
3. 通常の畳み込み層を空間方向とチャネル方向の2つの畳み込みに分解することでパラメータ数を減らした。
4. 畳み込み層の後の特徴マップが小さくなるのを防ぐため、入力のマップの周りを0や1などの値で埋めた。

データ拡張

問9　★★★　➡解答　p.251  

画像のデータ拡張について、空欄に最もよく当てはまる選択肢を1つ選べ。

画像データを用いてニューラルネットワークを学習する際に、画像に人工的な加工を行うことでデータの種類を増やすというテクニックがある。

具体的な画像の処理には、次のようなものがある。

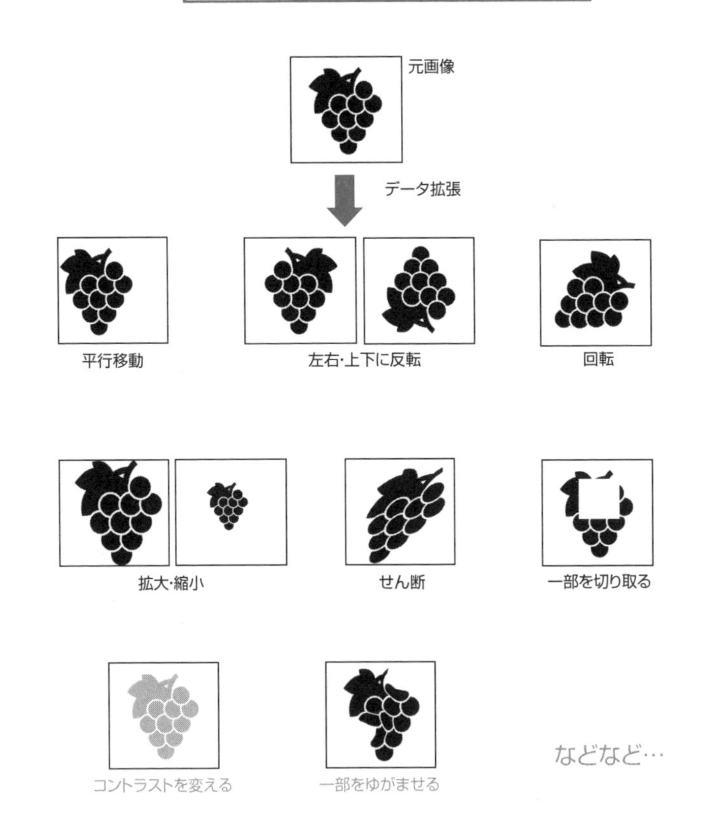

ここで手書き数字[0,1,2,3,4,5,6,7,8,9]が映っているデータセットに対してデータ拡張を行うことを考える（画像1枚に対し1文字のみ映っているとする）。

データの例

このようなデータセットに対して、正解ラベルが[6]や[9]のデータに（　ア　）のような変換を行うことは不適切である。

このようにデータを拡張する場合には、データの種類によって不適切な変換が存在する場合があるため、注意しなければならない。

(ア)の選択肢
1. 拡大・縮小
2. 画像を180°回転
3. 一部を切り取る
4. コントラストを変える

問10　★★★　➡解答　p.252 

次の文書を読み、空欄に最もよく当てはまる選択肢をそれぞれ1つずつ選べ。

画像に関してのデータ拡張(Data Augmentation)はさまざまな手法が提案されている。たとえば、画像の左右または上下を反転させるフリップや、画像を拡大または縮小するなどがある。

その他にも、手法の1つに画像中のランダムな場所を値0の正方形領域で削除する(　ア　)がある。この手法により一部を失った画像で学習できるため、よりロバスト(頑健)なモデル作成が可能となる。

また、ランダムな場所を固定値、もしくはランダムノイズの長方形領域で置き換える(　イ　)がある。こちらもロバストな学習を可能にする。

特に最近では2枚の画像をそれぞれランダムな比率で混ぜ合わせる(　ウ　)という手法がある。この手法は教師ラベルも同比率で混ぜて複数クラスの画像認識を1度の学習で行う。さらにこの手法の派生として、画像のランダムな位置を別の画像で置き換える(　エ　)という手法も提案された。こちらも教師ラベルを置き換えた画像の比率で混ぜ合わせる。

どちらの手法も深層学習においてパフォーマンスの向上に成功した。これらの画像に対するランダムなデータ拡張は学習に対して(　オ　)が期待できる。

(ア)(イ)(ウ)(エ)の選択肢
1. Mixup
2. Cutout
3. Random Erasing
4. CutMix

(オ) の選択肢
1. 速い収束性
2. 学習時のメモリの削減
3. モデルのスパース化
4. 過学習の抑制

NAS

問11　★★★　➡解答　p.254 

次の文書を読み、空欄に最もよく当てはまる選択肢を1つ選べ。

ディープラーニングの発展に伴ってさまざまなモデルが提案されてきた。

VGGやResNetは中でもより深い多層なモデルとなっており、多層にすることで高精度を得られることが実験により示されてきた。しかし、多層にすることでパラメータが増え、モデルの自由度が上がることで汎化性能が下がってしまう問題も同時に存在した。

これまでは正則化項を追加したりすることで汎化性能を上げたり、ハイパーパラメータチューニングをして精度を向上させてきた。

それに対してニューラルネットワークの層の数や層の幅といった、アーキテクチャ自体を最適化することを目的とした研究が、昨今盛んに行なわれている。これを(　ア　)という。

(ア) の選択肢
1. グリッドサーチ
2. ファインチューニング
3. Neural Architecture Search (NAS)
4. スクラッチ開発

問12　★★★　➡解答　p.254 

次の文書を読み、空欄に最もよく当てはまる選択肢をそれぞれ1つずつ選べ。

Neural Architecture Search (NAS) は、モデルの構造自体を自動で探索する研究である。2017年に(　ア　)と呼ばれるCNNのみに焦点をあてたNASが提案された。これは畳み込み層のみに注力して最適な構造を探索した。

また、最近では(　イ　)と呼ばれる強化学習の概念を使って、モバイル用の高速で高精度なモデルも提案された。これは強化学習の際に実際にモバイル端末を使って評価することで、モバイル用の最適なモデルを探索した。

その他にも、モデルの深さ、広さ、解像度(入力画像または特徴マップのサイズ)のスケールアップのバランスを重視して探索されたモデルが提案された。これはNASによりベースとなるモデルを決定し、ベースモデルのスケールアップによる性能の変化を研究することで、各スケールの最適な広げ方を求めた。このモデルを(　ウ　)と呼び、従来モデルに比べてとても少ないパラメータ数で、かつシンプルな構造で高精度を出した。

(ア)(イ)(ウ)の選択肢

1. MobileNet
2. EfficientNet
3. MnasNet
4. NASNet

転移学習

問13　★★★　➡解答 p.255

転移学習について空欄に最もよく当てはまる選択肢をそれぞれ1つずつ選べ。

ニューラルネットワークを学習する目的は、予測を行いたい問題に対して最適なパラメータの値を計算することである。したがって、目的の問題に対して理想的なパラメータがわかっていれば、ネットワークの学習を行う必要がなく、モデル作成の時間短縮に繋がる。

ここで画像認識などの分野では、**さまざまな問題に対して共通する特徴が存在する**場合が多い。そのため学習済みモデルを利用し、これらのモデルに新しく何層か付け足したものを調整するということが行われている。

このように学習済みのネットワークを利用して、新しい問題に対するネットワークの作成に利用することを**転移学習**、または**ファインチューニング**という。

特に付け足した(または置き換えた)層のみを学習するときは転移学習といい、利用した学習済みモデルに含まれるパラメータも同時に調整するときはファインチューニングという。

基本的にニューラルネットワークでは、次のように**入力層付近においては画像に含まれる抽象的な特徴量を学習し、出力層付近においてより具体的な特徴量**を学習することが知られている。

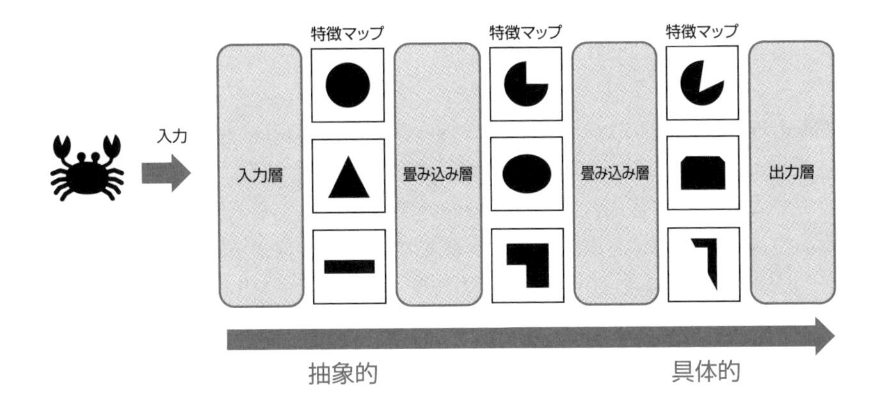

したがって、画像データを用いるモデルで転移学習やファインチューニングを行う際は、学習済みモデルにおいて（　ア　）の後に新たな層を追加したり、この層を置き換えて調整を行うと効果的であると考えられる。

一方で（　イ　）では、転移学習やファインチューニングを行うのは不適切であり、精度が逆に悪くなってしまうというような問題が発生する可能性がある。

（ア）の選択肢

1. 入力層
2. 出力層

（イ）の選択肢

1. 転移学習の際に用いることのできるデータが少ない場合
2. 利用元のモデルと転移先のモデルでデータの種類（ドメイン）の関連性が低い場合
3. 学習済みモデルのパラメータが少ない場合

5

問題

CNNの初期モデル

問14　★★　➡解答　p.256

畳み込みニューラルネットワークのアプローチについて、空欄に最もよく当てはまる選択肢をそれぞれ1つずつ選べ。

畳み込みニューラルネットワーク(CNN：Convolutional Neural Network)のアプローチは人間が持つ視覚野の細胞の働きを模してみるところにある。

ここで人間の視覚野に含まれる、画像の濃淡を検出する細胞(単純型細胞)と物体の位置が変動しても同一の物体と認識できるようにする細胞(複雑型細胞)の2つの細胞の働きを初めて組み込んだモデルは(　ア　)である。

その後、1998年にヤン・ルカンによって考えられた畳み込み層とプーリング層(サブサンプリング層)を交互に組み合わせたCNNのモデルは(　イ　)である。

(ア)の選択肢
1. 多層パーセプトロン
2. ネオコグニトロン
3. LeNet
4. ResNet

(イ)の選択肢
1. 多層パーセプトロン
2. ネオコグニトロン
3. LeNet
4. ResNet

5.5　RNN：リカレントニューラルネットワーク

RNNの基本形

問1　★★★　➡解答　p.257 

リカレントニューラルネットワーク(RNN)について、空欄に最もよく当てはまる選択肢を1つ選べ。

画像データはピクセル間の関係性が重要であり、このようなデータには CNN(畳み込みニューラルネットワーク)が有効であった。

一方、文章のようなデータからうまく特徴を取り出すためには、ニューラルネットワークを新たな構造にする必要がある。

文章では、ある単語がその単語の前後に繋がる単語と深い関係性を持っており、さらにその並び順が非常に重要な意味を持っている。このようなデータを**時系列データ**という。

ここで時系列データからうまく特徴を取り出すためには、データを時系列に沿って順番にニューラルネットワークに入力できると良い。このときニューラルネットワークでは、**過去の入力が持つ情報を保持**しつつ、**これらのデータが入力された順番の情報を出力に反映**できる必要がある。そこで考えられたのが**リカレントニューラルネットワーク**(RNN：Recurrent Neural Network)である。

リカレントニューラルネットワーク(RNN)は、過去の入力の情報を保持するために(　ア　)という構造をしている。

(ア)の選択肢
1. 入力データをメモリに保存しおき、新たな入力がされる度にそれまで入力されたすべてのデータを用いて出力を求める
2. 入力によって隠れ層(中間層)を並び替える
3. 過去の入力による隠れ層(中間層)の状態を、現在の入力に対する出力を求めるために使う

問2　★★★　➡解答　p.258 

リカレントニューラルネットワーク(RNN)における勾配消失問題について、空欄に最もよく当てはまる選択肢を1つ選べ。

多層パーセプトロンやCNNにおいては、層が深くなると勾配消失によって入力層付近ほど学習ができなくなるといった課題があった。

ここで時系列データを用いてRNN学習を行うときは、過去の時系列をさかのぼりながら誤差を計算する通時的誤差逆伝播(BPTT)を用いて勾配が計算されるが、このとき、計算される勾配に対して(　ア　)という特徴がある。

(ア)の選択肢
1. 勾配消失が起きにくい
2. 時系列の新しいデータほど勾配消失しやすい
3. 時系列の古いデータほど勾配消失しやすい

LSTM

問3 ★★★ ➡解答 p.260 

次の文章は、RNNの一種であるLSTM（Long Short-Term Memory）について、記述したものである。文章を読み設問に答えよ。

RNNでは再帰的な構造を持つことにより、過去の入力の状態が現在の出力に影響を与えることができた。

ここでもし過去の情報が現在の入力と組み合わされて**重要な意味を持つ場合は、過去の情報の重みが大きい**と考えられる。一方で過去の情報が現在の入力に対してあまり**意味を持たない場合は、過去の情報の重みは小さくなる。**

ここで問題となるのは、現在の入力に対し過去の情報はあまり関係がないが、将来的に重要な情報となる場合である。すなわち、**現在の入力に対し過去の情報の重みは小さくなくてはならないが、将来のために大きな重みを残しておかなければならない、という矛盾**が生じる。

このような問題が、新しいデータの特徴を取り込むときや、隠れ層（中間層）の状態を踏まえて結果を出力するときに発生することを、それぞれ**入力重み衝突、出力重み衝突**という。

この問題を解決するために考えられたものが、**LSTM（Long Short-Term Memory）**である。

（設問）

LSTMで勾配消失の問題や入力重み衝突・出力重み衝突課題を解決するための工夫として持っている構造はどれか。最も正しいものを選択肢から選べ。

選択肢

1. 「CEC（Constant Error Carousel）という情報を記憶する構造」と「データの伝搬量を調整する3つのゲートを持つ構造」
2. 「データの伝搬量を調整する3つのゲートを持つ構造」と「再帰的な隠れ層（中間層）の結合を持つ構造」
3. 「CEC（Constant Error Carousel）という情報を記憶する構造」と「再帰的な隠れ層（中間層）の結合を持つ構造」

問4 ★★ ➡解答 p.261 

RNNの一種であるGRU（Gated Recurrent Unit）について、空欄に最もよく当てはまる選択肢を1つ選べ。

RNNに情報を記憶するためのセルと3つのゲートの構造を持つLSTMは、RNNの勾配消失の問題と入力重み衝突・出力重み衝突の問題を解決するのに貢献したが、一方でLSTMには計算量が多いという問題があった。

そこでLSTMを軽量化したモデルの1つが**GRU**（**G**ated **R**ecurrent **U**nit）である。GRUはLSTMと同じようにゲートを用いた構造のままパラメータを削減し、計算時間が短縮されている。

具体的な構造としてGRUは（　ア　）を持つブロックの組合せによって構成されている。

（ア）の選択肢

1. 3つのゲート構造と情報を記憶するためのセルを持つ構造
2. リセットゲートと更新ゲートという2つのゲートを用いた構造
3. 畳み込み演算を用いて特徴を抽出する構造
4. ジェネレータとディスクリミネータという2つのネットワークを持つ構造

RNNの発展形

問5 ★★ ➡解答 p.262 

RNNの一種である双方向RNN（BiRNN：Bidirectional RNN）について、空欄に最もよく当てはまる選択肢を選べ。

双方向RNN（**BiRNN：Bidirectional RNN**）は、2つのRNNが組み合わさった構造をしており、一方はデータを時系列通りに学習し、もう一方は時系列を逆順に並び替えて学習を行うモデルである。

このような時系列データの特徴を時系列の双方向から捉える構造によるメリットとして正しいものは（　ア　）である。

（ア）の選択肢

1. 勾配消失の問題が解決できる

2.　過去と未来の両方の情報を踏まえた出力ができる
3.　未来の入力が事前にわかることで計算量が減る

問6　★★★　➡解答　p.263

RNNを応用したRNN Encoder-Decoderと呼ばれるモデルについて、空欄に最もよく当てはまる選択肢を1つ選べ。

これまでのRNNは時系列データから1つの予測を出力するものである。一方で、入力の時系列に対して出力も時系列として予測したいという問題がある。

このような問題をsequence-to-sequence (seq2seq) と呼ぶ。

このsequence-to-sequenceの問題を解決するために考えられたのがRNN Encoder-Decoderと呼ばれるモデルであり、これまでのRNNとの出力の違いは次の図のようにイメージできる。

基本的なRNN

時系列データ(1日の気温の例)

時刻	気温
06:00	12℃
12:00	24℃
18:00	22℃
24:00	15℃

順に入力

出力

翌日の平均気温の予測など
(出力は1つのデータになる)

20℃

RNN Encoder-Decoderモデル

時系列データ(1日の気温の例)

時刻	気温
06:00	12℃
12:00	24℃
18:00	22℃
24:00	15℃

順に入力

出力

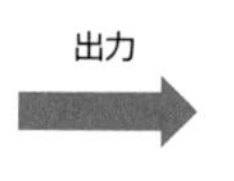

翌日の6時間毎気温の予測など
(出力は時系列データになる)

時刻	気温
06:00	11℃
12:00	24℃
18:00	20℃
24:00	12℃

出力として順に得られる

出力を時系列として出力したい!

このような時系列での出力を得るためにRNN Encoder-Decoderモデルでは、**エンコーダ（Encoder）とデコーダ（Decoder）**と呼ばれる2つのRNN（LSTMなど）から構成されている。

ここでエンコーダは入力される時系列データから（　ア　）を生成する。

その後、デコーダでは（　ア　）から時系列データを生成する。

（ア）の選択肢

1. 1つの実数値
2. 固定長のベクトル
3. 入力によって長さが変わるベクトル

Attention

問7　★★★　➡解答　p.264  

Attentionについて、空欄に最もよく当てはまる選択肢を1つ選べ。

seq2seqの問題に対応したモデルとしては、RNNのEncoder-Decoderモデルがある。しかし、このEncoder-Decoderモデルでは、Encoderによって時系列データを固定長のベクトルに圧縮しなければならない。したがって、長い時系列データが入力されたときなどで固定長のベクトルの中に情報が入りきらないといった問題が発生してしまう。

このような問題を解決できる手法としてAttentionと呼ばれるものがある。

Attentionとは、入力データと出力データにおける重要度のようなもの（アライメント）を計算する手法であり、seq2seqのモデルに用いた場合は「入力の時系列データ」と「出力の時系列データ」の各要素間で対応するものを選択するといったイメージになる。

すなわち次の図のように、Decoderである時刻のデータを生成する際に、Encoderに入力された時系列データの中から影響力の高いデータに注意を向けるということである。

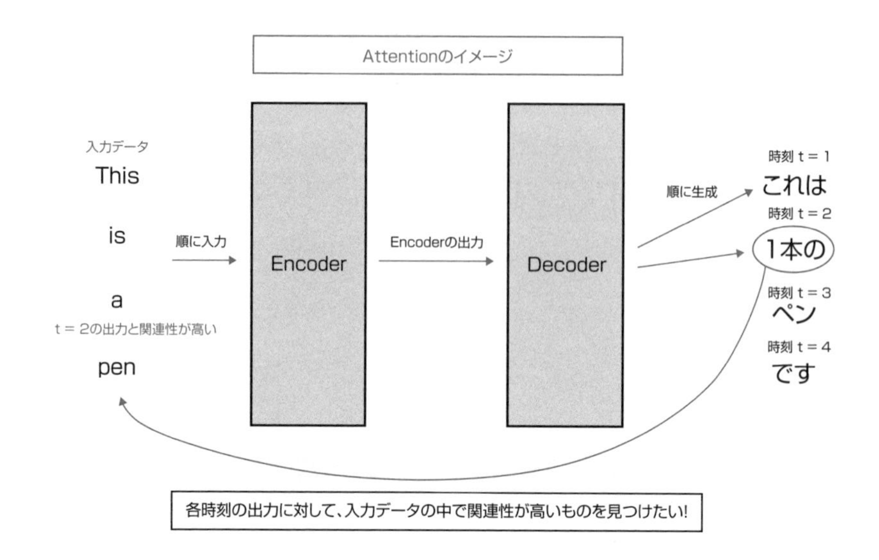

ここでAttentionを持つEncoder-Decoderモデルではこのような動作を実現するために、Encoderは隠れ状態を時刻毎に出力してDecoderに渡している。このことからAttentionの動作は(　ア　)と考えられる。

(ア)の選択肢
1. 時系列を無視してデータの対応関係を求めている
2. 固定長ベクトルに圧縮された情報からデータの対応関係を求めている
3. 時系列データにおいては「過去の入力のどの時点がどれくらいの影響を持っているか」を直接的に求めることでデータの対応関係を求めている
4. 異なる入力データ間で要素の対応関係を求めている

問8　★★★　➡解答　p.265

次の文書を読み、空欄に最もよく当てはまる選択肢を1つ選べ。

畳み込みや再帰的構造を使わず、完全にAttentionをベースとしたモデルとしてTransformerがある。Transformerは通常のAttentionとself-Attentionの2つを組み合わせてEncoder-Decoderとし、時系列データの未来予測や言語の翻訳などタスクの精度を上げた。

このAttentionとは、入力間の関係性を見ることができる。たとえば、「私/は/

この/本/が/好き/。」と「I/like/this/book/.」の2つの文章の関連度を測る。ここで「/」は各単語の区切りを意味する。この場合「好き」と「like」の関連度が最も高くなりそうな予想ができる。

self-Attentionとは、入力されるデータ自身でAttentionを計算するためselfという単語がついている。たとえば、先程の例で、日本語文章自身のAttentionを取ると「好き」と関連度が高い単語は「本」となるなどといった、自身の文章内の各単語間の関連度を計算できる。

Transformerは、この2つを（　ア　）となっている。

（ア）の選択肢

1. Encoder、Decoder両方に対してself-Attentionと通常のAttentionを交互に使った構造
2. Encoderに対してself-Attention、Decoderに対してself-Attentionと通常のAttentionを使った構造
3. Encoderに対してself-Attentionと通常のAttention、Decoderに対してself-Attentionを使った構造
4. Encoderの最初にのみself-Attentionを使い、以降はすべて通常のAttentionを使った構造

5.6　強化学習の特徴

問1　★★★　➡解答　p.266

次の文章は強化学習の学習について説明した文である。空欄に最もよく当てはまる選択肢をそれぞれ1つずつ選べ。

強化学習では環境と学習目的を設定する。環境は状態、行動、報酬、遷移確率などを内包する。行動主体であるエージェントが環境内で学習目的を達成するように、(　ア　)に対する最適な(　イ　)の学習を行う。また、(　イ　)の結果、エージェントは(　ウ　)を得る。学習目的に近づく(　イ　)であったか(　ウ　)に基づいて評価することで(　イ　)を改善する。

(ア)の選択肢
1. 状態
2. 行動
3. 遷移確率
4. 報酬

(イ)の選択肢
1. 報酬
2. 行動選択
3. 遷移確率
4. 探索

(ウ)の選択肢
1. 方策
2. 報酬
3. 次の状態
4. 遷移確率

問2　★★　➡解答　p.267

強化学習を用いて最適な方策を学習させることについて、誤っている文章を選択肢から選べ。

1. 意図した目的を達成するために、状態を必要十分に設定することが難しい。
2. 報酬の設定によって方策の学習結果が異なる。よって、達成したい目的に合わせた報酬を設定しないと意図しないものとなることがある。

3. 行動選択を行った後に報酬が得られない環境では方策が学習できない。
4. 状態や行動の数が多い場合には、現実的な時間で状態と適切な行動を結びつけることが難しい。

5.7　深層強化学習

問1　★★★　➡解答　p.269 

深層強化学習について説明した次の文章のうち、最も適当なものを1つ選べ。

1. 深層強化学習の登場により、方策をパラメトリックに表現することができるようになったので、直接方策の改善ができるようになった。
2. 深層強化学習では、ニューラルネットワークを用いて状態の重要な情報のみを縮約表現する。これによって状態数が多い問題に対しても強化学習が適用できるようになった。
3. 深層強化学習では、ニューラルネットワークを用いて状態の価値を表せるようになったため報酬を環境に含める必要がない。
4. 深層強化学習では、行動の組合せを教師データとしてニューラルネットワークを訓練する。

問2　★★★　➡解答　p.270  

次の文章はQ学習に関する文章である。最も適切な選択肢を選べ。

1. ある状態sにおける行動aの価値であるQ関数Q(s,a)の推定値を求める計算には、次の状態s'において方策を用いて選択した行動a'のQ関数Q(s',a')が用いられる。
2. 学習のある時点で得られた方策のみを用いて行動選択すると、局所解に陥る場合がある。これを回避するため確率的に学習した方策を無視して、ランダムに行動選択することを利用と呼ぶ。
3. 状態価値の推定において、直後に得られた報酬と次の状態の価値を用いる手法をモンテカルロ木探索と呼ぶ。
4. Q学習は、状態と行動の組に対してその後得られる報酬和の期待値(Q関数)を推定し、期待値が最大である行動を選択するアルゴリズムである。

問3　★★★　➡解答　p.271

次の文章のうち、Deep Q Networkに関して最も適切な選択肢を選べ。

1. ニューラルネットワークは、入力に状態を表現するベクトルを受け取り、Q関数を近似する。行動選択などの制御はあらかじめ設定した方策によって行う。
2. ニューラルネットワークの入力は状態、出力は報酬となっており報酬関数を近似する。この報酬を最大化するようにパラメータを学習する。
3. ニューラルネットワークは、状態sを入力とし、入力に対する行動aを出力する方策を近似する。
4. ニューラルネットワークを用いたQ関数Q(s,a)の学習には、行動aの結果得られた報酬と次の状態s'において方策によって選択した行動a'に対応するQ関数Q(s',a')を用いる。

問4　★★★　➡解答　p.272

DQNを改良したDouble DQN手法について、次の文書を読み、設問に答えよ。

強化学習において、多くの手法はデータのサンプリングを前提として学習が行われる。以下の図は通常のDQNにおいて現状態sで行動a_1を選択したときに得られた即時報酬rと、現状態sと次状態s_1'の状態行動価値(Q値)からDQNの損失関数を計算する過程を示している。

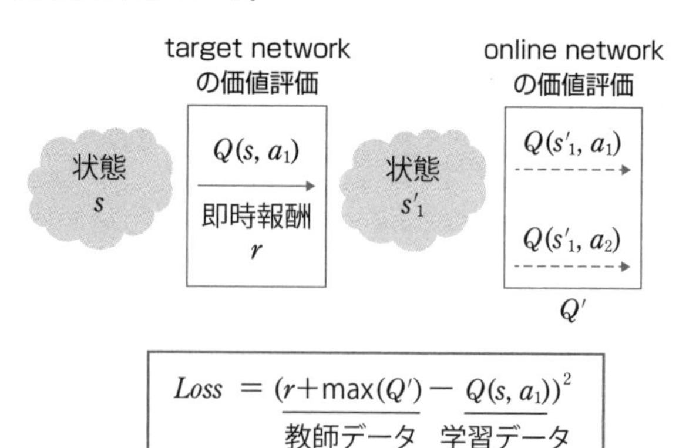

※$Q(s, a)$は状態sにおける行動aの価値

DQNはニューラルネットワークを用いてQ値を推論することで価値評価を行っており、target networkのパラメータは学習を進めるのにしたがって変化する。ここで通常のDQNではtarget networkとonline networkは同じ重みを利用している。

一方で通常のDQNを改良したDouble DQNと呼ばれる手法は、価値評価に用いる2つのネットワークで違う重みを利用するようにした手法である。

(設問)

Double DQN手法において、2つの価値評価を異なるネットワークで行うことよるメリットを次の選択肢から1つ選べ。

1. 偏ったQ値の過大評価を改善することができる。
2. 学習中のメモリの使用量を減らせる。
3. 実運用時も2つのネットワークで推論するため高精度な価値評価ができる。
4. データの時間変化が持つ特徴を効率的に学習することができる。

問5 ★★★ ➡解答 p.273

DQNを改良したDueling Network手法について、次の文章を読み、設問に答えよ。

通常のDQNは状態を入力としてQ値を推論するニューラルネットワークである。ここで通常のDQNを改良したDueling Networkと呼ばれる手法では、DQN同様に状態sを入力としてQ値を出力するが、以下のようにネットワーク内部でQ値(状態行動価値)を状態価値$V(s)$とアドバンテージ$A(s, a)$に分解している。

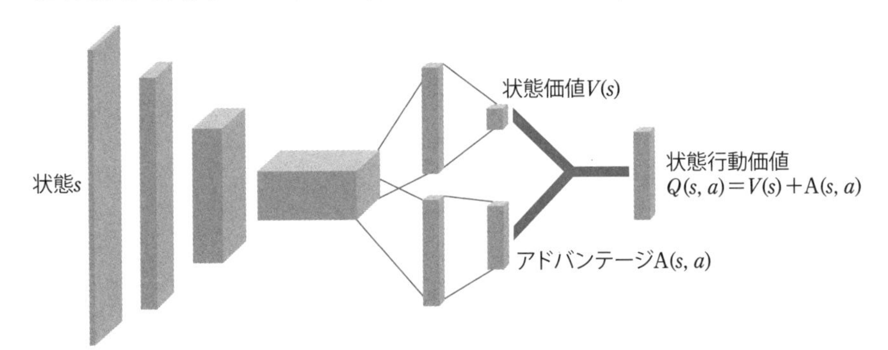

ここで状態価値$V(s)$とはその状態にいることがどれだけ良いかを測るもので

あり、アドバンテージ$A(s, a)$とはそれぞれの行動の重要性を相対的に測るものである。

(設問)

Dueling Network手法において、Q値を分解するというアイデアのもととなった洞察として正しいものを次の選択肢から1つ選べ。

1. すべての状態で行動選択が非常に重要となる。
2. 行動選択が報酬の獲得にほとんど影響を与えない状態が多く存在する。
3. より正確にQ値を推定するには複数のモデルの平均値を取ったほうが良い。
4. より正確にQ値を推定するにはパラメータ数を削減した方が良い。

問6　★★★　➡解答 p.274

DQNを改良したNoisy Network手法について、次の文章を読み、設問に答えよ。

通常のDQNでは方策として、ε-greedy法が用いられている。ε-greedy法では、εの確率でランダムな行動選択を行うことで、新たな行動を探索するものである。しかし、εの値の設定は、ハイパーパラメータとして手動で設定するものであり、モデルの性能を決める需要なパラメータであるとともに、適切な値の設定が難しいという問題がある。

ここで通常のDQNを改良した手法にNoisy Networkと呼ばれる手法が存在する。この手法は、ネットワーク内部でランダムなノイズを発生させることで、ε-greedy法を用いなくてもランダムな行動を起こし、新たな行動を探索できるようになっている。

（設問）

Noisy Networkがネットワーク内部でノイズを発生させる仕組みとして、正しいものを次の選択肢から1つ選べ。

1. 平均と標準偏差を学習しつつ、ガウス分布による乱数をネットワークのノードの出力に加える。
2. 平均と標準偏差を学習しつつ、ガウス分布による乱数をネットワークの重みとして用いる。
3. ランダムにノードの出力を0にする。
4. 状態（入力データ）にランダムなノイズを加える。

問7　★★★　➡解答　p.274 

AlphaGoに用いられるニューラルネットワーク（ア）～（エ）の入力データ、出力データ、教師データを、1～6の選択肢から選べ。なお、解答する選択肢は重複しても良い。

（ア）Supervised Learning Policy Network（SL Policy）
（イ）Reinforcement Learning Policy Network（RL Policy）
（ウ）Rollout Policy
（エ）Value Network

（ア）（イ）（ウ）（エ）の選択肢

1. 現在の盤面状態
2. 次の盤面状態
3. 勝率
4. 人間の棋譜
5. 自己対戦による局面と勝敗
6. 自己対戦によるエピソードと報酬

問8　★

➡解答　p.276  

次の文章を読み、空欄に最もよく当てはまる選択肢をそれぞれ1つずつ選べ。

スタートの状態から遷移できる状態をいくつかランダムに列挙する。列挙した状態から1つ選び、この状態を起点としてゲームの勝敗がつくまでランダムに状態遷移のシミュレーションをする。勝敗からシミュレーションの起点以前の状態に価値付けを行う。状態の価値付けができたのでスタートの状態から価値の高い状態へ遷移する。すでに列挙済みの状態の中の終端を新しいスタートの状態とする。以上を繰り返す。価値の高い状態を起点としたシミュレーションによって効率的に手の探索を行うアルゴリズムを（　ア　）と呼ぶ。

囲碁などの状態数と行動数が多いゲームでは価値の全探索が難しいが、このアルゴリズムを用いることで、価値を探索する幅と深さを限定し効率的に状態の価値付けができる。しかし、探索の幅を限定する際、つまりある状態から次の盤面を列挙するときランダムに選ぶので、人間が選ばないような悪い手を選んでしまう点、シミュレーションはランダム状態遷移で行うため、同じ状態を起点としても勝ち負けが変わってしまい、価値付けがうまくできない問題があった。

AlphaGoでは、CNNを用いて4つのニューラルネットワークを学習させる。人間の棋譜の遷移関係を学習させることで1つ次の手を予測し勝ちに繋がりやすい状態を列挙する（　イ　）、（　イ　）の予測性能を落とす代わりに計算速度を上げた（　ウ　）、（　イ　）のネットワーク同士の対戦による学習で予測性能を向上させた（　エ　）、またある盤面から（　エ　）と（　イ　）のネットワークを用いて勝敗がつくまでゲームを進めこの勝敗をもとに盤面の勝利確率を学習させ、予測する（　オ　）を学習させる。

これらのニューラルネットワークによって改善した、（　ア　）で作った囲碁AI同士を対戦させることで、新しい棋譜データを自動生成し、各ネットワークを学習させることで強い囲碁AIを作る。

（ア）（イ）（ウ）（エ）（オ）の選択肢

1. Value Network
2. Rollout Policy
3. Supervised Learning Policy Network（SL Policy）
4. Reinforcement Learning Policy Network（RL Policy）
5. モンテカルロ木探索（MCTS）

5.8　深層生成モデル

問1　★★★　➡解答　p.279 

深層生成モデルについて、空欄に最もよく当てはまる選択肢を1つ選べ。

ディープラーニングは画像をクラス分類するようなタスクにおいて多くの研究が行われているが、これらのタスク以外にも**新たなデータを生成するというタスク**において活発な研究が行われている。このような分野においてディープラーニングを生成タスクに用いたモデルを**深層生成モデル**という。

ここですべて深層生成モデルとして用いられるモデルまたはアーキテクチャの組合せとして正しいものは（　ア　）である。

（ア）の選択肢

1. AlexNet、VGG16、GoogLeNet、ResNet
2. VAE、GAN、WaveNet
3. R-CNN、Faster R-CNN、YOLO
4. LSTM、BERT、ELMo

コラム　深層生成モデルの動向

最近の深層生成モデルの動向として、テキスト情報を加味した未知の画像生成が提案されています。中でもOpenAIのDALL・E、DALL・E2やGoogle社のImagenという手法がインパクトのある提案として登場しました。これらの手法はどちらも自然言語のモデルを用いてテキスト情報を潜在空間に埋め込み、それを加味して画像生成を行います。

たとえば「犬の散歩しているチュチュを履いた大根」や「アボカドの形をした椅子」といった不思議な文章でさえ画像化します。

特にDALL・Eで使われるアーキテクチャはCLIPと呼ばれ、テキストと画像の関係性を強く学習するため、zero-shot learning（そのクラスの画像を見なくても分類可能とするタスク）においても高精度を出しました。

問2　★★　➡解答　p.279 

深層生成モデルの1つであるVAEについて、次の空欄に最もよく当てはまる選択肢を1つ選べ。

VAE(Variational Autoencoder：**変分オートエンコーダ**)は、オートエンコーダに改良を加えたモデルであり、新しいデータを生成することができるモデルである。

このように新しいデータを生成するためにVAEのエンコーダ部分では入力データを(　ア　)に変換するような学習を行う。

また(　ア　)から乱数を使ってデコーダの入力となる値を生成することで変化が加わった新たなデータを生成する。

(ア)の選択肢

1. 入力データを生成する何かしらの分布の平均と分散
2. 入力データ毎に固有の表現
3. 入力データが偽物であるか本物であるかを判定した情報

問3　★★★　➡解答　p.280 

深層生成モデルのアーキテクチャの1つであるGANについて、空欄に最もよく当てはまる選択肢を1つ選べ。

GAN(Generative Adversarial Network：**敵対的生成ネットワーク**)と呼ばれるアーキテクチャでは、主に次の2つの構造を持っていることが特徴的である。

・ジェネレータ(generator)

もととなるデータやランダムなノイズといった入力を受け取り、**偽物のデータ**を出力する。

・ディスクリミネータ(discriminator)

学習用のデータセットに含まれている本物のデータもしくはジェネレータが生成した偽物のデータを受け取り、これらデータが**本物であるか偽物であるかを出力**する。

ここでもしジェネレータが、十分精度の高いディスクリミネータを騙すことができる画像を生成できるように学習ができれば、ジェネレータを用いて本物に近い画像を生成することができるようになると考えられる。

　このような学習をうまく進めるために、GANでは（　ア　）のように学習を行う。

（ア）の選択肢

1. ディスクリミネータを先に学習して十分精度を高める
2. ジェネレータとディスクリミネータの学習を少しずつ交互に進める
3. ディスクリミネータの出力をジェネレータに入力する

問4　★★★　➡解答　p.281

**　深層生成モデルのアーキテクチャの1つであるCycleGANの説明として、正しい選択肢を1つ選べ。**

1. 画像から別の画像を生成するアーキテクチャで、実際の画像からベースとなる画像を作成し、ベース画像から生成した偽画像が本物の画像と判断されるように生成器が学習していく。
2. 画像から別の画像を生成するアーキテクチャで、シマウマと馬、写真と絵画などドメインを変換できるように生成器が学習していく。
3. テキストから画像を生成するアーキテクチャで、画像のキャプションを入力として本物の画像と判断されるように生成器が学習していく。
4. 固定の特徴マップを段々と拡大させて画像を生成するアーキテクチャで、特徴マップを拡大するたびにstyleの調整をするためのノイズを付与することで高精細な画像を生成する。

解答と解説

5.1　活性化関数

問1

➡問題　p.155

解答　(ア)3、(イ)2

解説

■(ア)の解説

シグモイド関数によって実数がどのような値に変換されるのかを問う問題です。シグモイド関数は非線形な関数であり、**入力が無限小に近づくほど出力は0に近くなり、入力が無限大に近づくほど出力は1に近づきます**。したがって、出力の取り得る値の範囲は、選択肢3であることがわかります。

▼シグモイド関数

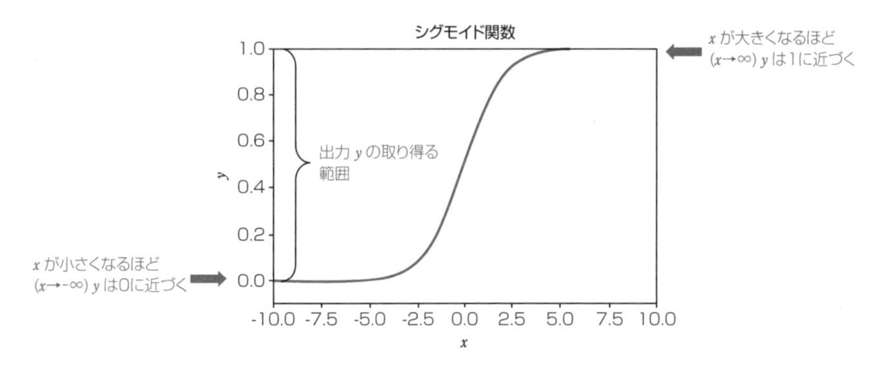

■(イ)の解説

シグモイド関数が隠れ層であまり用いられない理由を問う問題です。ニューラルネットワークでは、最適なパラメータを見つけるために、誤差を逆向きに掛け合わせて伝播させていく**誤差逆伝播法**が用いられています。

この伝播中に活性化関数の微分を掛け合わせる項も含まれますが、**シグモイド関数の微分係数は最大でも0.25であり、この項を掛ける度に伝播していく誤差の値は小さくなってしまいます**。その結果、入力付近に近い層ほど伝播すべき誤差がなくなってしまう、**勾配消失問題**が起きやすくなってしまいます。したがって、隠れ層でシグモイド関数が活性化関数として用いられることが減った理由は、選択肢2となります。

▼勾配消失問題

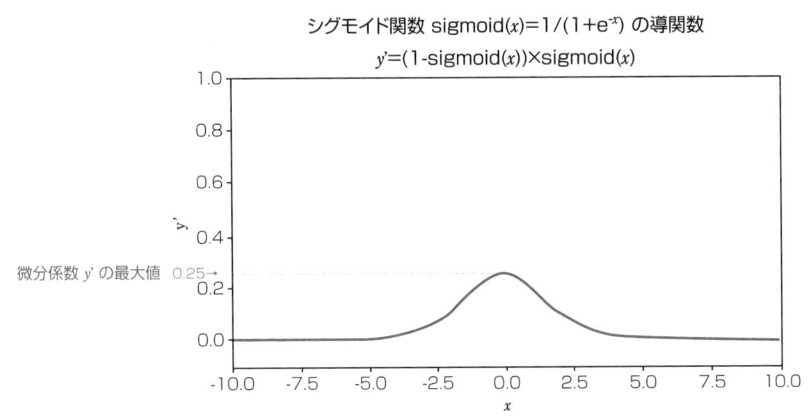

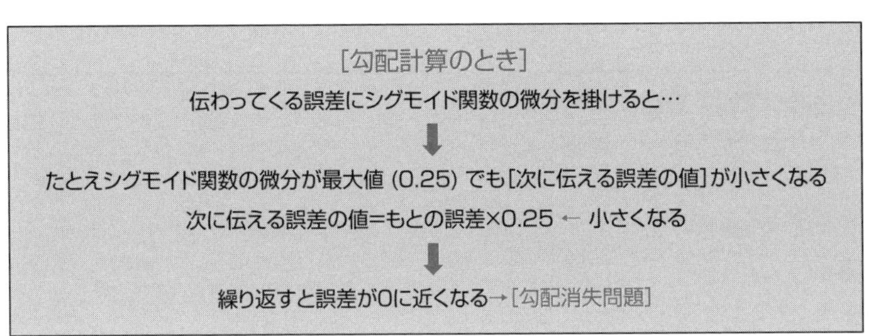

問2

➡問題　p.156

解答　1

解説

出力層で用いられる活性化関数の特徴を問う問題です。

シグモイド関数は、1つの入力を受け取り、[0,1]の範囲の1つの値に変換します。

一方で**ソフトマックス関数**は、シグモイド関数を一般化したものであり、複数個の入力を受け取り、受け取った数と同じ個数の出力を**総和が1**となるように変換して出力します。

つまり、これらの関数を出力層に用いた場合、この出力を確率として見ると以下のように考えられます。

▼クイズの正解を予測する

シグモイド関数の場合(○×問題)

・出力が0.98だった場合→98%で○のグループ(○のグループと予測できる)

・出力が0.01だった場合→1%で○のグループ(×のグループと予測できる)

ソフトマックス関数の場合(3択問題)

出力の形は以下のように3つの値が得られる(必ず総和が1になる)

出力 = 0.7、0.25、0.05→選択肢A：70%、選択肢B：25%、
選択肢C：5%

→正解は選択肢Aと予測できる

⬇

二値分類:シグモイド関数、多値分類:ソフトマックス関数

したがって、正解は選択肢1となります。

またReLU関数は、出力の値が[0,1]の範囲に限られないため、出力を確率として表現することが難しく、分類問題の出力層に用いるのは不適切と考えられます。

補足　範囲の表記について

ここでは範囲を以下のように表します。

()括弧→その値を含まない

[]括弧→その値を含む

●例

[0,1]　→0以上1以下(0と1を含む)

(0,1)　→0より大きく1未満(0と1を含まない)

[0,1)　→0以上1未満(0は含む1は含まない)

問3

➡問題　p.156

解答　(ア)3、(イ)3

解説

ニューラルネットワークの隠れ層で用いられる、活性化関数の1つであるtanh関数について、シグモイド関数との関係性を問う問題です。

■(ア)の解説

tanh関数は、数式で表すと$y = \frac{e^x - e^{-x}}{e^x + e^{-x}}$であり、**この関数を微分したときの最大値は1**となります。これはシグモイド関数を微分したときの最大値である0.25よりも大きな値であり、シグモイド関数を用いたときと比較して誤差逆伝播法を

用いたときに発生する勾配消失問題が改善する場合があります。したがって、正解は選択肢3となります。

ただし、あくまでも最大値が大きいのであり、**根本的な勾配消失問題の解決**には至らない部分に注意してください。

▼tanh関数の微分

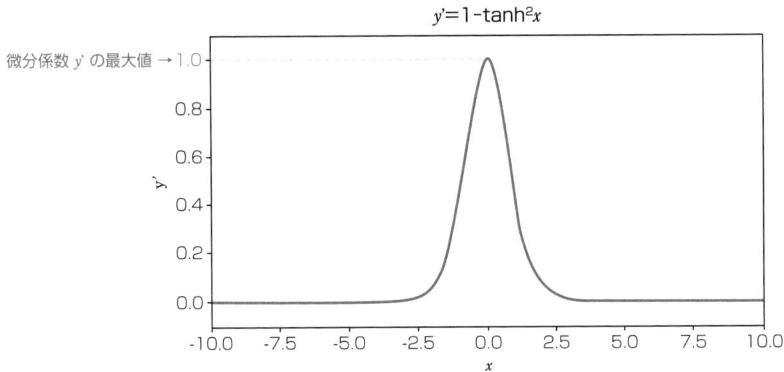

■(イ)の解説

tanh関数はシグモイド関数 を用いて $sigmoid(x) = \frac{1}{1+e^{-x}}$ を用いて

$$\tanh(x) = 2 \times sigmoid(2 \times x) - 1$$

という関係で表すことができます。これは式変形で導くことができるため、正解は選択肢3となります。

問4 ➡問題　p.157

解答　(ア)2、(イ)3

解説

ReLU関数が現在のニューラルネットワークの隠れ層の活性化関数として、どのような立ち位置で扱われているかのイメージを問う問題です。

■(ア)の解説

ReLU関数は、tanh関数に代わり現在最もよく使われている活性化関数であり、これまでの活性化関数より**勾配消失問題が起きにくい**という特徴があります。したがって、正解は選択肢2となります。

ただし、どんなタスクにおいても、活性化関数としてReLU関数を使うのがベストという訳ではありません。

■(イ)の解説

ReLU関数についてグラフの概形のイメージを問う問題です。

$y = \max(0, x)$ はxと0を比較し、大きい方をyとするということですが、これはつまり、xが正のときはそのまま、xが負のときは0を出力するということです。

したがって、グラフを描くと正解は選択肢3となります。

ReLU関数は非線形の関数であり、**$x \leqq 0$のときの微分係数は常に0、$0 < x$のときの微分係数は常に1**となります。

▼ReLU関数の微分

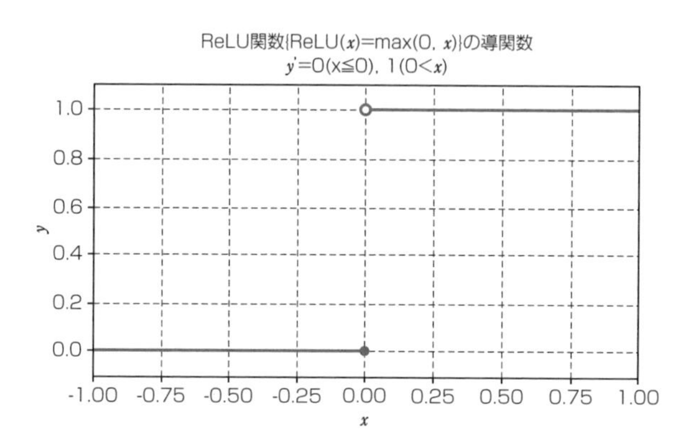

5.2　学習の最適化

学習と微分

問1

➡問題　p.158

解答　3

解説

ニューラルネットワークを学習する際における誤差関数とはどのようなものかを確認するとともに、実際のデータがどのように学習に利用されるのかを確認する問題です。

誤差関数は、モデルの予測値と実際の値(正解データ)との誤差を表した関数です。

この問題の正午の気温を予測するモデルを学習する際は、朝の気温をニューラルネットワークに入力し、それによって得られた予測値が実際の正午の値に近づくようにネットワーク内のパラメータの更新を行います。このとき学習の目標となる減少させるべき誤差は、問題文の図にあるようにモデルの予測値と実際の正午の気温との差となります。

したがって、正解は選択肢3となります。

図では簡単に表すため、予測値－正解データとしていましたが、単純な引き算は使われることが少なく、たとえば、平均二乗誤差などが使われます。誤差関数はタスクや目的によってさまざまなものが存在します。

●選択肢1について

朝の気温と正午の気温は、どちらも記録したデータから直接得られるものであり、「朝の気温と正午の気温の誤差」はモデルのパラメータに関係なく求まります。したがって、モデルの学習においてこの誤差を誤差関数として用いるのは不適切と考えられ、この選択肢は誤りとなります。

●選択肢2について

「モデルの予測値と正午の気温の平均との誤差」を誤差関数として設定すると、この誤差が最小となるのはモデルが正午の気温の平均を出力するときとなります。したがって、この誤差関数をモデルの学習に用いると、このモデルはどのような入力に対しても正午の気温の平均を出力するようになります。この選択肢は誤りとなります。

問2

➡問題　p.160

解答　3

解説

2点間を結ぶ直線の傾きを求める問題です。

直線の傾きは$\left(\frac{y\text{の増加分}}{x\text{の増加分}}\right)$で求めることができます。

今回は2点$(x, y) = (0, 1)$と$(x, y) = (1, 0)$を用いているため、

yの増加量＝0－1、

xの増加量＝1－0

となり、正解は選択肢3となります。

ニューラルネットワークの学習では、勾配降下法という手法で関数の最小値を求めることが一般的ですが、このときこのような傾きのイメージが重要になります。

問3

➡問題　p.160

解答　(ア) 2、(イ) 2、(ウ) 1

解説

ある関数に対して、任意のxにおける微分係数(接線の傾き)が、どのようにその関数の最小値を探すのに使えるのかを問う問題です。

■(ア)の解説

(ア)は、ある関数に対して、任意のxにおける微分係数のイメージを確認する問題です。

$y=3x^4-4x^3+1$を$x=0.5$で微分した値(微分係数)とは、この関数の$x=0.5$における接線の傾きを表します。この状態を図で表すと、下図のようになります。

▼$x=0.5$における接線の傾き

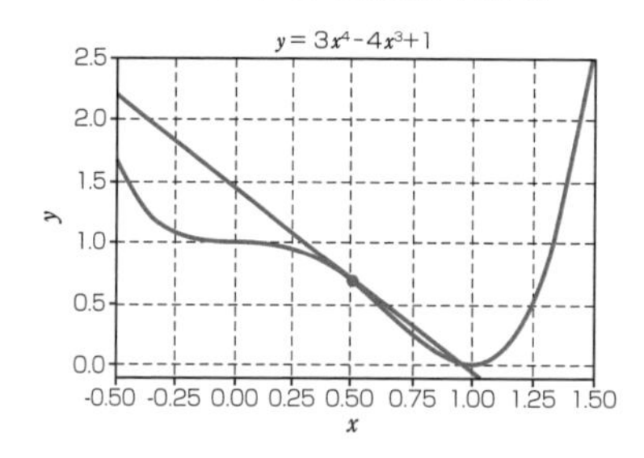

この図より、$x=0.5$における接線の傾きは、負であることがわかるため、正解は選択肢2となります。

補足として、実際に微分を用いてこの問題を解くと、次のようになります。

まず、$y=3x^4-4x^3+1$をxについて微分すると、導関数は$y'=12x^3-12x^2$となります(導関数の導出は省略します)。

この導関数に$x=0.5$を代入することで$x=0.5$における微分係数($x=0.5$での接線の傾き)を得ることができます。したがって、$y'=12(0.5)^3-12(0.5)^2=-1.5$より、$x=0.5$における微分係数が-1.5であることがわかるため、正解は選択肢2となります。

■(イ)の解説

(イ)は、具体的にどのように微分係数を用いて、xの値を、yの最小値が得られる値に近づけるのかを問う問題です。

この問題において、初期値として$x=0.5$を設定しました。

このとき、(　ア　)よりの微分係数の符号は負であることから、xがより小さなyの値を取るように更新するためには、次の図のようにこの傾きを下る方向に

xを更新すれば良いことがわかります。

▼傾きを下る方向にxを更新

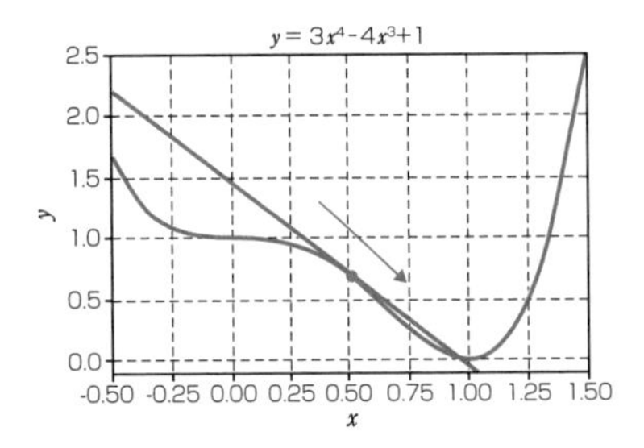

この図の矢印の方向（微分係数が負の場合）にxを更新するとき、xは増加するように更新されます。このような傾きに沿った更新をするためには、xから微分係数を引くことで目的の方向にxを更新できます。したがって、正解は選択肢2となります。

イメージをつかみやすくするため選択肢では省略しましたが、実際には**学習率**という数値を導入してxを更新する際の変化量を調整します。

■(ウ)の解説

(ウ)は微分係数を引くような更新を繰り返すと、どのように収束するのかを問う問題です。

更新を繰り返し、xがyの最小値を得られる値に収束すると、以下の図のようになります。

▼接線の傾きが0

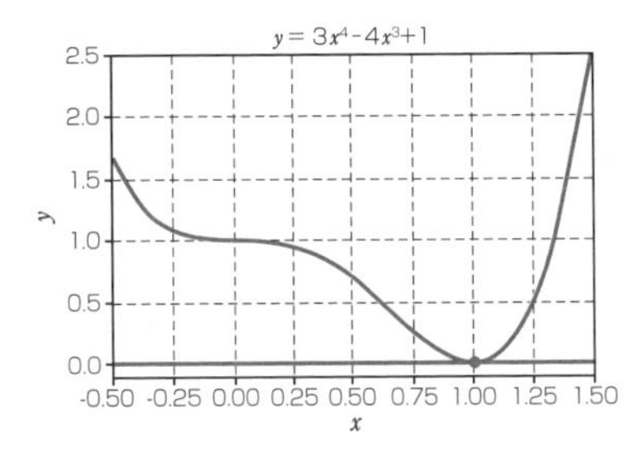

この図より、xがyの最小値が得られる値に収束すると接線の傾きは0となることがわかります。すなわち微分係数は0のため、この値をxから引いても値は変化しません。よって、この値（最小値）に到達すると、それ以降は更新によって値が変化しないようになります。

したがって、正解は選択肢1となります。

勾配降下法

問4

➡問題　p.162

解答　1

解説

勾配降下法において、学習率とはどのようなものかのイメージを問う問題です。

勾配降下法によってパラメータを更新する動作(1回分)を数式で表すと次のようになります。

$$x^{(\text{更新後})} = x^{(\text{更新前})} - (\text{学習率}) \times (x^{(\text{更新前})}\text{における勾配})$$

このとき、学習率とは0より大きい実数です。

基本的に勾配降下法では、求めた勾配の絶対値の大きさによって、パラメータを更新する際の変化量が決まりますが、パラメータ(x)の更新を行う前に、更新前の勾配に対して学習率を掛けることで、xを更新する際の変化量を調整することができます。

したがって、正解は選択肢1となります。

●選択肢2について

勾配降下法によってパラメータが最適解にどれだけ近づくかは、同じ学習率でも関数の形や勾配を求めるパラメータの位置によって変化します。したがって、この選択肢は誤りとなります。しかし、学習率は設定次第で最適解が得られない場合もあり、パラメータが最適解に収束するために重要な要素となります。

●選択肢3について

「現在の値から更新後の値までの距離」は、現在の値における勾配の大きさと学習率によって決まります。したがって、学習率のみで厳密に定めることはできないため、この選択肢は誤りとなります。

問5

➡問題　p.162

解答　2

解説

勾配降下法は大域最適解に必ず収束するわけではない、ということを問う問題です。勾配降下法は関数の勾配を使って極小値を探索する手法です。関数の勾配が0の点ではパラメータを更新しても変化がなく、収束したとみなせます。今回の問題では $x = -3, 0, 6$ で関数の勾配が0になりますが、勾配降下法の初期値が $x = 0$ だった場合を除けば、極小値の探索において $x = 0$ にたどり着くことはありません。したがって、正解は選択肢2であることがわかります。

学習率

問6

➡問題 p.163

解答 (ア)1、(イ)2

解説

勾配降下法によってパラメータが大域最適解に収束しやすくするためには、学習率をどのように設定すると良いかを問う問題です。

■(ア)の解説

この問題の設定において、局所最適解に収束しないようにするためには、**学習率を大きく設定**する必要があります。

そうすることで、以下の図のように初期値が負の値であり、局所最適解に近い状態であったとしても、学習率が大きいと局所最適解と大域最適化の中間にある一時的にyの値が大きくなる領域を超えて、大域最適解に近づくことが期待できます。

▼大域最適解に近づく

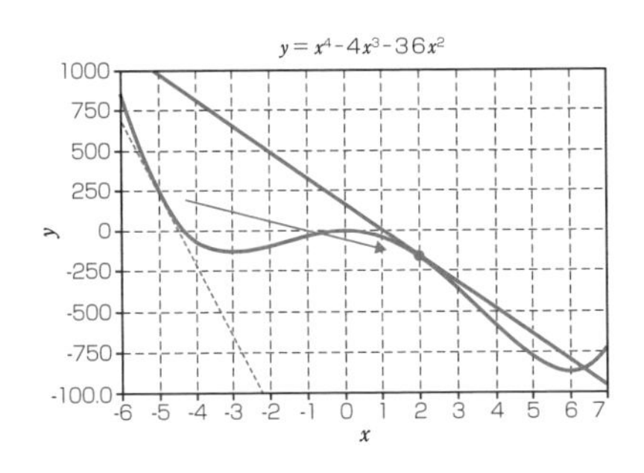

> 学習率が大きければ、x = 0付近のyの値が、大きい領域を抜けることが期待できる。

したがって、学習の初期では学習率は大きく設定するため、正解は選択肢1となります。

■(イ)の解説

勾配降下法によってパラメータが局所最適解を抜け出し、大域最適解に近づくには学習率を大きく設定すると良いですが、**学習率が大きいままだと大域的局所解付近でも収束しない**という問題があります。

収束しない状態は、関数の形や学習率の大きさによっていくつか存在しますが、イメージしやすい状態として、下図のように**振動してしまう**といった状態が考えられます。

▼パラメータの更新をし続ける

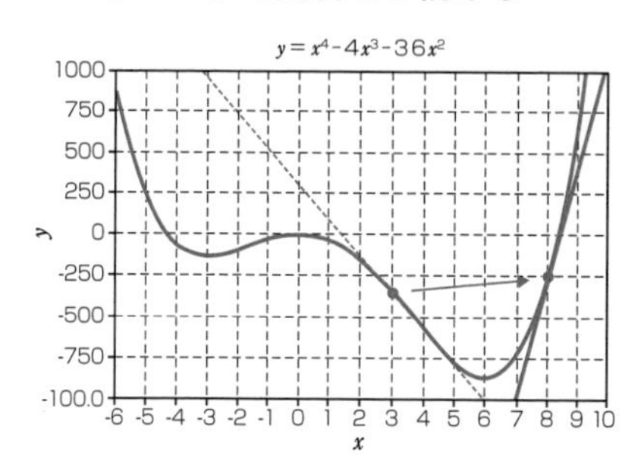

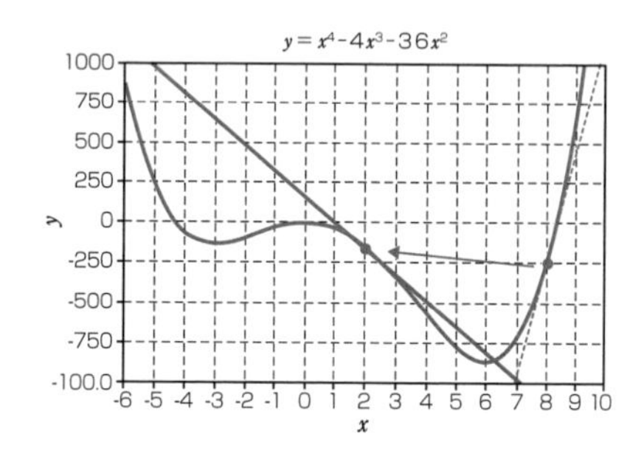

上の2つのような状態を、更新の度に交互に入れ替わるように、更新し続けてしまう。

以上より、**大域最適解付近においても最適解を飛び越えてパラメータの更新をし続けてしまう**ことが考えられるため、正解は選択肢2となります。

●選択肢1について

「学習率が大きいままだと一度大域最適解に近づいても再び局所最適解に近づいてしまう」といったことは関数の形によっては十分考えられますが、特に局所最適解に近い領域に戻りやすくなるというわけではないため、この選択肢は誤りとなります。

●選択肢3について

基本的に「学習率が大きいままであることが原因で計算誤差が蓄積する」といったことはありません。したがって、この選択肢は誤りとなります。

●選択肢4について

基本的に学習率が大きいままであることが原因で、収束する値が初期値に依存することはありません。しかし、学習初期から学習率が小さい場合においては、初期値に近い局所最適解や大域最適解に収束しやすくなると考えられます。したがって、この選択肢は誤りとなります。

鞍点

問7

➡問題　p.164

解答　1

解説

3次元以上の関数に対して勾配降下法を用いる際に、問題となる鞍点のイメージについて問う問題です。

鞍点とは、ある次元から見ると極大点で、他の次元から見ると極小点となる点です。具体的には、下図のようなイメージになります。

▼鞍点

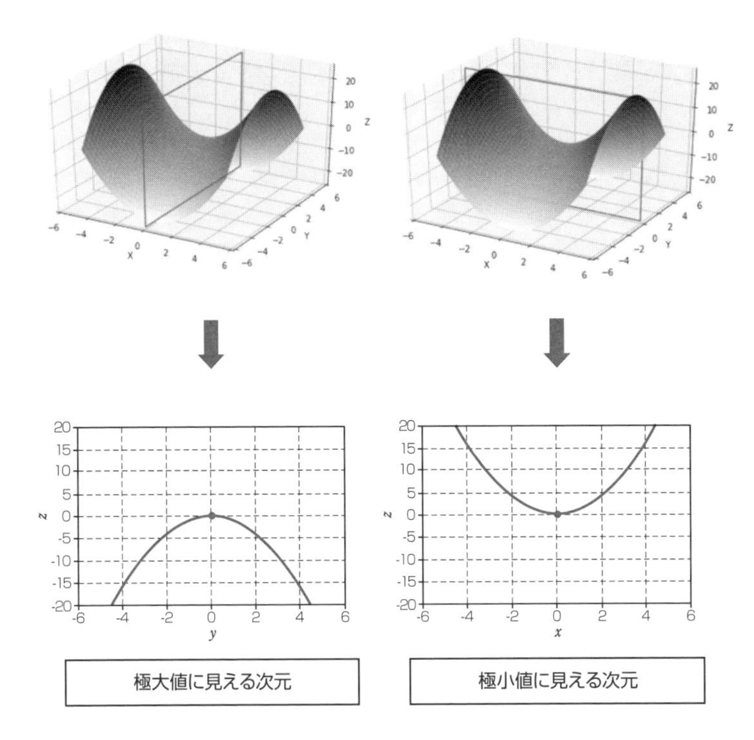

以上より、正解は選択肢1となります。

このような鞍点に一度陥ると抜け出すことが難しく、学習の妨げになります。

SGD

問8

➡問題　p.165

解答　(ア)1、(イ)2

解説

ニューラルネットワークの学習の手法の1つである**確率的勾配降下法**(SGD)はどのようなものであるか、またデータをどのように抜き出して使うのかのイメージを問う問題です。

データセット内のデータをすべて用いる手法は**バッチ学習**と呼ばれ、**最急降下法はこのバッチ学習の一種**と考えられます。

対して、データを1つずつ逐次的に用いて学習する手法を**オンライン学習**、いくつかのデータのまとまりを逐次的に用いて学習する手法を**ミニバッチ学習**と呼び、**SGDは最急降下法をオンライン学習またはミニバッチ学習に適応したもの**と考えられます。

このようにデータを抜き出しながら逐次的に学習を行う流れは、次頁の図のようになります。

■(ア)の解説

このように抜き出したデータで学習を行い、また次のデータを抜き出すということを繰り返しながら学習を行います。このときデータは**ランダム**に抜き出します。したがって、正解は選択肢1となります。

■(イ)の解説

SGDにおいては、求めた勾配を用いてパラメータを更新するとき単純に**学習率を掛けてパラメータから引く**ことで更新します。このときの勾配は、ランダムに抜き出されたデータを用いて求めた勾配です。したがって、正解は選択肢2となります。

SGDにさまざまな工夫を加えて改良した手法には、**モーメンタム**(Momentum)や**RMSProp**といった手法があります。

これらの手法は勾配を求めるところまではSGDと同じです。しかし、SGDでは単純に勾配に学習率を掛けて引いていた部分に工夫を加えることで、より良い手法に改良されています。

▼ **SGD（確率的勾配降下法）**

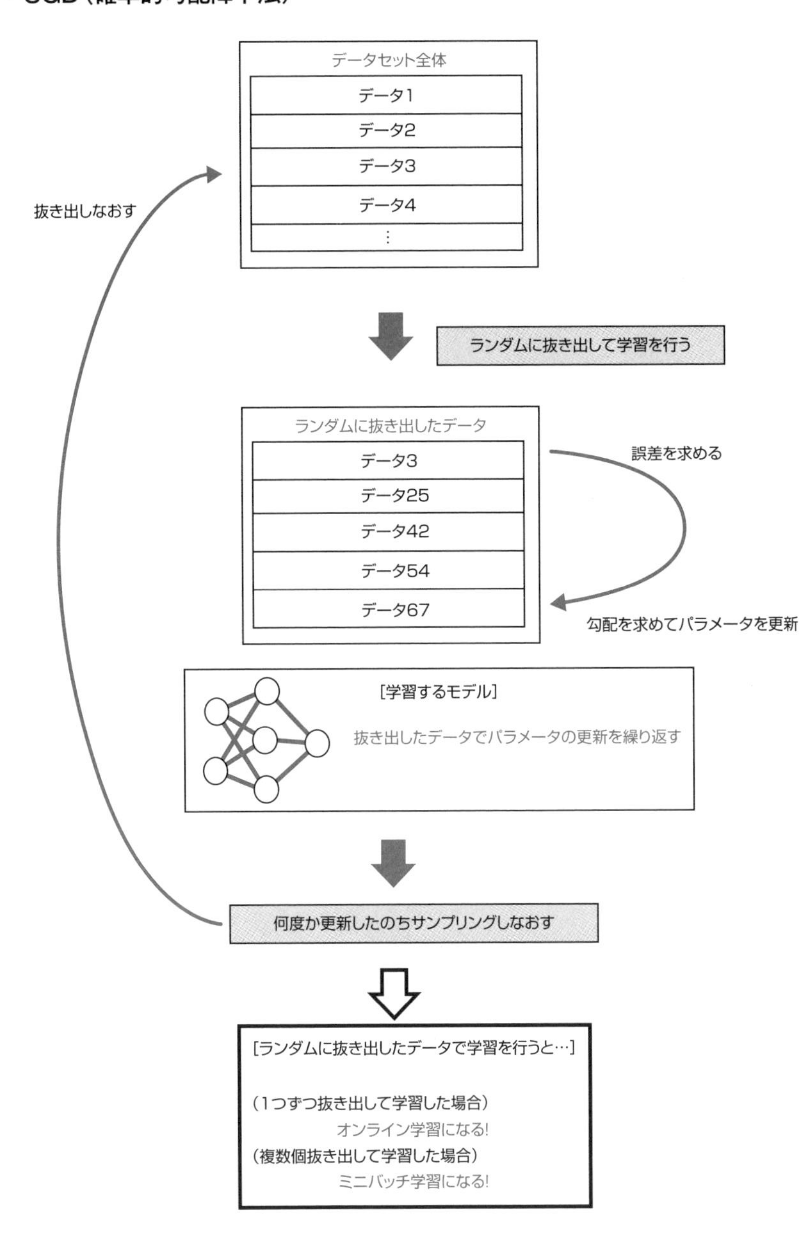

モーメンタム

問9

➡問題　p.166

解答　1

解説

モーメンタムの手法について、SGDにどのような工夫を加えられているのかを問う問題です。

モーメンタム(Monmentum)は、SGDに慣性的な性質を持たせた手法です。

このようにすることで最小値までたどり着く経路がSGDと比べて無駄の少ない動きとなっているとともに、停滞しやすい領域においても学習がうまくいきやすくなるといったメリットが考えられます。

以下の図は、パラメータが更新されていく経路を折れ線で表したものです。モーメンタム(右図)の方がより効率的に、最小値に収束していくことがイメージできます。

▼パラメータが更新されていく経路

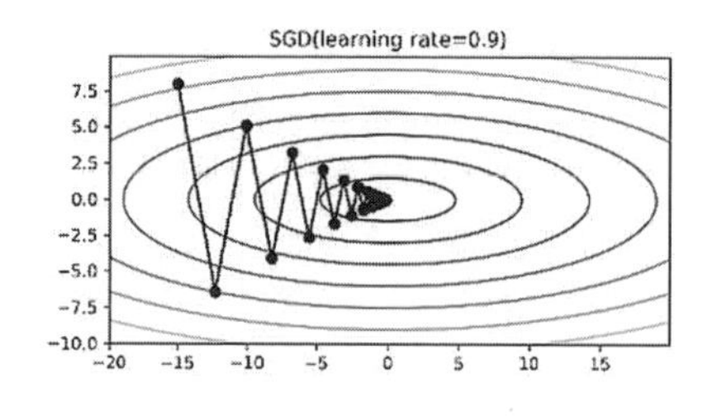

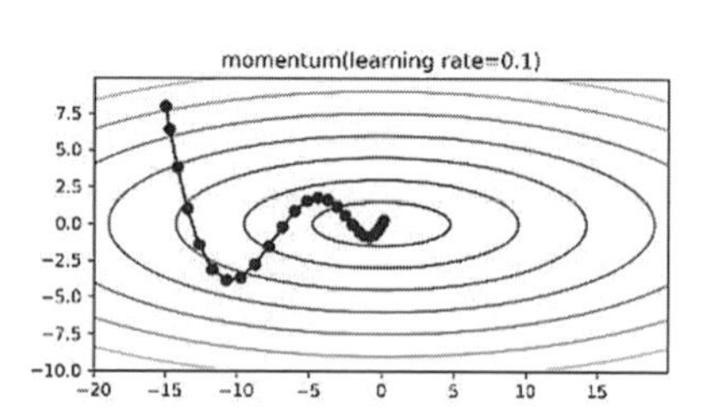

問10

➡問題　p.166

解答　(ア) 2、(ア) 1

解説

ニューラルネットワークで用いられている**勾配降下法の最適化手法**に関して、どのようなものが考えられてきたのかを問う問題です。

■(ア)の解説

(ア)に当てはまる手法は、**AdaGrad**と呼ばれる手法です。この手法は勾配降下法においてパラメータ毎の学習率を、勾配を用いて自動で更新するものです。

SGDでは**手動**で学習率を決めてすべてのパラメータに対して同じ値を用いていましたが、AdaGradでは勾配の情報を用いてパラメータ毎の**学習率を自動で調整**していくようなアルゴリズムになっています。

■（イ）の解説

（イ）に当てはまる手法はAdamと呼ばれる手法です。この手法はRMSPropを改良したものであり、2014年に発表されました。

最新の最適化手法

問11

➡問題　p.167

解答　（ア）3、（イ）4、（ウ）1

解説

最近のディープラーニングの最適化手法について、「どのような問題に対し新たな手法が提案されているか」を問う問題です。

■（ア）の解説

（ア）に当てはまる手法はAMSGradと呼ばれる手法です。この手法は「Adamの学習では学習率が大きくなりすぎることがある」という問題を解決した手法となっています。Adamでは学習率の変化を過去からの勾配情報を用いて行っていましたが、昔の勾配情報を長期的に残すことが困難だったため、重要な勾配情報を忘れてしまうことがありました。AMSGradは現在の勾配情報と過去の勾配情報を比べて重要な方を選択し、保存しておくことで不必要な勾配に関して学習率が大きくなりすぎることを防いでいます。

■（イ）の解説

（イ）に当てはまる手法はAdaBoundと呼ばれる手法です。この手法は「Adamの学習率が大きくなりすぎることや、小さくなりすぎる」という問題を解決した手法となっています。AdaBoundはAdamの学習率の変化に対して、学習率に上限と下限を用意し、その範囲を超えないように学習率を設定します。さらに学習率の上限と下限の幅を次第に狭めていき、最終的に一定値とすることでSGDのような効果を学習後半で期待します。これにより学習前半はAdamのような高速な学習を行い、学習後半ではSGDのような正確な学習を行うことができます。

■（ウ）の解説

（ウ）に当てはまる手法はAMSBoundと呼ばれる手法です。この手法はAMSGradに対してAdaBoundと同じ手法を適応させたものです。

ハイパーパラメータチューニング

問12

➡問題　p.168

解答　3

解説

ハイパーパラメータについて問う問題です。

グリッドサーチは、考え得るハイパーパラメータの組み合わせを全通り選択する探索方法です。グリッドサーチは最も良い組み合わせを見つけることができますが、ハイパーパラメータが多いと探索コストが非常に大きくなります(たとえば、3つハイパーパラメータがあり、それぞれが5つの値を持っている場合、その組み合わせは5の3乗の125回検証が必要)。

ランダムサーチは、ハイパーパラメータの組み合わせをランダムに選択する探索方法です。グリッドサーチより少ない回数で探索できますが、最適解を見つけられるかはわかりません。

また、その他にも**ベイズ最適化**というのもあり、これは結果が良かったハイパーパラメータの組み合わせに似た組み合わせをランダムに探索していきます。

5.3　さらなるテクニック

過学習

問1

➡問題　p.169

解答　(ア)2、(イ)1

解説

この問題は、過学習とはどのようなものかを確認するとともに、過学習が起きているときは、学習に用いたデータによる誤差の推移とテストデータによる誤差の推移にどのような傾向が現れるのかを問う問題です。

過学習は、学習に用いているデータにネットワークが**過剰適合**することです。このような過学習が発生してしまうと、例としてリンゴを見分けるモデルでは、次の図のようなイメージで正しい判断ができなくなってしまいます。

▼リンゴを見分けるモデルの例

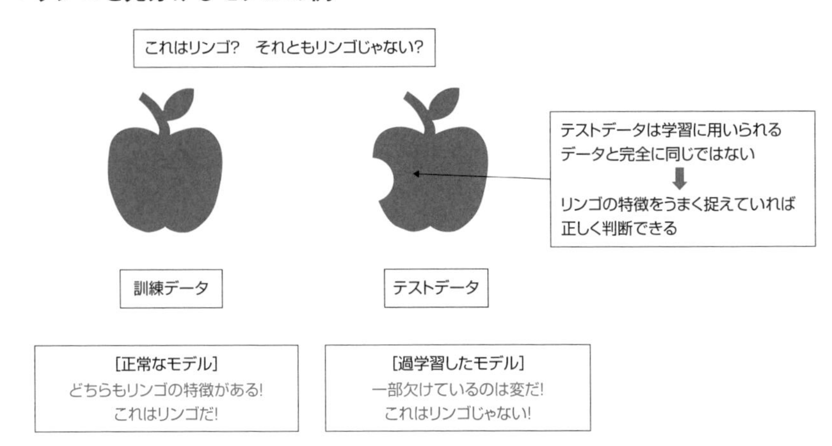

このように過学習が発生したときは、学習に用いているデータによる誤差は減少する一方ですが、学習に用いていないデータの誤差は過学習により途中から上昇に転じます。

▼損失の推移

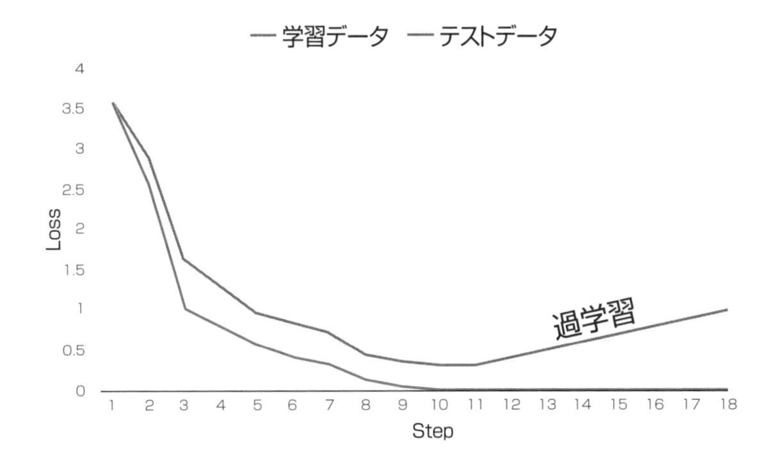

したがって、十分学習が進み、過学習が発生している場合では、訓練データによる誤差は十分小さな値に留まるため、(ア)の正解は選択肢2となります。

また、過学習が起きるとテストデータによる誤差は上昇に転じるため、(イ)の正解は選択肢1となります。

二重降下現象

問2

➡問題　p.170

解答　3

解説

二重降下現象についての問題です。

二重降下現象とは、モデルのパラメータ数や学習のエポック数が増える毎に、学習結果のエラーが二度降下する現象のことです。

たとえば、モデルのパラメータ数が少ないとき、またはエポック数が少ないときから増加させていくと、エラーが降下(減少)していく傾向にあるが、さらに増加していくとエラーは上昇していき、さらに増加させていくとエラーが降下していく現象です。

以下の図にモデルのパラメータ数を増加していく例を示します。このときのエポック数は固定です。横軸はパラメータ数を表し、縦軸は訓練誤差(エラー)を示しています。黒の点線は実際の機械学習(ML)の予想される動きで、パラメータ数が少ないときはエラーが高いと予想されていることを意味します。青の点線は統計学者から見た予想で、パラメータ数が増えるとエラーが高くなると予想されていることを意味します。

実際のラインは青の実線で、どちらの予想も裏切るように二度降下していることがわかります。

モデルのパラメータ数を固定して、エポック数を増加したときの実験でも、似たような二重降下現象が起きます。この現象は現在も原因が解明されておらず、研究が続いています。

▼二重降下現象(エポック数を固定)

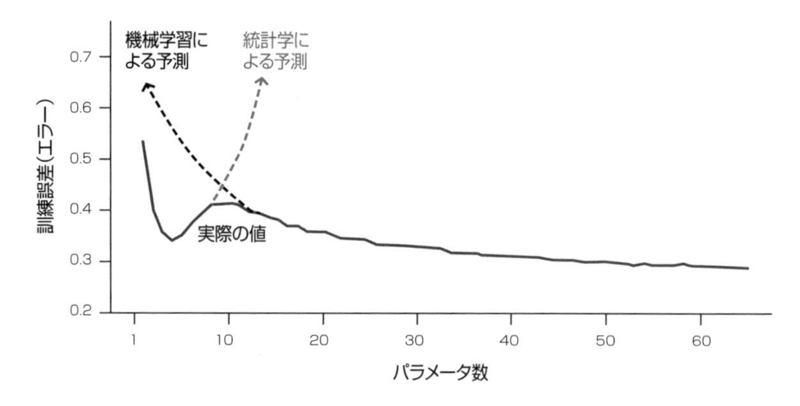

ドロップアウト

問3

➡問題　p.170

解答　（ア）1、（イ）2

解説

■（ア）の解説

ドロップアウトは、学習中**ランダムにノードを除外して学習を行う**手法であり、このことにより以下の図のように一時的にネットワークの形が変化することになります。したがって、学習中は**エポック**毎に形の変化したネットワークを学習することになります。この状態は形の違う複数のネットワークを同時に学習している状態に近いと考えることができるため、正解は選択肢1となります。

▼ドロップアウト－学習時

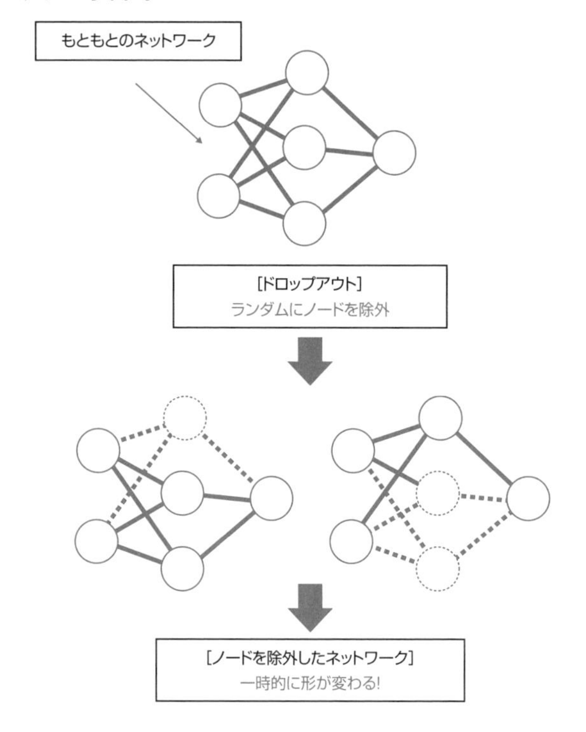

■（イ）の解説

ドロップアウトは、複数のネットワークを同時に学習することで、次頁の図のイメージのように過学習の影響を緩和することが期待できます。

▼ドロップアウト－推論時

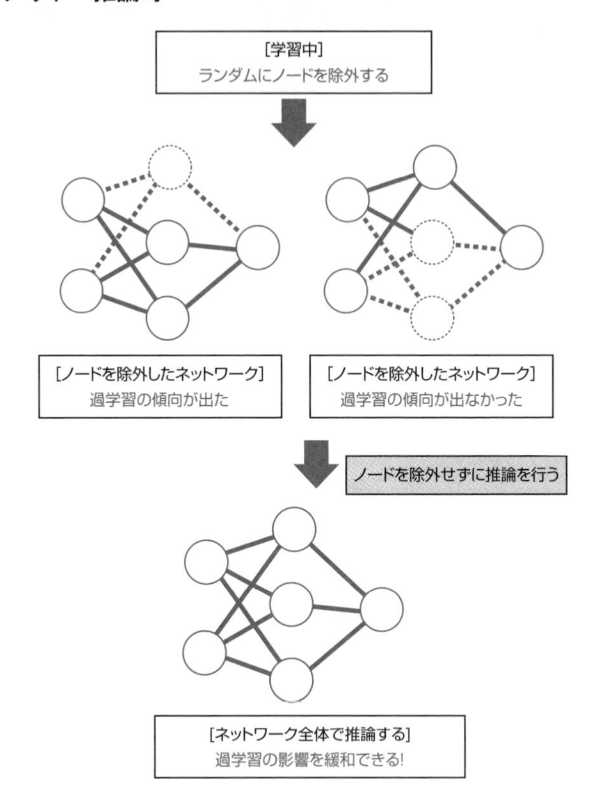

ドロップアウトを用いると、このような**複数のネットワークで推論を行う**手法に近い状態となるため、これは**アンサンブル学習**(複数のモデルを学習し結果を統合する手法)を行っていると考えられます。よって、正解は選択肢2となります。

early stopping

問4

➡問題　p.171

解答　（ア）2、（イ）2

解説

■（ア）の解説

early stoppingは、学習の際、**過学習が起きる前に学習を切り上げることで、**過学習の影響を緩和しようという手法です。イメージとしては、以下の図のようなタイミングを見つけたときに学習を打ち切ります。

▼学習を打ち切るタイミング

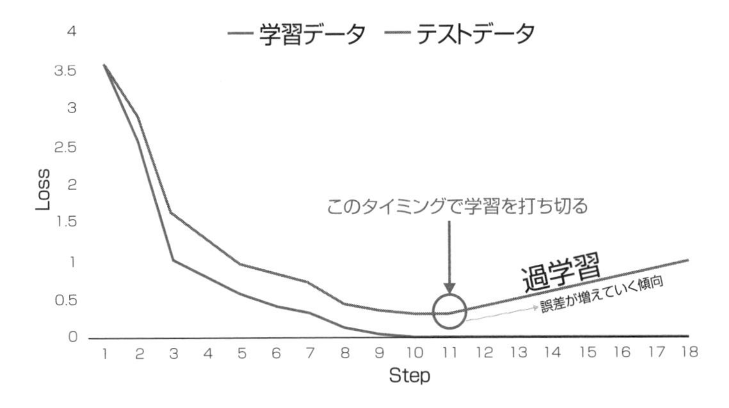

この図のように、だんだんとテストデータに対する誤差が増えていく傾向に転じる分岐点がわかれば、そのタイミングで学習を打ち切れば良いことがわかります。しかし、このような傾向を学習中に見出すのには少しコツが必要になります。

それは、学習中はその後の誤差がどのように変化していくのか正確にはわからないためであり、具体的なイメージとしては、次頁の図のような状態で判断する必要があるからです。

▼学習を打ち切る判断

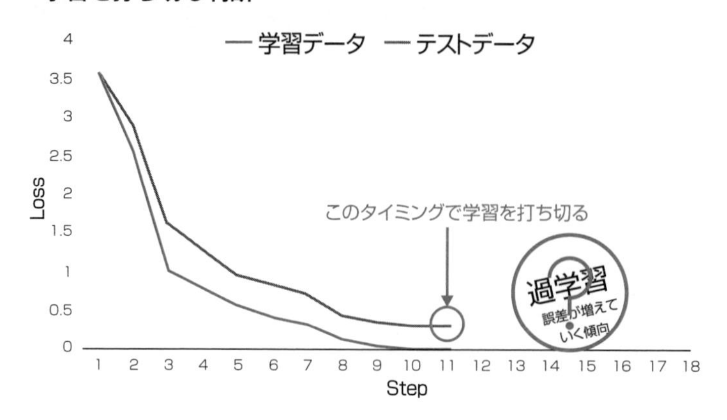

このような状態において、現在の状態からわかる過学習が起き始める傾向の基準として最も適切なものは、直近のいくつかのテストデータに対する誤差が上昇傾向に転じるというものです。したがって、正解は選択肢2となります。

●誤りの選択肢の解説

選択肢1「訓練データに対する誤差関数の値が変化しなくなったとき」

訓練データに対する誤差関数の値が変化しなくなっても、すぐ過学習が起きるわけではなく、テストデータに対する誤差の値は減少を続けることがあります。したがって、選択肢1は誤りとなります。

選択肢3「訓練データに対する誤差関数の値が大きく減少したとき」

訓練データに対する誤差関数の値が大きく減少したときは、まだ学習途中であり、学習を進めることでより良いモデルになると考えられます。また訓練データの誤差だけでは過学習が起きているかどうかの判断は難しく、これらの条件を過学習が起き始めを判断する基準に用いるのは適切ではありません。したがって、選択肢3は誤りとなります。

選択肢4「テストデータに対する誤差関数の値が大きく減少したとき」

テストデータに対する誤差の値が大きく減少したときは、まだまだ学習を進めることで良いモデルになることが考えられます。したがって、このようなときはこの誤差が上昇傾向に転じるまで学習を続けるべきであるため、選択肢4は誤りとなります。

■(イ)の解説

基本的にearly stoppingの手法は、さまざまな機械学習の手法に適応できます。

その中でニューラルネットワークを持つモデルに適応した場合のメリットとして、選択肢内において適切なものは、「どんな形状のネットワークの学習においてもても容易に適応できる」という点です。early stoppingは、テストデータの誤差関数の推移か実行のタイミングを判断できるので、どのような形のネットワークでも同じ方法で適応することができます。したがって、正解は選択肢2となります。

●誤りの選択肢の解説

選択肢1「テストデータに対する誤差関数の値がより早く減少する」

early stoppingは、過学習が起き始めるタイミングを見つけるのに、テストデータに対する誤差の値を利用しますが、この誤差を早く減少させるといったような効果はありません。したがって、選択肢1は誤りとなります。

選択肢3「モデルのパラメータを削減できる」

early stoppingは、基本的に適応するモデルにパラメータ数がいくつあっても適応できますが、そのモデルのパラメータを削減するような効果はありません。したがって、選択肢3は誤りとなります。

選択肢4「モデルのパラメータの初期値に対する依存性を下げることができる」

early stoppingは、学習の終盤で作用することで過学習を防ぐ効果を持つものであり、モデルのパラメータの初期値に対する依存性を下げる効果はありません。したがって、選択肢4は誤りとなります。

データの正規化

問5

➡問題 p.172

解答 1

解説

データの正規化のイメージを問う問題です。

正規化にはさまざまな種類がありますが、今回はすべてのデータを**[0,1]（0以上1以下）の範囲**に収めるような正規化を行うことを考えます。

このとき以下の表のデータに対して、特徴量1の最大値を120、特徴量2の最大値を0.4とし、この最大値で各特徴量を割ることを考えると以下のようになります。

▼今回の正規化

集めたデータ(正規化前)

	特徴量1(最大値120)	特徴量2(最大値0.4)
データ1	100	0.4
データ2	120	0.2
データ3	50	0
データ4	0	0.3
…	…	…

集めたデータ(正規化後)

	特徴量1(**最大値120**)	特徴量2(**最大値0.4**)
データ1	100/120(0.83)	0.4/0.4(1.00)
データ2	120/120(1.00)	0.2/0.4(0.50)
データ3	50/120(0.42)	0/0.4(0.00)
データ4	0/120(0.00)	0.3/0.4(0.75)
…	…	…

このような操作をすることでデータ中の最大値が1となりその他のデータが1以下になることから、[0,1]の範囲に正規化されることがわかります。

したがって、正解は選択肢1となります。

●選択肢2について:「各特徴量の値を100で割る」

この操作を行った場合、データの数値が100より大きいと変換後の値が1を超えてしまいます。したがって、この選択肢は誤りとなります。

●選択肢3について:「各データの特徴量から対応する特徴量の平均値を引く」

この操作を行った場合、平均より小さい値は負の値に変換されてしまいます。また平均より大きな値でも必ずしも[0,1]の範囲に収まるとは限りません。したがって、この選択肢は誤りとなります。

●選択肢4について:「各データの特徴量を対応する特徴量の平均値で割る」

この操作を行った場合、平均より大きな値はすべて変換後に1を超えてしまいます。したがって、この選択肢は誤りとなります。

問6

➡問題　p.173

解答　　2

解説

まず、データの平均と分散について、**平均とはデータの中間的な値**であり、**分散とはデータのばらつきを表す値**です。

したがって、平均や分散が異なると以下の図のような違いが生じます。

▼平均による違い

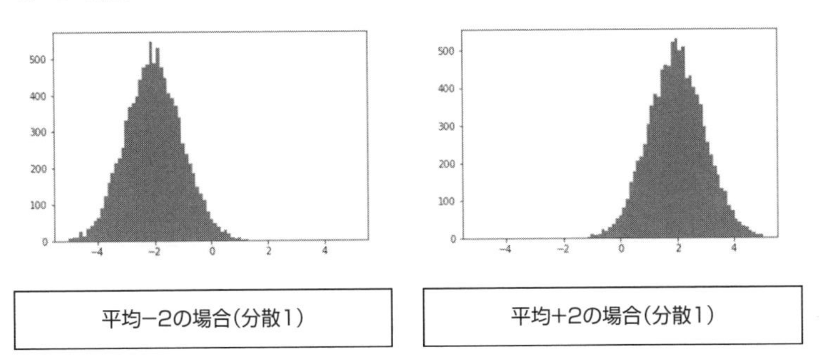

平均−2の場合(分散1)　　平均+2の場合(分散1)

▼分散による違い

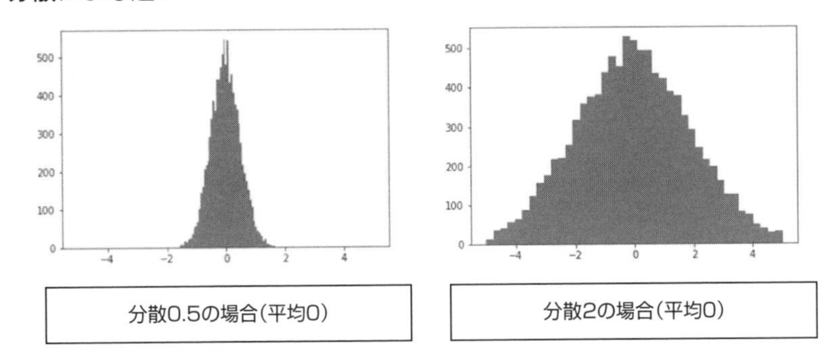

分散0.5の場合(平均0)　　分散2の場合(平均0)

このように、平均が異なるとヒストグラムにおいて全体が平行移動するような違いが発生します。また分散が異なると分布の広がりが変化するような違いが発生します。

これらを踏まえて**標準化は任意の分布を平均0、分散1に変形する操作**であることから、正解は選択肢2であることがわかります。

▼**標準化したデータ**

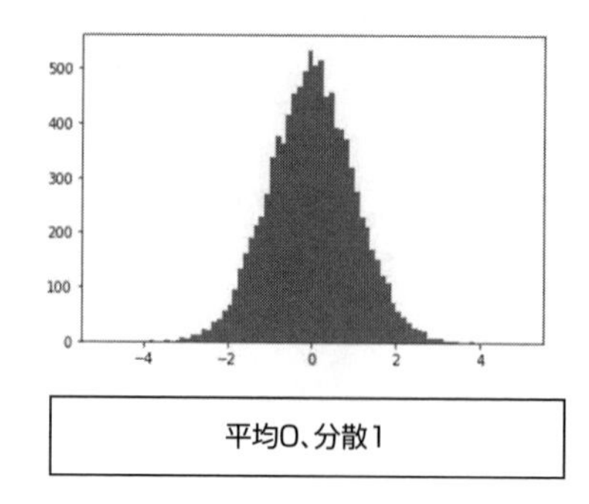

平均0、分散1

具体的な計算方法として、標準化を実際に行うためには、まずもとのデータの平均と分散を求めます。

ここでもとのデータから求めた平均と分散を使って、標準化したデータは、

$$\text{標準化したデータ} = \frac{\text{もとのデータ} - \text{平均}}{\text{分散}}$$

という計算を行うことで得られます(もとデータから平均を引いた後、分散で割る操作を行う)。

問7

➡問題　p.174

解答　1

解説

データの白色化のイメージを問う問題です。

白色化とは、データを**無相関化**してから**標準化**を行うものです。ここで**データの相関**とは、データ間にある関係性を表すものであり、問題文のデータにおいては、次の図のように正の相関があり、$x0$が増加すると$x1$も増加していくという関係があることがわかります。

▼問題文のデータ

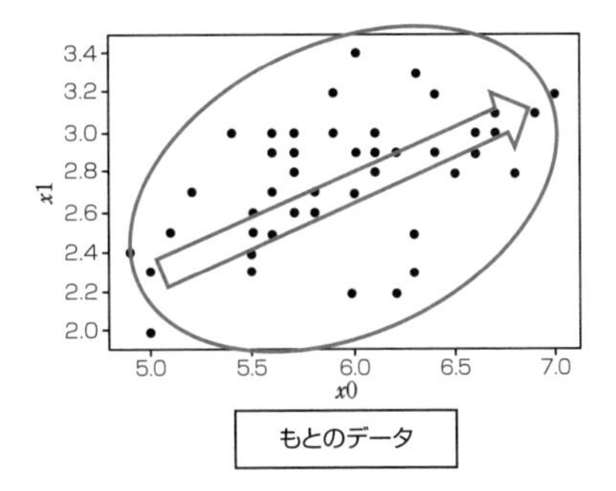

ここでデータに対し、相関を0にするという操作を行うことができます。

このデータに対し、そのような操作（無相関化）を行うと、以下の図のようになります。

▼無相関化を行ったデータ

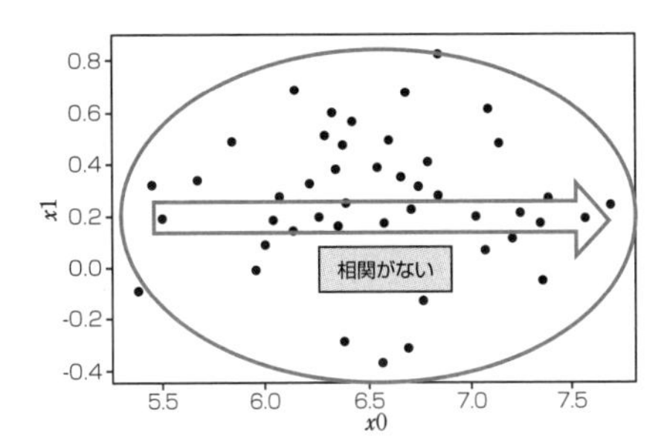

このデータに対し、標準化（平均0、分散1に合わせる）を行うことで、次頁の図のように白色化したデータを得られます。

▼**白色化を行ったデータ**

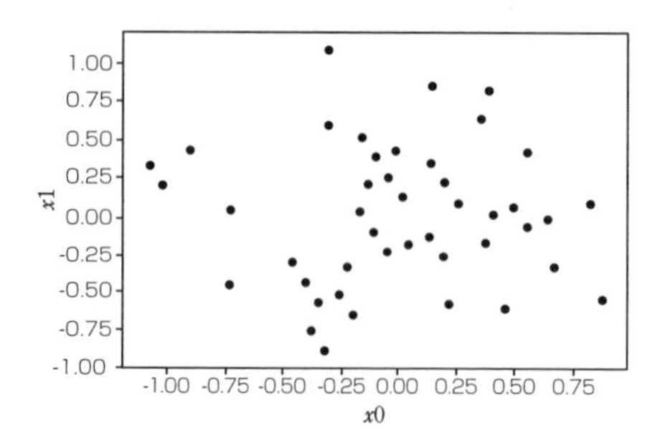

以上より、正解は選択肢1となります。

重みの初期値

問8

➡問題　p.175

解答　1

解説

この問題は、ニューラルネットワークで用いられる重みの初期値について、各層に用いられている活性化関数によって、どのような初期値を設定するのが良いかを問う問題です。

この問題において、初期値を特定の分布に従った乱数で設定するのは、ニューラルネットワークの各層において、**活性化関数を通した後の値に適度なばらつきを持たせたい**、ということが目的になります。

たとえば、このような分布に偏りが生じている場合、ある層での出力が1または0の2種類に偏ってしまうと勾配消失問題が発生し、0.5などの1つの数値に偏ってしまうとネットワークの表現力に制限が掛かってしまうと考えられます。

このような問題に対し、ノードの初期値を適切な分布から生成される乱数で設定するというアプローチが考えられており、**各層で使用している活性化関数がシグモイド関数（sigmoid関数）やtanh関数の場合は、ノードの初期値としてXavierの初期値を用いると良い**と提案されています。これは各層の出力を同じ広がりのある分布にすることを目的として求められた値であり、$\sqrt{\frac{1}{n}}$の標準偏差を持つガウス分布より生成される乱数です。

ただし、Xavierの論文では、次層のノード数も考慮したより複雑な設定値が提案されており、ここではそれを単純化したものを用いています。

一方、**ReLU関数を活性化関数として用いた場合、Heの初期値を用いるのが良い**と提案されています。Heの初期値は、Xavierの初期値と比較して、より大きな広がりを持った分布によって生成される乱数です。ReLU関数は入力が負の値の場合出力が0になります。そこで、各層の出力に広がりを持たせるには、初期値により広がりを持たせなければいけないと考えられ、このような設定値となっているとイメージできます。したがって、正解は選択肢1となります。

バッチ正規化

問9

➡問題　p.176

解答　(ア)1、(ア)2

解説

■(ア)の解説

この問題はバッチ正規化のイメージとその効果を問う問題です。

バッチ正規化は、ニューラルネットワークの各層で**前の層から伝わってきたデータに対してもう一度正規化**を行うもので、具体的には図のようになります。

▼バッチ正規化

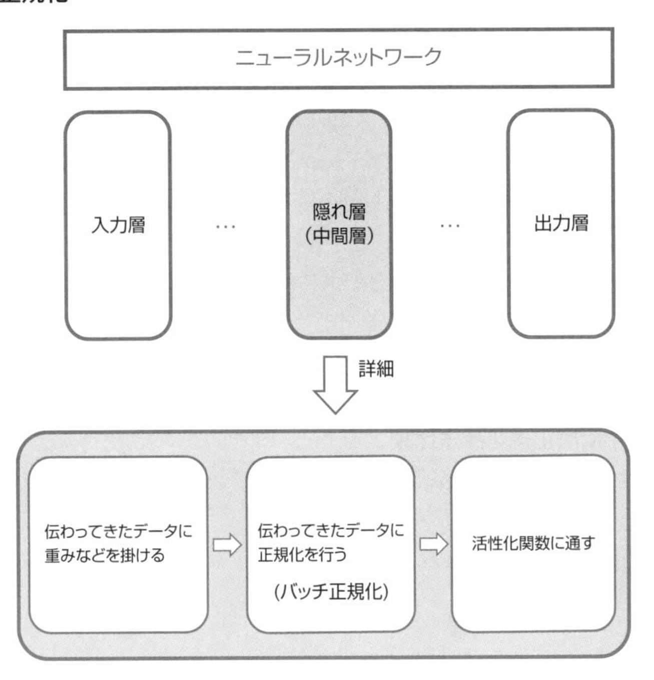

このようにデータを入力する前だけでなく、ニューラルネットワークの内部でも正規化を行います。したがって、正解は選択肢1となります。

■(イ)の解説

バッチ正規化を行うことにより、ニューラルネットワークの計算においては**過学習が起きにくくなる**ことが知られています。したがって、正解は選択肢2となります。

また学習において、**重みの初期値に対する依存性を下げる効果**が期待できます。他にも学習率を大きな値に設定しても、学習がうまくいきやすくなったりするなど、さまざまなメリットがあり、実際にバッチ正規化は多くのモデルで用いられている手法になります。

コラム　バッチ正規化の派生

バッチ正規化には、その他の派生としてLayer Normalozation、Instance Normalization、Group Normalizationがあります(図参照)。Cが特徴マップのチャネル、Nがミニバッチ数、H、Wが特徴マップのサイズです。グレーの部分が正規化を行う領域を示しており、バッチ正規化がバッチ方向に正規化しているのに対し、Layer Norm.は1サンプルに対しての全特徴マップでの正規化、Instance Norm.は1特徴マップに対しての正規化、Group Norm.はグループ分けした数チャネルに対しての正規化です。

バッチ正規化は、バッチ数が少ない場合での学習では荒い統計量(平均と分散)を使うためノイズに弱く、また時系列を扱うRNNにおいては各時間に対して統計量が異なるにも関わらず、バッチで扱うのは好ましくないといわれています。**Layer Norm.**は1サンプルにのみ集中することでRNNのような時系列を考慮するモデルに使われます。**Instance Norm.**は特徴マップレベルで細分化が必要なStyle Transferのような生成系のモデルで使われます。**Group Norm.**はグループに分けるバランス調整をする必要がありますが、LayerとInstanceを合わせて使うことで、バッチ正規化よりも精度向上を狙うことができます。

▼4つの中間層正規化手法比較

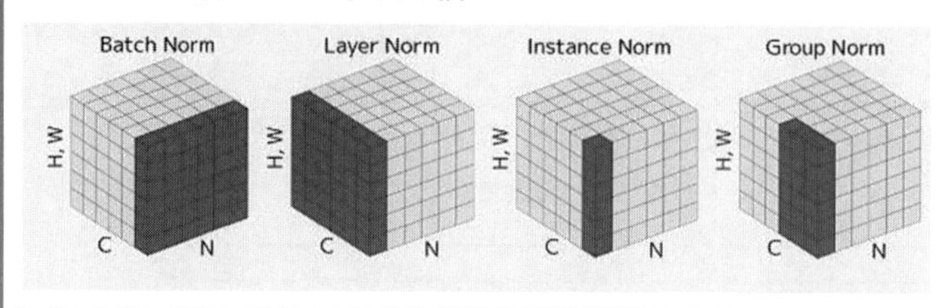

5.4　CNN：畳み込みニューラルネットワーク

画像データの扱い

問1

➡問題　p.177

解答　　2

解説

　畳み込みニューラルネットワーク（CNN）はどのようなものであるのかのイメージを確認するとともに、その特徴を問う問題です。

　まず、一般的な1次元のデータ（製品毎の1期分の売り上げデータなど）や画像データは以下の図のような形をしているとイメージできます。

▼一般的な1次元データと画像データ

1次元の数値データ

製品1	10
製品2	15
製品3	20
製品4	23
製品5	15
製品6	13
製品7	10

画像データ(2次元)

255	0	255	0	0	0
0	255	0	0	0	0
255	0	255	0	0	0
0	0	0	0	255	0
0	0	0	255	0	255
0	0	0	0	255	0

色を付ける(255:白、0:黒)

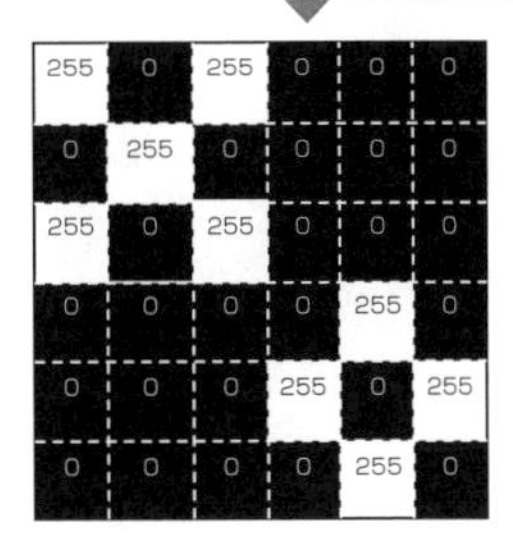

255	0	255	0	0	0
0	255	0	0	0	0
255	0	255	0	0	0
0	0	0	0	255	0
0	0	0	255	0	255
0	0	0	0	255	0

　このように、ニューラルネットワークで学習したいデータには、さまざまな種類がありますが、画像データには、他の種類のデータと比べて特徴的な部分があります。

　画像データからその画像に映っているものの特徴量を学習するためには、一つひとつのマスを個別に扱うのではなく、複数のマスの領域から得られる情報を学習することが重要です。

▼複数のマスの領域から得られる情報を学習

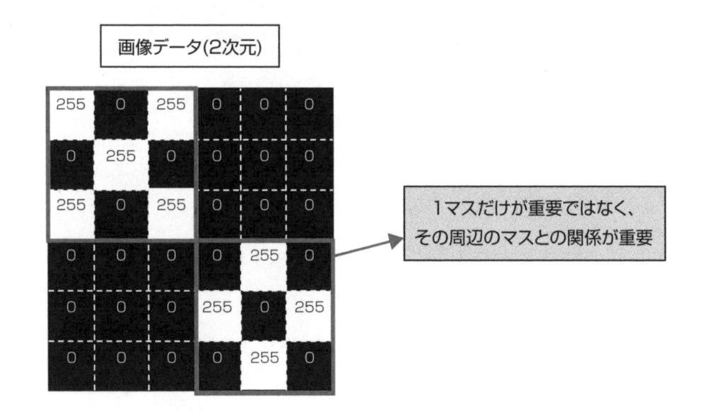

ここで、もし画像データを1次元のデータを扱う基本的なニューラルネットワーク(多層パーセプトロン)に入力しようとすると、たとえば、以下の図のように画像データを無理やり1次元のデータに変換しなければいけません。

▼画像データを1次元データに変換

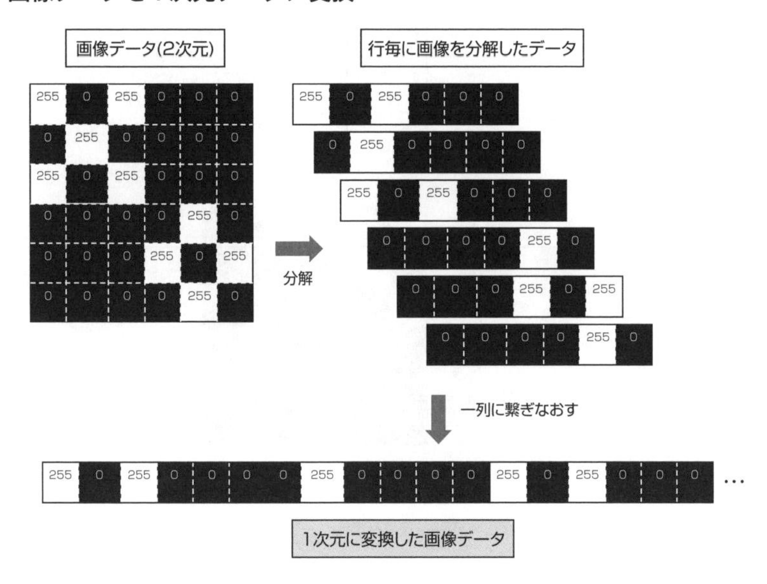

このような変換を行ってしまうと、画像に映っている**物体の位置情報**が失われてしまいます。

このような問題を解決するために、CNNでは畳み込み演算と呼ばれる処理を用いることで、画像を2次元データのままネットワークに入力して学習・推論を行うことを実現しています。したがって、画像に映っている位置情報を維持した上で学習・推論を行えると考えることができます。

以上より、正解は選択肢2となります。

畳み込み

問2

➡問題　p.178

解答　3

解説

CNNで用いられている畳み込み演算について、その演算がどのようなものであるかのイメージを問う問題です。

まず、畳み込み演算によって得られる処理後のデータにおいて、1つ分の要素は以下の図のように計算されます。

▼畳み込みの計算1

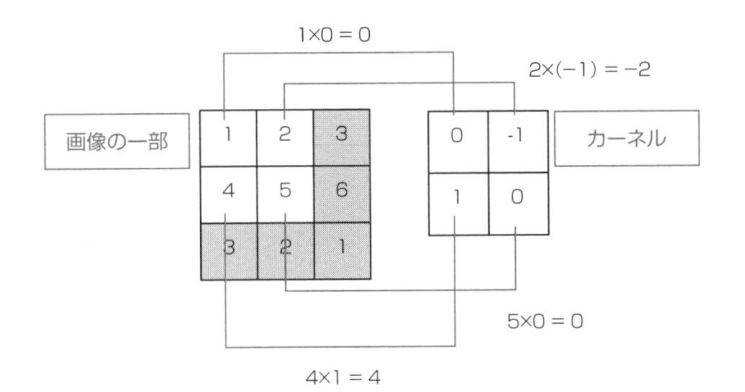

（次頁へ続く）

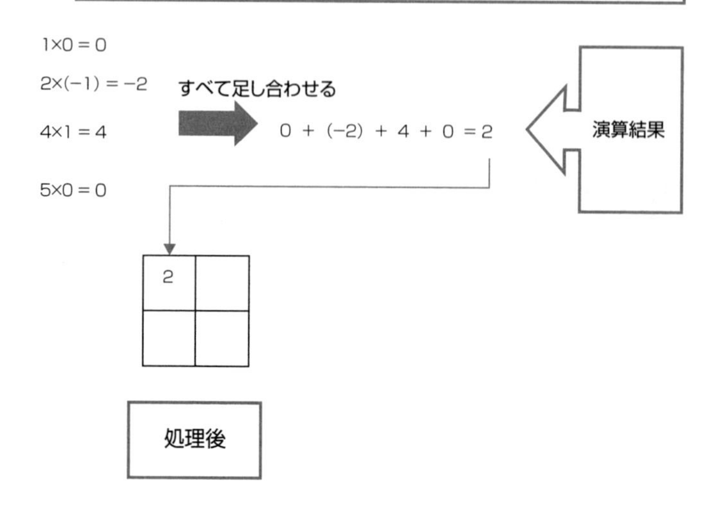

次にカーネルをずらすように移動させることで画像演算を行う画像の領域を変化させ、同様の演算を行っていきます。

▼畳み込みの計算2

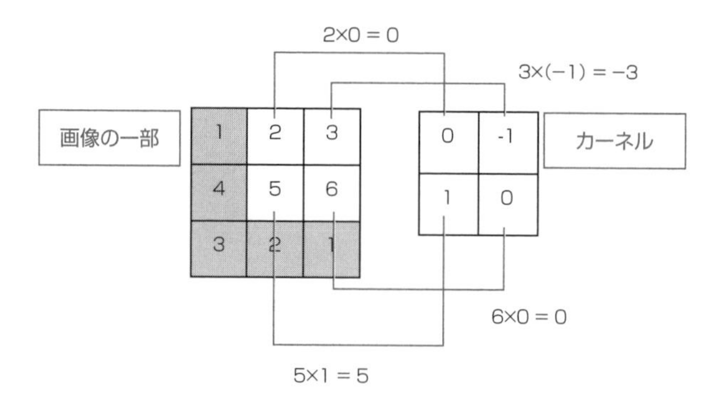

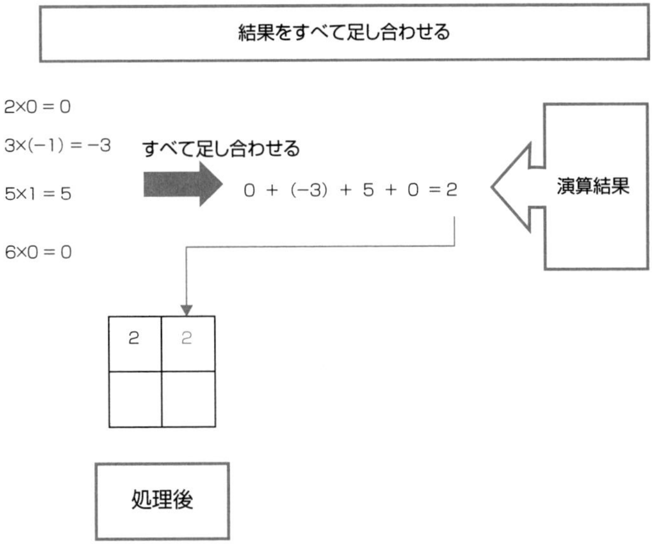

結果をすべて足し合わせる

2×0＝0

3×(−1)＝−3

5×1＝5

6×0＝0

すべて足し合わせる

0 ＋ (−3) ＋ 5 ＋ 0 ＝2

演算結果

2	2

処理後

　このようにカーネルをずらすことで、カーネルを適応する画像の領域を変化させた演算結果を求めることができます。

　このような計算を繰り返していき、最終的に画像データのすべての領域に対しカーネルを適応することで畳み込み演算による結果が得られます。

　以上より、正解は選択肢3となります。

問3

➡問題　p.178

解答　　2

解説

　この問題は、CNNがどのような値をニューラルネットワークの重みとして学習するのかを問う問題です。

　畳み込み演算においてカーネルのサイズ、カーネルの中の数値、**ストライド**、**パディング**の有無などが1つでも異なると、どれも異なる特徴マップが得られます。

　この中で基本的なCNNでは、ニューラルネットワークの重みとして、カーネルの中の数値を重みとして、学習により最適化します。一方、**カーネルサイズ**や**ストライド**、**パディングは学習前に人の手で決定されるパラメータ（ハイパーパラメータ）**となります。したがって、正解は選択肢2となります。

　実際のCNNでは、畳み込み層でこの畳み込み演算が行われますが、次頁の図のように1層の中に複数のカーネルが含まれ、カーネルの枚数と同じ枚数の特徴マップが生成されて次の層に伝播します。

▼特徴マップの作成

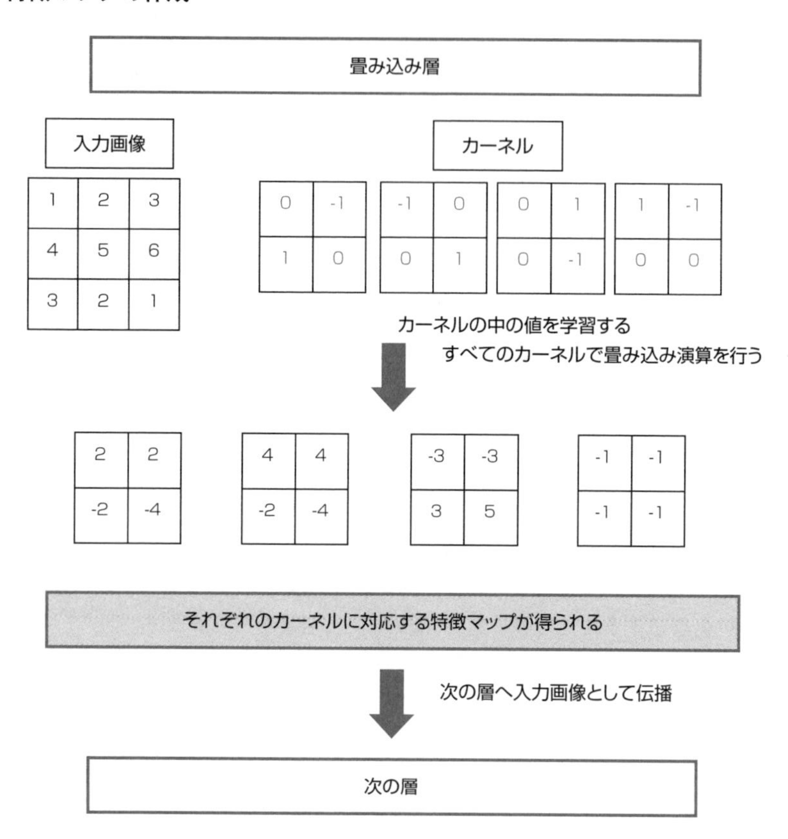

プーリング

問4

➡問題　p.180

解答　（ア）1、（イ）1、（ウ）2

解説

この問題は、**プーリング処理**がどのような処理なのかを確認するとともに、プーリング処理を加えることによって、モデルが画像のどのような違いに対して、精度を上げることができるかを問う問題です。

■（ア）の解説

選択肢の各特徴マップに対し2×2の領域毎にmaxプーリングを行うと次のようになります。

▼各特徴マップにmaxプーリングを行う

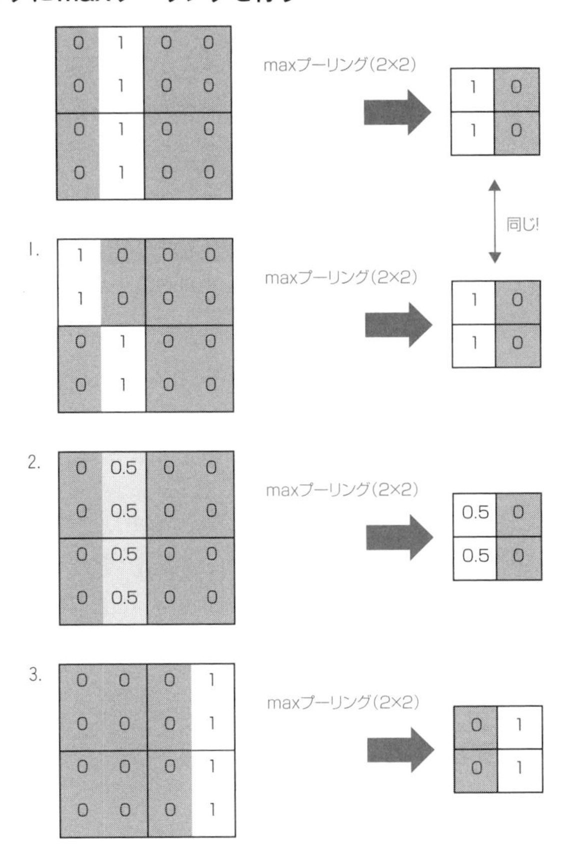

以上より、プーリング処理によって同じ特徴マップに変換される組合せがわかります。したがって、正解は選択肢1となります。

■（イ）の解説

プーリング処理は、特徴マップをより小さな特徴マップへと圧縮します。

その中でわずかな位置の違いを含む特徴マップは、（ア）のようにプーリング処理によって位置の違いが吸収されてしまうことになります。

したがって、モデルが画像に映っている物体のわずかな位置の違いを過学習してしまうといったような問題を防ぐことになり、これらの違いを含むデータセットに対し精度が上がることが期待できます。

したがって、正解は選択肢1となります。

■(ウ)の解説

プーリング処理は、あらかじめハイパーパラメータとしてどのようなサイズでプーリングを行うかを手動で決定しますが、その後のプーリング処理は「最大値を取る」や「平均値を取る」といった決まった計算のみで実現することができます。

したがって、**プーリング層は学習によって最適化されるパラメータ(重み)を持っていません**。正解は選択肢2となります。

全結合層

問5

➡問題　p.182

解答　3

解説

この問題は、CNNにおける全結合層の役割がどのようなものかを確認するとともに、全結合層の具体的な構造について問う問題です。

全結合層は、CNNではない通常のニューラルネットワーク(多層パーセプトロンなど)に用いられている層と同じ構造をしているものです。

CNNでは、画像を2次元のまま特徴マップとしてニューラルネットワークを伝播することで、画像の持つ位置情報から特徴量を学習することができます。

しかし、入力が画像の場合では、特徴マップは2次元の形をしているため、正解ラベルと比較ができず、誤差が計算できません。そこで特徴マップを1次元に変換したのち、全結合層に伝えることで誤差が計算できるようになります。

したがって、正解は選択肢3となります。

また、データの全領域を使う全結合層に対して、畳み込みがデータの局所領域を使って特徴抽出を行う構造であることから、CNNの畳み込みのような構造を**局所結合構造**と呼ぶこともあります。

問6

➡問題　p.183

解答　1

解説

Global Average Poolingとは、どのようなものであるかを確認するとともに、そのメリットを問う問題です。

Global Average Poolingは、特徴マップと分類したいクラスを1対1対応させる手法であり、具体的にCNNに用いると以下の図のようになります。

▼Global Average Pooling（GAP）を用いたCNN

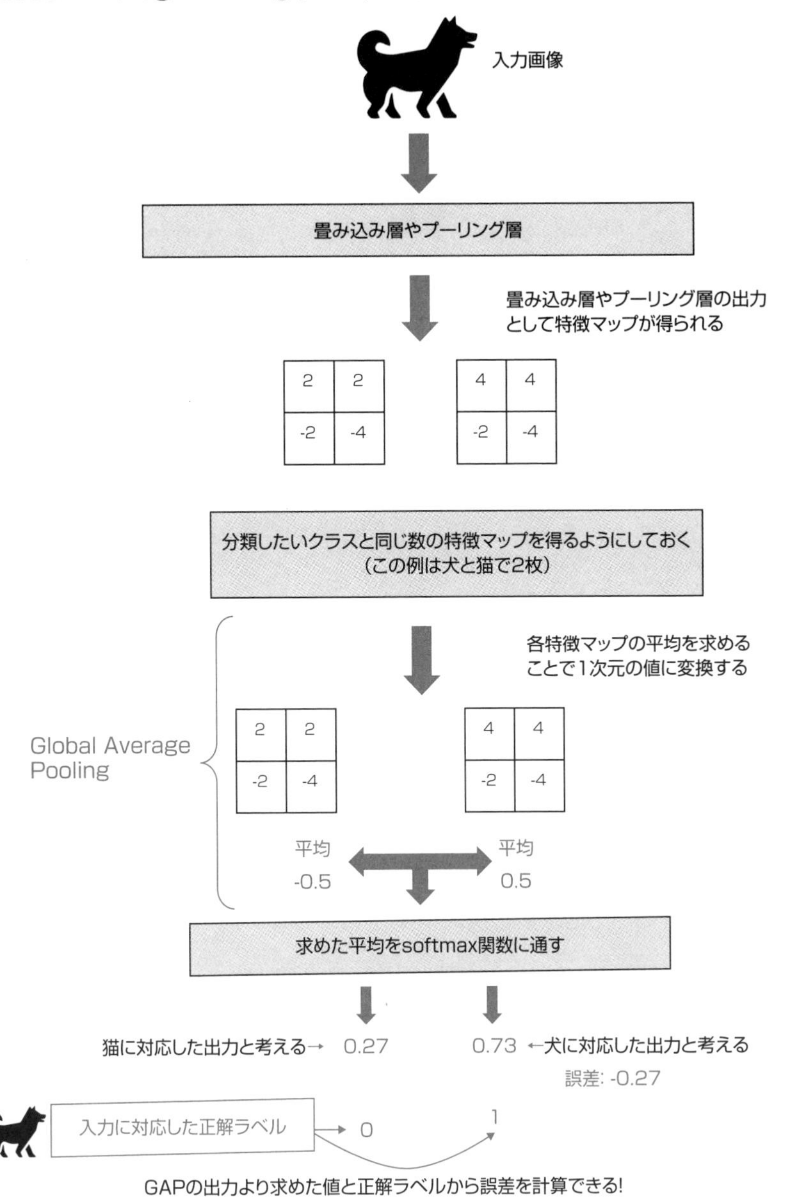

ここで補足として、Global Average Poolingを行う前に、特徴マップの数と分類したいクラス数を特に合わせたりせずに、GAPを行った後に全結合層を付けることで、分類したいクラス数と出力の数を合わせる方法もあります。この問題では、GAPを行う前に分類したいクラス数と特徴マップの数を合わせる場合の説明をしました。

特徴マップを1次元に並べるように展開し、全結合層に接続した場合、全結合層では、特徴マップが持っていた値に比例する数のパラメータを持つことになります。多くの場合これは非常に多いパラメータ数となり、過学習などの原因となってしまいます。

一方、Global Average Poolingを用いた場合には、このような**特徴マップの値をすべて使用して全結合をすることがなくなるので、パラメータ数を削減できます**。このようにパラメータ数が削減されることで過学習の軽減などに繋がります。したがって、正解は選択肢1となります。

畳み込み層の派生

問7

➡問題 p.184

解答 2

解説

Dilated Convolutionについての問題です。

正解は選択肢2で、**Dilated Convolutionはカーネルのパラメータ数は変わらず、**カーネルの間隔を広げることで広範囲の情報を畳み込みます。

以下に例を図で示します。色が塗られている部分が畳み込みの見る部分で、中心を青色で示しています。この畳み込みの見る範囲はrateの数だけ間隔が開きます。そのため通常の畳み込みはDilated Convolutionのrateが1のときと解釈する

▼**Dilated Convolutionの例**

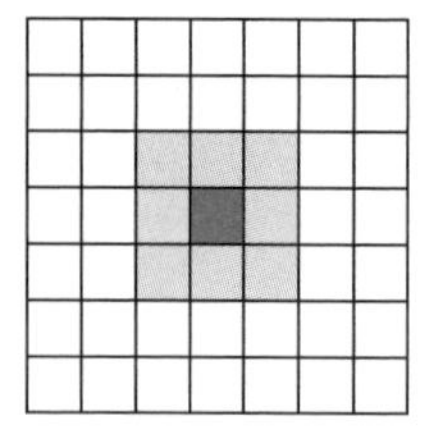

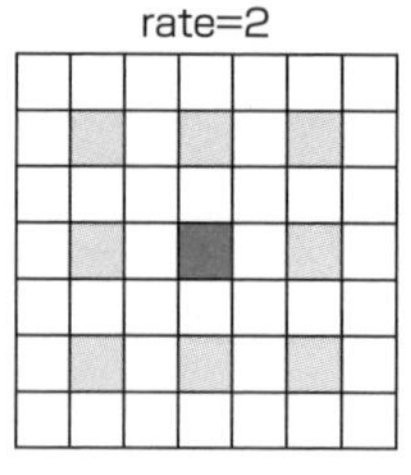

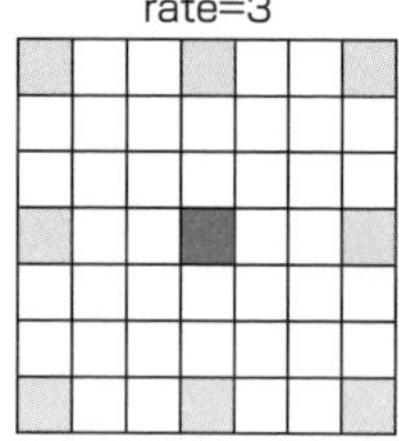

こともできます。このrateという間隔はハイパーパラメータにより決めることができます。また、Atorus Convolutionと呼ばれることもあります。

問8

➡問題 p.184

解答 3

解説

Depthwise Separable Convolutionについての問題です。

正解は選択肢3で、**Depthwise Separable Convolution**は通常の畳み込み層を2つの畳み込み層に分解します。

以下に通常の畳み込み層の例と、Depthwise Separable Convolutionの例を図で示します。通常の畳み込みは、Mチャネルの入力に対して、M枚のカーネルを出力チャネルN個分用意します。

▼通常の畳み込み

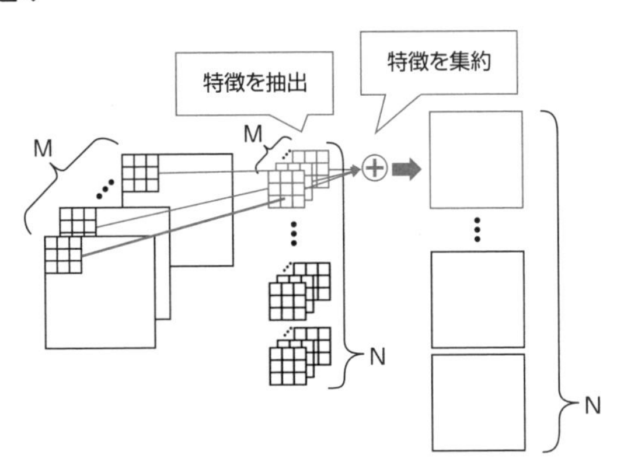

今回の例ではカーネルサイズは3×3なので、この畳み込みは3x3のカーネルがM×N個存在します。青いカーネルに着目すると、畳み込み層はM個のカーネルを通して各チャネルの特徴を抽出し、それらを集約させることで1つの出力特徴マップが得られます。他の特徴マップも同様の手順で得られます。

▼**Depthwise Separable Convolutionのイメージ図**

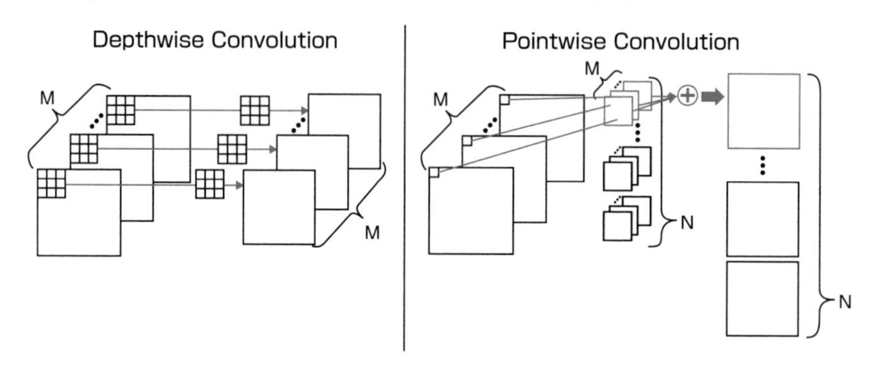

それに対してDepthwise Separable Convolutionは、通常の畳み込み層をDepthwise ConvolutionとPointwise Convolutionの2つに分解したものです。

Depthwise Convolutionは空間方向の畳み込みと解釈でき、Mチャネルの入力から各チャネルの特徴を取り出します。

通常の畳み込み層と異なる点は、入力のチャネル数と同じ数のカーネルを用意して、**抽出した特徴を集約しない点**です。これにより空間方向の特徴を得ることができます。

もう一方の**Pointwise Convolution**は、チャネル方向の畳み込みと解釈でき、1×1 Convolutionを使います。例のようにMチャネルの入力に対して1×1のConvolutionをして得た特徴マップを集約して1つの出力とします。これによりチャネル方向の特徴量の集約ができます。

Depthwise Separable Convolutionは、Depthwise Convolutionの後にPointwise Convolutionを行う構造になっています。通常の畳み込み層のパラメータ数は3×3×N×Mですが、Depthwise Separable Convolutionは3×3×M＋1×1×N×M＝(9＋N)×Mとなり、パラメータ数を削減することができます。これを使ったモデルとして**MobileNet**というものが提案されました。

選択肢1の説明はDilated (Atorus) Convolutionの説明です。選択肢2の説明はVGGというCNNモデルの説明です。選択肢4の説明はパディングの説明です。

データ拡張

問9

➡問題　p.184

解答　2

解説

この問題はデータ拡張（Data Augmentation）のイメージを確認するとともに、データセットの種類によっては不適切な変換が存在することを問う問題です。

問題のような数字のデータセットの場合、以下の図のように[上下に反転]や[180°回転]を行うと意味のない画像や別の数字としてみた方が正確な画像に変換されてしまう場合があります。

▼不適切なデータ拡張の例

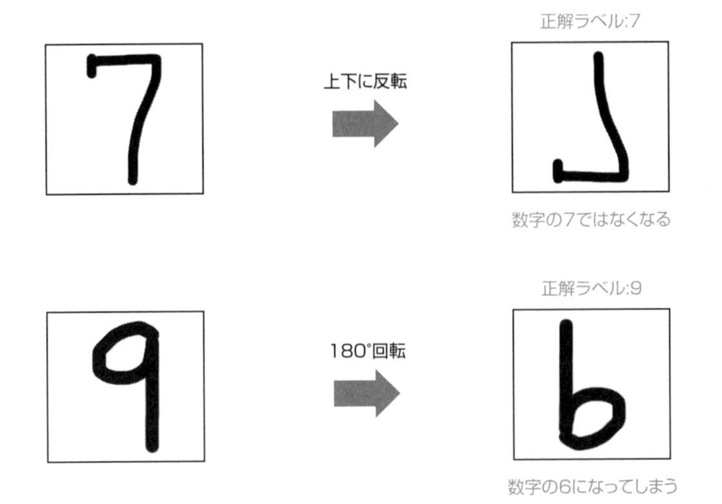

この他にも、正解ラベルが[3]のデータように、上下の反転は有効でも左右の反転は不適切といった状況も存在します。このようにデータ拡張を行う際には、データ特徴を意識して、どのような変換を行うかを選択する必要があります。したがって、正解は選択肢2となります。

問10

➡問題　p.186

解答　(ア) 2、(イ) 3、(ウ) 1、(エ) 4、(オ) 4

解説

データ拡張の手法について問う問題です。

■(ア)の解説

正解は選択肢2のCutoutです。**Cutout**は、画像中のランダムな場所を値0の正方形領域で置き換えます。この正方形のサイズはあらかじめ設定した範囲内でランダムなサイズを取ります。以下に例を示します。

▼Cutout

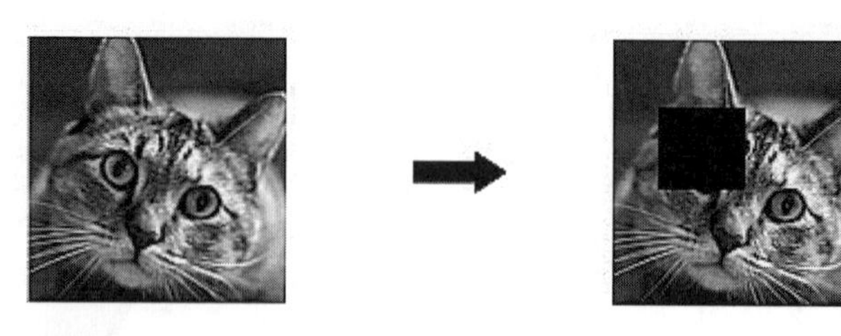

■(イ)の解説

正解は選択肢3のRandom Erasingです。**Random Erasing**は、画像中のランダムな場所をランダムなノイズの長方形領域で置き換えます。この長方形のサイズもあらかじめ設定した範囲内でランダムなサイズを取ります。以下に例を示します。

▼Random Erasing

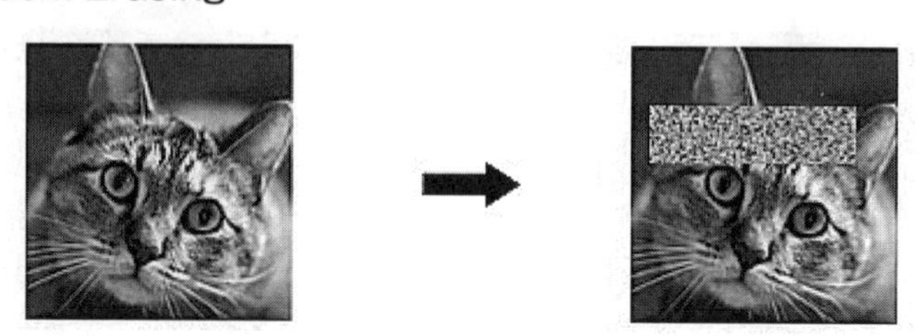

■(ウ)の解説

正解は選択肢1のMixupです。**Mixup**は、2枚の画像を比率λと$(1-\lambda)$で足し合わせることで混ぜあわせた一枚の画像を使う手法です。このとき教師ラベルも同様の比率で混ぜます。この比率は、毎回ランダムに設定されます。以下に例を示します。

▼Mixup

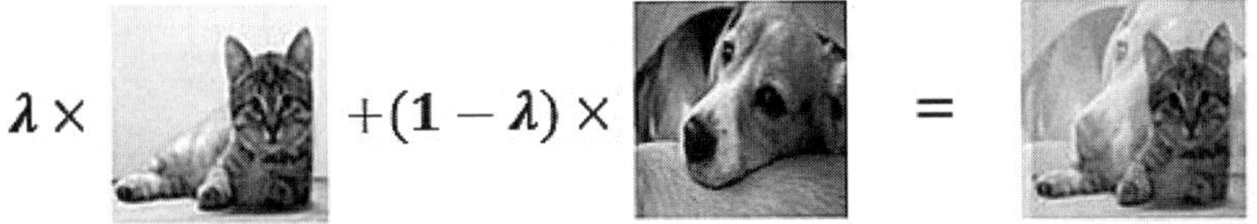

label:cat　　label:dog　　label: λ cat +(1- λ)dog

■（エ）の解説

正解は選択肢4のCutMixです。**CutMix**は、2枚の画像を用意し、1つの画像のランダム正方領域を、もう一枚の画像を同じサイズで切り抜いたもので、置き換える手法です。Mixupの改良として提案され、同様に教師ラベルを混ぜます。置き換える部分の正方領域は$\sqrt{1-\lambda} \times \sqrt{1-\lambda}$のサイズで、$\lambda$は毎回ランダムに設定されます。以下に例を示します。

▼CutMix

+

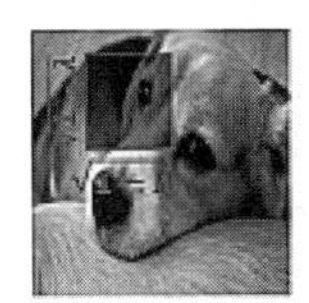

=

label:cat　　label:dog　　label: λ cat +(1- λ)dog

■（オ）の解説

正解は選択肢4の「過学習の抑制」です。

選択肢1の速い収束性に関しては、データ拡張により必ずしも期待されるものではありません。選択肢2のメモリの削減に関しては、関係性がないといえます。また、選択肢3の**モデルのスパース化**とは、モデルのパラメータが0に近い値が多くなることを指しますが、データ拡張でスパース化が起こるとは限りません。

NAS

問11

➡問題　p.187

解答　3

解説

Neural Architecture Search(NAS)についての問題です。

正解は選択肢3のNeural Architecture Search(NAS)です。NASは最適なモデルのアーキテクチャを自動で探索するタスクのことです。探索のやり方はいくつかあり、CNNに限定した探索手法ではNASNetやMnasNetと呼ばれるものがあります。

選択肢1のグリッドサーチは、ハイパーパラメータの探索手法です。選択肢2のファインチューニングは、事前学習したモデルを別のタスクで再学習することです。選択肢4のスクラッチ開発は、プログラムを1から書いて開発を行うことです。

問12

➡問題　p.187

解答　(ア)4、(イ)3、(ウ)2

解説

Neural Architecture Search(NAS)によるモデルについて問う問題です。

■(ア)の解説

正解は選択肢4のNASNetです。**NASNet**は、CNNのみに焦点を置いて探索されたモデルです。従来では探索する範囲が広すぎて最適モデルを見つけることが困難でしたが、畳み込み層に注力して最適な構造を探索することにより、少ないパラメータ数で高精度なモデルを見つけることに成功しました。

■(イ)の解説

正解は選択肢3のMnasNetです。**MnasNet**は、強化学習の考え方を取り入れ、モデルの精度とモバイル端末上での実際の実行速度を見ながら、より良いモデルを探索したモデルです。次の図に探索のフロー例を示します。

最初にControllerがモデルを生成し(①)、モデルの学習をします(②)。その学習したモデルをモバイル端末上で実行したときの時間とモデルの精度を、Multi-objective rewardに渡します(④⑤)。それぞれの結果を見て報酬をControllerに渡し(⑥)、次に生成するモデルを決めます。この手順を繰り返すことで高速で高精度なモデルを生成するControllerができます。

▼MnasNetの探索概要

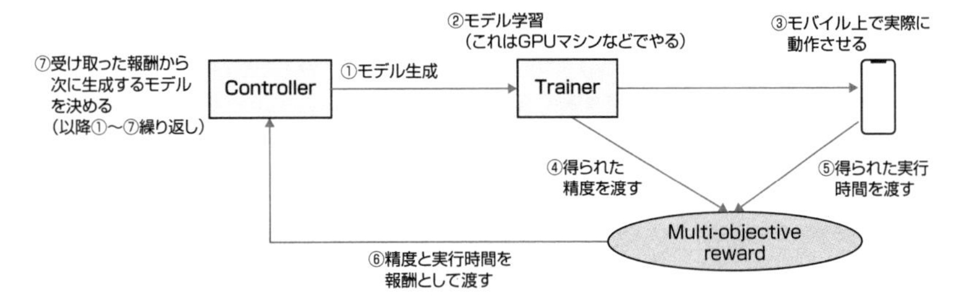

■（ウ）の解説

正解は選択肢2のEfficientNetです。**EfficientNet**は、深さ、広さ、解像度のスケールアップのバランスを重要視して探索したモデルです。構造自体もシンプルでかつ従来の高精度モデルよりもパラメータを少なくして、性能向上することに成功しました。現在ではEfficientNetをベースとした新たなモデルでEfficientNet v2なども提案されています。

転移学習

問13

➡問題　p.188

解答　（ア）2、（イ）2

解説

転移学習や**ファインチューニング**がどのようなものかを確認するとともに、学習済みモデルをどのように利用するのかを問う問題です。

■（ア）の解説

基本的にニューラルネットワークでは、入力層付近において画像の抽象的な特徴を学習し、出力層に近づくにつれてより具体的な特徴を学習することから、学習済みのネットワークにおける**入力層に近い層のパラメータはさまざまな画像の分類問題に応用が利くものとなっている**と考えられます。

そのため転移学習やファインチューニングでは、この部分をそのまま利用し、**出力層の後に新たな層を追加したり、出力層を置き換えて調整する**ことで目的の問題に適応させると効果的だと考えられます。

以上より、正解は選択肢2となります。

■（イ）の解説

転移学習を行うメリットとして、**学習用のデータが少ない場合でも、十分なデータがある問題で学習したモデルを利用する**ことで、より**精度を向上させる**

ことが期待できます。

しかし、ここでこれらのデータに共通性が少ない場合では、逆に精度が低下してしまうといった可能性があります。そのため**転移学習を行う際には、学習に用いられるデータの特徴をよく理解しておく**必要があります。

以上より、正解は選択肢2となります。

CNNの初期モデル

問14

➡問題　p.190

解答　（ア）2、（イ）3

解説

CNNの基本となった初期のモデルについての知識を問う問題です。

■（ア）の解説

単純型細胞（S細胞）と複雑型細胞（C細胞）の働きを最初に組み込んだモデルは、**福島邦彦**によって1979年に提唱された**ネオコグニトロン**です。

このモデルは**S細胞層**と**C細胞層**を交互に組み合わせた構造となっており、勾配計算を用いない**add-if silent**と呼ばれる方法によって**隠れ層（中間層）**の学習が行われます。

■（イ）の解説

1998年にヤン・ルカンによって考えられた畳み込み層とプーリング層（サブサンプリング層）を交互に組み合わせたCNNのモデルは**LeNet**です。

このモデルは**誤差逆伝播法**を用いて学習が行われます。

ここでLeNetとネオコグニトロンを比較すると、2つのモデルは**同じ構造**をしており、S細胞層と畳み込み層、C細胞層とプーリング層がそれぞれ対応していることがわかります。

5.5　RNN：リカレントニューラルネットワーク

RNNの基本形

問1

➡問題　p.190

解答　3

解説

時系列データがどのようなものか確認するとともに、リカレントニューラルネットワークがどのような構造をしているのかを問う問題です。

リカレントニューラルネットワークは、以下の図のように、**過去の入力による隠れ層（中間層）の状態を、現在の入力に対する出力を求めるために使う**構造をしています。すなわち、隠れ層（中間層）が再帰的に接続されていると考えることができます。

▼リカレントニューラルネットワーク

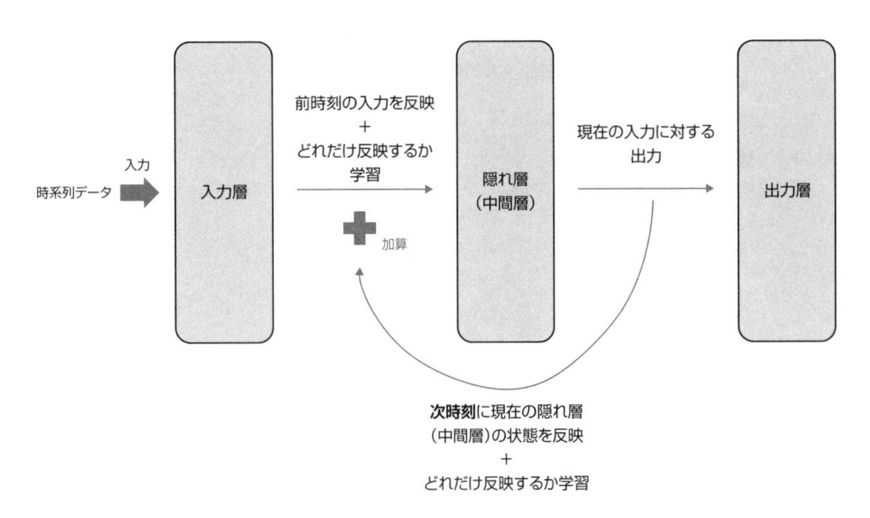

このような再帰的な構造を持つことにより、リカレントニューラルネットワークでは、**現在の入力とそれまでの入力がそれぞれどれくらい現在の出力に影響するのかを学習**することができます。

すなわち過去の入力の情報が現在の入力に影響を与えることができる構造となっており、**リカレントニューラルネットワークは、時系列データを処理するの**

に適した構造となっていることがわかります。

したがって、正解は選択肢3となります。

また、**リカレントニューラルネットワークは誤差を計算する際、過去の入力にさかのぼって計算していく**必要があります。

このように過去の時系列をさかのぼりながら誤差を計算していく手法を**通時的誤差逆伝播**(BPTT：BackPropagation Through Time)といいます。

問2

➡問題　p.191

解答　　3

解説

RNNで発生する勾配消失問題は、どのように発生するのかを問う問題です。

まず、RNNは以下の図のような構造をしています。

▼**RNNの構造**

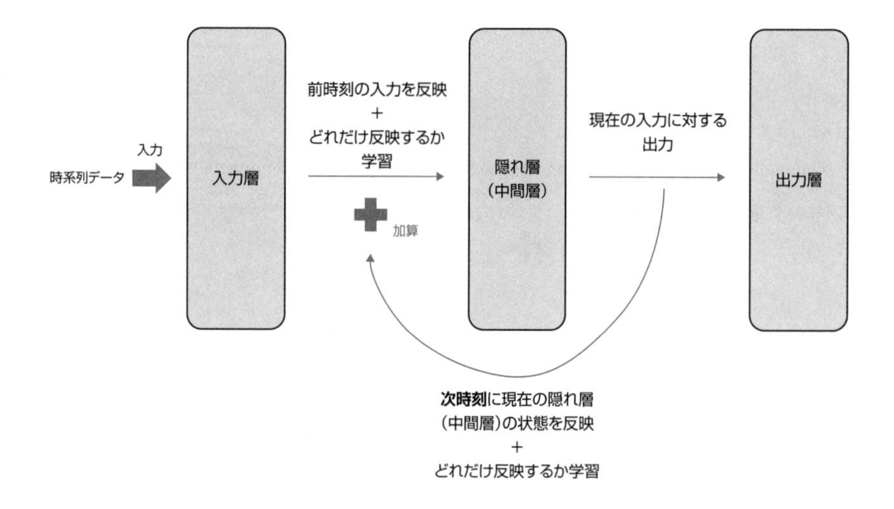

このようなニューラルネットワークに時系列データを入力すると、**ネットワークは時間方向に深いものとなります**。このとき逆伝播のイメージは次の図のようになります。

▼**勾配消失**

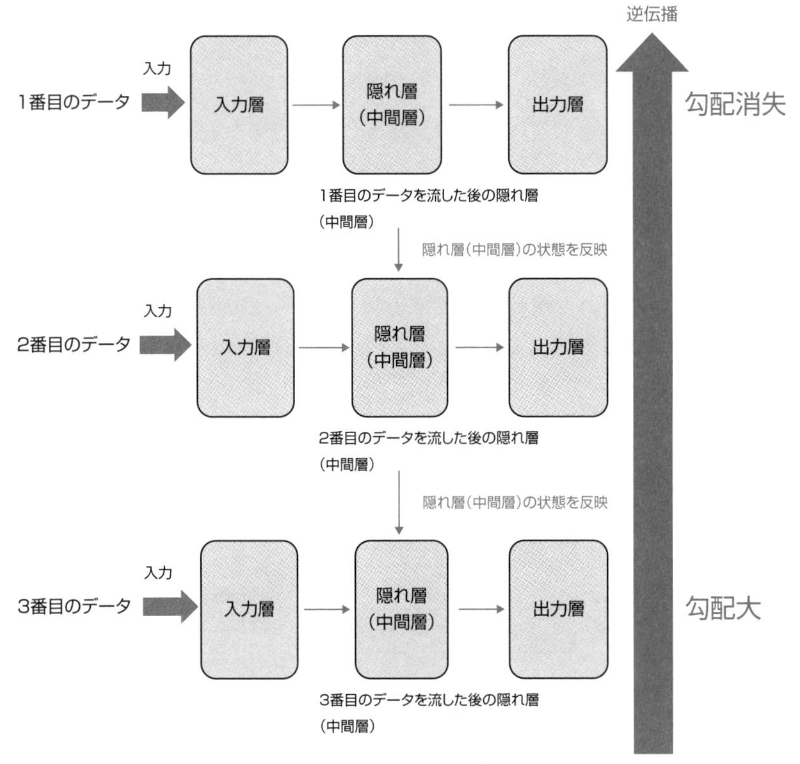

このように時間方向に深いネットワークに通時的誤差逆伝播を行うと時系列の新しいデータの部分では勾配が大きさを保ちやすいのですが、**時系列の古いデータの部分においては勾配が消失してしまいやすい**と考えられます。

したがって、正解は選択肢3となります。

また同様に、**時系列の古いデータの部分においては、勾配が大きくなり過ぎてしまう勾配爆発**といった問題も起きやすいと考えられます。

LSTM

問3

➡問題　p.192

解答　1

解説

この問題は、RNNで発生する、入力重み衝突・出力重み衝突とはどのようなものであるかを確認するとともに、このような従来のRNNの持つ問題に対してLSTMがどのような構造で対策しているのかを問う問題です。

まずLSTMは**CECという情報を記憶する構造とデータの伝搬量を調整する3つのゲートを持つ構造**を持っており、これらの使い方は、以下の図のようにイメージできます。

▼**LSTMブロック**

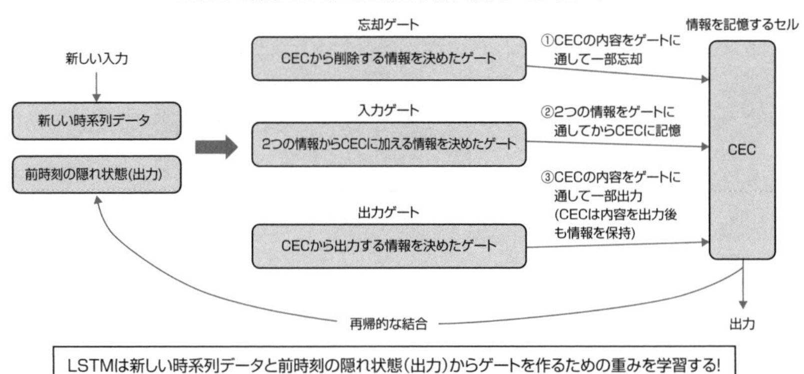

ここでこの3つのゲートを持つ構造と情報を記憶するセルの構造のセットは**LSTMブロック**と呼ばれます。実際のLSTMでは隠れ層(中間層)にこのLSTMブロックが複数個並んでいる構造をしています。

このLSTMブロックの構造において、上記の図における3つのゲートはそれぞれ**忘却ゲート**、**入力ゲート**、**出力ゲート**と呼ばれます。これらのゲートと情報を記憶するセル(CEC)によって、LSTMは重要な情報を必要なタイミングで利用したり、不必要になった情報削除のタイミングをコントロールできるようになります。したがって、入力重み衝突・出力重み衝突の問題を解決できます。

またCECにゲートを介して情報をやり取りする構造のおかげで、逆伝播の際に勾配消失の問題も起きにくくなっています。

以上より、正解は選択肢1となります。

■CTC loss

LSTMやRNNなどの学習における損失関数の1つとして、Connectionist Temporal Classification（CTC）lossというものがあります。

たとえば、スピーチの音声を文章化するタスクを考えたときに、学習音声データは単語毎に分裂（セグメント）させ、それらを入力としたネットワークの出力とその単語ラベルとの損失が計算されますが、これだと最初のデータの分裂にコストがかかってしまいます。

そこで、CTC lossはそのセグメントなしで学習することができる損失関数として提案されました。CTC lossはblankと呼ばれる空文字が出力されることと、連続して同じ単語が出た場合は1つに集約する（たとえば、“aaabcc”は“abc”）ことを許します。これはたとえば、blankを“-”とすると、“abc”という単語と“-ab-ccc”, “a-bb-c-”, “--aaabc”などが同じ意味であることを示します。CTC lossはラベル“abc”に対して“-ab-ccc”,“a-bb-c-”, “--aaabc”,…など同じ意味となる単語のすべてのパターンを使って損失を計算できるため、セグメントせずとも入力の時系列と答えのタイミングを合わせることができます（この例では、出力単語の長さを7としてすべてのパターンを考えます）。

問4

➡問題　p.193

解答　2

解説

この問題は、GRUとはどのようなものであるかを確認するとともに、その構造について問う問題です。

LSTMが3つのゲートと情報を記憶するセルを持つ構造を持つブロックから構成されるのに対して、**GRUはリセットゲートと更新ゲートという2つのゲートを用いた構造のブロックから構成**されます。

まずGRUでは2つのゲートの使い方は、以下のようなイメージになります。

▼GRU

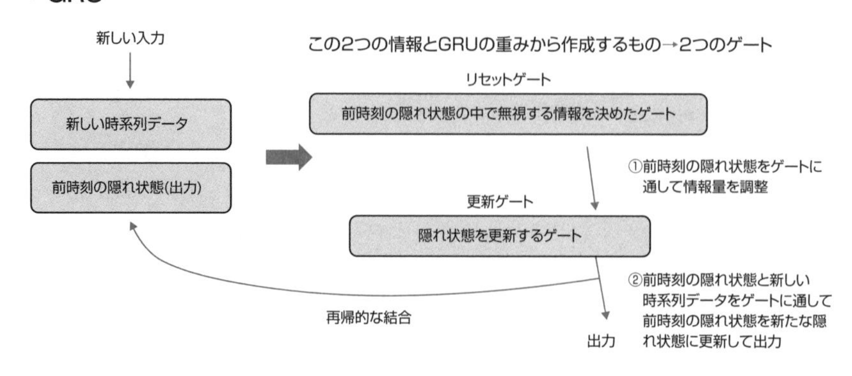

このようにGRUではLSTMで用いられた3つのゲートの代わりにリセットゲートと更新ゲートという2つのゲートを持っており、ここで更新ゲートがLSTMにおける入力ゲートと出力ゲートの2つの役割を担っています。

実際のGRUでは、このような2つのゲートを持つ構造のブロックを隠れ層(中間層)に複数個並べることで構成されます。

ここでGRUではLSTMが持っているような情報を記憶するセルのような構造を必要とせず、**よりシンプル**な構造をしていることがわかります。

したがって、正解は選択肢2となります。

RNNの発展形

問5

➡問題 p.193

解答 2

解説

この問題は、双方向RNNとはどのようなものであるかを確認するとともに、双方向RNNの特徴から得られるメリットを問う問題です。

通常の(双方向でない)RNNでは、過去の情報のみから出力を計算します。

しかし、時系列データにおいては、過去の情報に加え未来の情報を踏まえた方がより正確な出力が計算できる場合があります。

このようなデータに対して、双方向RNNでは、時系列を逆順にして学習するRNNと通常の時系列で学習するRNNを組み合わせることで、**過去と未来の両方**

の情報を踏まえた出力ができるようになると期待できます。

したがって、正解は選択肢2となります。

問6
➡問題 p.194

解答 2

解説

この問題は、RNNにおける「Encoder-Decoderモデル」と「sequence-to-sequenceの問題」との関係を確認するとともに、Encoder-DecoderモデルがEncoderとDecoderの間でどのように情報のやり取りを行うのかを問う問題です。

▼RNN Encoder-Decoderモデル

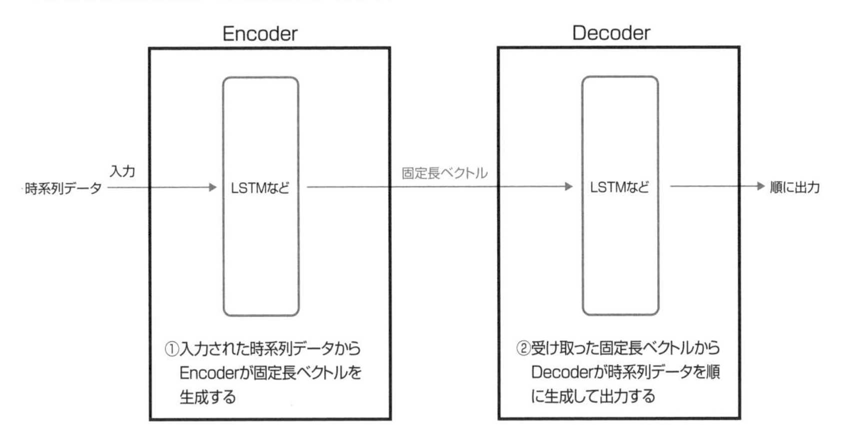

まず、Encoder-DecoderモデルのRNNは、上記の図のような構造をしています。

ここでEncoderは入力として時系列データを受け取った後、**固定長のベクトル**を生成してDecoderに渡します。

このとき、具体的には**Encoderの出力は、最後の隠れ層（中間層）の状態**といった情報になります。これらの情報は**固定長のベクトル**であるため、**Encoderは任意の長さの時系列データを固定長のベクトルに圧縮している**と考えることができます。

DecoderではEncoderが出力した固定長のベクトルを入力として受け取り、順に予測を行うことで時系列データを生成します。

以上より、正解は選択肢2となります。

Attention

問7

➡問題　p.195

解答　3

解説

この問題はAttentionをseq2seqの問題を解くモデルに応用した場合のイメージを確認するとともに、Attentionの機構がどのように実現されているのかのイメージを問う問題です。またこの問題における**Attention**の手法は、**soft Attention**のような、重要度と各時刻における隠れ層の状態（入力データの要素に対応）の重み付き平均を、デコーダでの推論に使用する手法を想定しています。

seq2seqに用いられるAttentionでは、各時刻のエンコーダの隠れ状態に対して出力に影響を与える重要度が計算されます。またデコーダでは重要度を考慮した隠れ状態を用いて入力データから新たな時系列データを生成します。

このような計算をするために、下図のようにEncoderはすべての時刻の隠れ状態を出力してDecoderに渡しています。したがってEncoderの出力は固定長のサイズに縛られることなく、入力となる時系列データのサイズに比例して変化させることができるようになっています。

▼ **Attentionのイメージ**

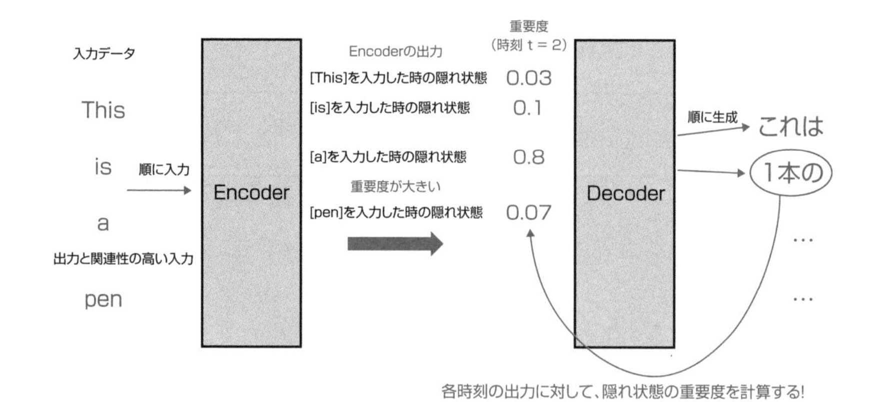

ここでEncoderの出力となる各時刻の隠れ状態には、その時刻に入力された時系列データの要素の特徴が多く含まれていると考えることができます。したがって、各時刻の隠れ状態は、その時刻にエンコーダに入力された要素とみなすことができます。ここでこれらの隠れ状態に対する重要度を求めることで**Attention**

は「過去の入力のどの時点がどれくらいの影響を持っているか」を直接的に求めていると考えられます。

したがって、正解は選択肢3となります。

またAttentionの手法には、self Attentionといった1つのデータ内での要素間の対応を計算するものなど、**さまざまな種類の手法**が考えられています。

問8

➡問題　p.196

解答　2

解説

この問題は、Transformerの構造のうち、Attentionについて問う問題です。

TransformerはEncoder時にself-Attention、Decoder時にself-Attentionと通常のAttentionを使います。なぜならEncoderの入力には予測をするための元データを入れ、Decoderの入力はEncoderの出力と一時点前の予測結果を入れます。そのためEncoderは入力自身のみを使うself-Attentionで実装し、DecoderはEncoderの出力と予測を使う通常のAttentionで実装します。このときDecoderの一時点前までの予測結果に対しては、self-Attentionをします。

以下にすごくシンプルな構造に落とし込んだTransformerの例を示します。この例は「これは本です」を英語に翻訳する例です。

▼Transformerの例

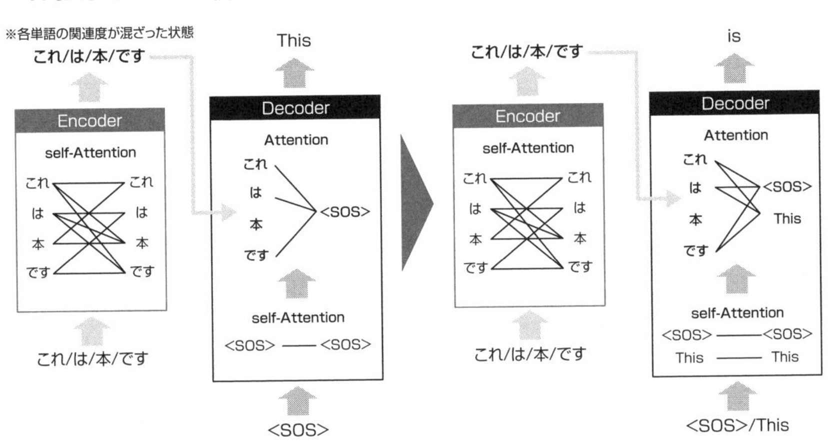

左半分は最初の一単語を予測する例で、右半分は次の一単語を予測する例です。

Encoderは入力「これ/は/本/です」の各単語間のself-Attentionを計算し、その出力はDecoderの途中部分に入力されます。Decoderでは「< SOS >」という最初の単語（Start of Sequenceの略）が入り、その単語のself-Attentionをします。そしてその出力とEncoderの出力に対してAttentionを取ります。これを経て「This」が予測値として出てきます。

2単語目（図右半分）も同様の手順で、このときDecoderの入力には1つ前までのすべての予測値「< SOS >/This」が使われます。

ただし、実際のTransformerは各Attentionを何度か通す、各単語の位置情報を付与する、単語間で数値計算ができるよう単語を数値ベクトル化するなどさまざまな工夫がされています。

5.6　強化学習の特徴

問1

➡問題　p.198

解答　（ア）1、（イ）2、（ウ）2

解説

強化学習の用語の確認問題です。覚えるだけでなく意味を理解することでこの分野での学習が進めやすくなります。

強化学習では**エージェント**が**環境**上の**状態**において**行動**します。その結果、次の状態に遷移し、**報酬**を得るという相互作用の枠組みを設定します。学習の対象は**行動選択**であり、行動は状態に対して行われるので（ア）は選択肢1、（イ）は選択肢2です。行動し報酬を得ることを繰り返したのち、得られた報酬を参考に状態に対する行動の評価を行います。よって（ウ）は選択肢2です。

方策はエージェントが持つ**行動選択のルール**のことを指します。個々の行動によって得た報酬をもとに、一連の行動選択による報酬和を最大化する方策を求めることが強化学習のゴールです。

下図にこのような方策および一連の行動を改善するプロセスを表します。

▼強化学習の手順

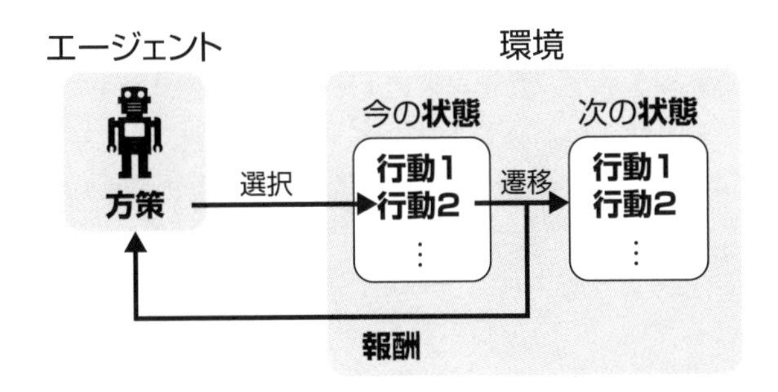

問2

➡問題　p.198

解答　3

解説

強化学習を用いた**方策の学習**において、困難である事項を確認する問題です。

正解は選択肢3です。**強化学習では行動を行い、状態が遷移した後に報酬が得られない問題でも、方策を求めることができます。**

たとえば、囲碁のように勝敗が決した状態に達したときのみ報酬が得られる場合です。このような報酬を**疎な報酬**といい、学習には時間がかかることがあります。

●選択肢1について

選択肢1の内容は正しい。囲碁のように目的（ゲームでの勝利）を達成するために考慮すべき状態は盤面の情報だけですが、自動株式投資で資金を増やす目的で方策の学習を行う際は、状態として何を考慮すべきか精査する必要があります。

●選択肢2について

選択肢2の内容は正しい。強化学習では行動の結果得られた報酬をもとに方策の良し悪しを評価します。当然方策の評価に用いる報酬は、学習目的に沿うように設定されている必要があります。

●選択肢4について

選択肢4の内容は正しい。方策はある状態において取るべき行動を出力します。状態数と行動数が多ければ学習すべき組合せが増えるため、現実的な時間で学習を終えることが難しくなります。

コラム　強化学習でFXの自動取引を行う

強化学習を用いてAIを開発し、FXでお金を稼ぐことを考えてみましょう。

開発の最終結果として、強化学習によって非常に優秀なモデルが作成できたとします。シンプルに考えるとこのモデルを利用したシステムの動作は、環境情報を入力として最適な行動を出力するというものとなります。そして、私たちはその出力通りに行動すると、大きな報酬が得られることでしょう。

ところで、このようなモデルは簡単に作成することができるのでしょうか？

おそらく、とりあえず動くAIを作るだけなら、簡単に作成できるでしょう。しかしながら、ここから本格的に学習を進めて性能の良いモデルにしていこうと思うと課題が多くあります。

たとえば、そもそも利用できる金額は無制限ではないので、扱える金額が限られている中で動作するように設計する必要があります。

また、環境情報には為替レートの推移だけでなく、為替レートに大きく影響を与えるような突発的な出来事や社会情勢も環境情報に入力する必要があるかもしれません。しかし、このような出来事や情勢はモデルに入力できるような数値情報に置き換えることは難しいことがわかります。

方策についても、報酬を最大化するためにハイリターンの行動ばかりを選択するような行動を取る方策となってしまうと、大きなリスクにつながってしまう可能性があります。

そのために適切な報酬設計や、意図しない動作への対策を人手で行うことが課題となります。強化学習の実運用のためには、このような課題を解決していくことが重要となっているのです。

5.7　深層強化学習

問1

➡問題　p.199

解答　2

解説

強化学習において、ディープラーニングを用いる理由を理解するための問題です。

深層強化学習は、状態や行動の組合せが多い場合の学習を可能にしました。強化学習における状態は、制御対象の環境の様子を表す情報です。現実世界の問題を扱う場合、この**状態のパターン数が膨大**になることがあります。各状態についてどの行動を取るべきか評価し、学習するのですから、状態と行動の組合せパターンはさらに増えます。

そこで、状態の重要な情報を取り出しパターン数を減らす**縮約表現**が必要でした。入力をうまく縮約できる特徴を持つディープラーニングの登場により、状態数が多い問題にも強化学習適用できるようになりました。

●選択肢1について

選択肢1は誤りです。ディープラーニングを用いなくとも**確率分布関数**などで方策をパラメトリックに表現することができます。

●選択肢3について

選択肢3は誤りです。Deep Q Network（DQN）という深層強化学習手法では、状態や行動の価値をニューラルネットワークで表現できますが、その価値の算出に報酬を用います。

●選択肢4について

選択肢4は誤りです。深層強化学習はあくまで強化学習の手法にニューラルネットワークを用いた手法です。強化学習では行動の組合せを直接学習しません。

▼強化学習に用いられるニューラルネットワークの入出力例

DQNの入出力

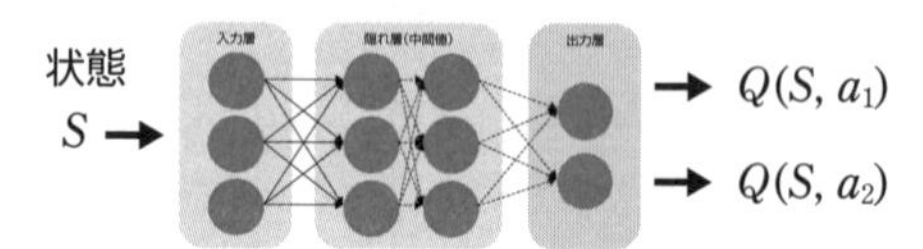

方策ネットワークの入出力（離散行動）

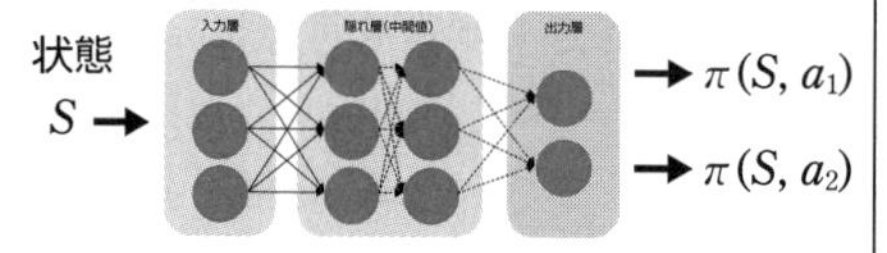

出力層はsoftmax

方策ネットワークの入出力（連続行動）

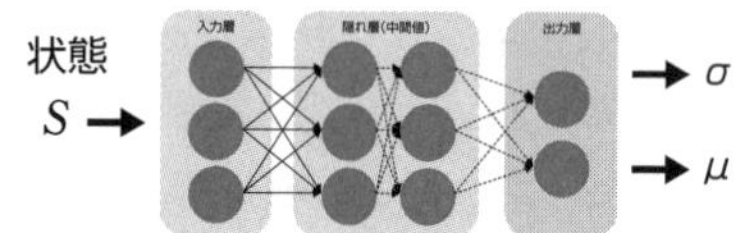

出力の平均μと分散σを持つ正規分布から
行動をランダムサンプリングする

問2

➡問題　p.199

解答　　4

解説

Q学習に関する知識を確認する問題です。

Q学習は**価値ベース**の**強化学習手法**です。価値推定を行う部分と推定した価値を参考にして行動選択する部分に分かれます。**状態sと行動aの組の価値を、状態s行動aを選んだ後、得られる報酬和の期待値で表現します。これをQ関数と呼びます**。行動選択ではQ関数の値が最大となる行動を選択します。これによって報酬をたくさん得やすい状態と行動を効率よく経験することができます。

選択肢4は、これに当てはまるので正解です。

●選択肢1について

選択肢1は、アルゴリズム"**SARSA**"に関する説明です。Q学習ではQ(s,a)の推定値を求める計算には、次の**状態s'のQ関数のうち、最大の値を持つQ関数Q(s',a*)が用いられます**。ここでa*はs'で選択できる行動のうちQ関数値が最大である行動です。

●選択肢2について

選択肢2は、利用とした部分が**探索**であれば正解です。Q値は報酬期待値の推定値であるため、Q値が最大である行動のみ選択すると、**局所解に陥る場合**があります。そこで一定の確率でQ値を無視した行動選択を行います。**Q値を参考にする行動選択を利用、Q値を無視した行動選択を探索**と呼びます。言い換えると、探索はさまざまな経験を求めて色々と行動してみること、利用は探索で得た経験を使って報酬を得やすい行動をすることです。

探索と利用の間にはジレンマがあります。利用を重視すれば常に見えている範囲で最善の行動ができますが、それ以上良い答えにたどり着くことができません。一方、探索を重視すれば良い答えも悪い答えも選び続けるのでトータルの報酬が大きくなりません。強化学習では探索と利用のバランスを設定することも難しい問題です。

●選択肢3について

選択肢3は、モンテカルロ木探索ではなく、**TD学習**であれば正解です。**モンテカルロ木探索**は、ある状態から行動選択を繰り返して報酬和を計算するということを複数回行った後、報酬和の平均値をある状態の価値とする価値推定方法です。

▼状態遷移関係とQ関数

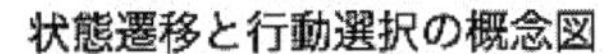

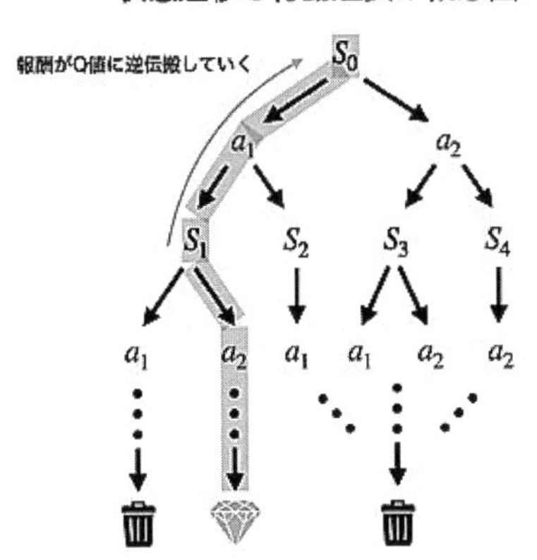

学習後のQ関数(表形式)

	a_1	a_2
S_0	(5) >	0
S_1	0 <	(10)
S_2	0	0
S_3	0	0
S_4	0	0
⋮	⋮	⋮

各状態でQ値が大きい行動を基本的に選ぶ

問3　➡問題　p.200

解答　1

解説

Deep Q Network（通称DQN）のアルゴリズムに関して、ディープラーニング登場以前の手法であるQ学習に、いかにしてニューラルネットワークが活用されているかを問う問題です。

DQNでは、状態と行動の価値をこれまで得た報酬で近似するQ関数を、ニューラルネットワークで表現します。よって、ニューラルネットワークの入力は状態であり、**出力層の各ノードは各行動の価値**となります。**Q関数以外の行動選択の部分はQ学習と変わらない**ので、DQNはQ学習におけるQ関数の近似計算だけをニューラルネットワークで下請けさせるアルゴリズムです。正解は選択肢1です。

●選択肢3について

選択肢3のように入力に状態を受け取り、出力に行動（または行動を取る確率）を出力するニューラルネットワークは、方策を近似しており、方策勾配法系の強化学習アルゴリズムで利用されます。

●選択肢4について

選択肢4は、「次の状態s'において方策によって選択した行動a'に対応するQ関数Q（s',a'）を用いる。」という部分が誤りです。Q学習では、「**次の状態s'において最大の値を持つQ関数**」を用います。ちなみにこれを**方策オフ型の学習**と呼び、選択肢の文章は**方策オン型の学習**と呼びます。

▼DQNの入出力、学習、行動選択

DQNの入出力（行動が2個だけの問題）

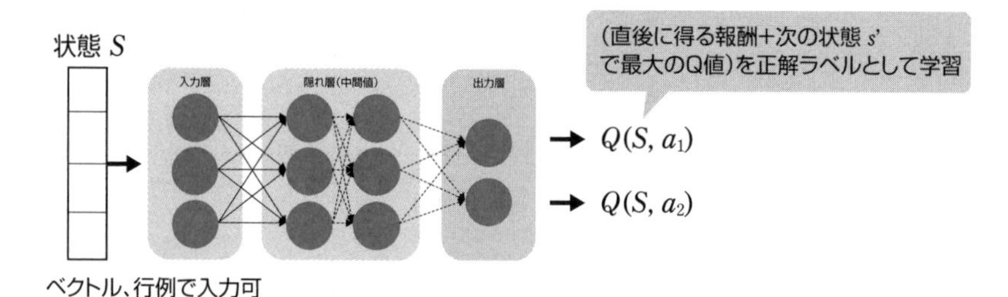

状態 S での行動選択

$Q(S, a_1) = 0.8$ ⟶ a_1を採用（Q学習と全く同じ）

$Q(S, a_2) = 0.3$

問4

➡問題　p.200

解答　　1

解説

Double DQN手法についての問題です。

1. ○　正しい。通常のDQNでは2つの価値評価を学習中の同じネットワークの出力で行いますが、これには推論したQ値がノイズによって偏ると、偏ったQ値を過大評価してしまうという問題があります。DoubleDQNでは、target

network に online network とは別のノイズが乗ったネットワークを利用することで、ノイズによる過大評価を改善しています。このとき target network には online network の過去のパラメータを利用しています。

2. × 誤り。Double DQN では2つのネットワークのパラメータを保存することになりますが、これはメモリの使用量が減ることには繋がりません。
3. × 誤り。Double DQN では学習時に target network と online network という2つの異なる重みを持つネットワークを利用して学習を行います。

   しかしながら、学習済みモデルを利用する実運用の際は online network のみが利用されます。したがって、2つのネットワークを実運用時に利用して精度を向上させるものではありません。
4. × 誤り。Double DQN は、ノイズによる偏ったQ値の過大評価を改善するものであり、時系列データに適した構造となるものではありません。

問5

➡問題 p.201

解答 2

解説

DQN を改良した Dueling Network について問う問題です。

1. × 誤り。Dueling Network のアイデアは、多くの状態では、行動選択の重要性が高くないという洞察をもとにしています。
2. ○ 正しい。Dueling Network で、各行動の選択が重要となるのは、ゲームなどにおいて、障害物が接近した状況などに限られます。その他の多くの状態では、行動の選択は報酬の獲得になにも影響を与えない、という洞察をもとにしています。

   Dueling Network では、Q値を状態価値とアドバンテージに分けて学習することで、行動選択が報酬になにも影響を与えないような状況に対しても効率的に学習が進むようになっています。
3. × 誤り。Dueling Network において、分割した構造は、それぞれ状態価値とアドバンテージという異なるものを推論するものであり、推論結果を平均するようなものではありません。
4. × 誤り。Dueling Network は、もともと直接Q値を推論していた構造を2つに分けたものであり、パラメータ数を削減することを目的にしたものではありません。

問6

➡問題　p.202

解答　2

解説

DQNを改良したNoisy Networkについて問う問題です。

1. ×　誤り。Noisy Networkは、ガウス分布により発生させた乱数を重みとして計算に用いるものであり、ノードの出力にノイズを加算するものではありません。
2. ○　正しい。Noisy Networkでは、ガウス分布により発生させたノイズを重みとして計算に用いています。ここでガウス分布の平均と標準偏差が学習するパラメータとなっており、学習によって最適化されます。このような仕組みにより、Noisy Networkでは、それまで人手で設計されていた探索アルゴリズムを、一般化したアルゴリズムに統合し、探索を経験から学習することを実現しています。
3. ×　誤り。ランダムにノードの出力を0にするのは、Dropoutと呼ばれる手法であり、ネットワークの正則化に用いられる手法です。
4. ×　誤り。Noisy Networkは、ネットワーク内部にノイズを発生させる構造を持つものであり、入力データにノイズを加えるものではありません。

問7

➡問題　p.203

解答

(ア) 入力データ：1、出力データ：2、教師データ：4
(イ) 入力データ：1、出力データ：2、教師データ：6
(ウ) 入力データ：1、出力データ：2、教師データ：4
(エ) 入力データ：1、出力データ：3、教師データ：5

解説

AlphaGoに用いられるディープニューラルネットワークの具体的理解を通して、全体像の理解を深める問題です。

AlphaGoでは、教師あり学習フェーズと強化学習フェーズの2段階で囲碁の強さを高めます。

■教師あり学習フェーズ

教師あり学習フェーズでは、2つのネットワークを学習させます。

(ア)のSupervised Learning Policy Network (SL Policy)が、人間の棋譜を教師データとして、ある盤面を見て次の盤面を予測します。これによって人間が考える有望な手のみを探索することができるので、悪い手まで探索する計算を省くくことができます。よって（ア）の解答は、**入力データが「現在の盤面状態」**で1、**出力データが「次の盤面状態」**で2、**教師データは「人間の棋譜」**で4です。

（ウ）の**Rollout Policy**は、SL Policyと同様に現在の盤面から次の盤面を予測します。Rollout Policyの特徴は**予測性能を下げる代わりに計算を高速にしたこと**です。そしてSL Policyで探索すると決めた手から終局までざっと計算して勝敗を決めます。これによってSL Policyの手がどれだけ良かったかを勝敗で評価できます。よって（ウ）の解答は、SL Policyと同じで、**入力データが「現在の盤面状態」**で1、**出力データが「次の盤面状態」**で2、**教師データは「人間の棋譜」**で4です。

■強化学習フェーズ

SL PolicyとRollout Policyの組合せで、人間を参考にした囲碁がざっくりとできるようになったので、**強化学習フェーズ**に入ります。

まず、SL Policy同士で対戦を行わせます。そして**勝った方が取った手を方策勾配法で強化**していきます。すると、徐々にPolicyが強くなっていくので最強のPolicyとそれ以外のPolicyからランダムに選んで対戦を行います。この繰り返しでSL Policyの方策を強化学習させ、**Reinforcement Learning Policy Network（RL Policy）**へと進化させます。よって（イ）の解答は、入出力がSL Policyと同じで、**入力データが「現在の盤面状態」**で1、**出力データが「次の盤面状態」**で2、**教師データは「自己対戦によるエピソードと報酬」**で6となります。つまり、RL Policyは勝敗を報酬として強化学習する**方策ネットワーク**ということです。

次に学習したRL PolicyとSL Policyを用いて自己対戦を行い、**Value Network**という盤面を入力し勝率を予測するネットワークを学習させるためのデータセットを作成します。

自己対戦はランダムな手数まではSL Policyを使い、その後1手はランダムに手を打ち、以降はRL Policyを使って終局まで対戦を行います。このような対局を何度も行い、ランダムに手を打ったときの局面と勝敗を記録することでValue Network用のデータセットを作成します。よって、（エ）の解答は**入力データが「現在の盤面状態」**で1、**出力データが入力盤面の「勝率」**で3、**教師データは「自己対戦による局面と勝敗」**で5です。Value Networkの導入によって、最終的なAlphaGoでは打ち手を選択する際に、最終的な勝敗まで加味することができます。

最後に学習済みの各ネットワークを、モンテカルロ木探索のアルゴリズムの行動選択部分に組み込むことで、AlphaGoが完成します。

すべてのネットワークは、入力が19×19の盤面であるため**CNNを用います**。

ちなみに最終的なAlphaGoでは、SL PolicyとValue Networkで行動選択を行います。RL PolicyではなくSL Policyを用いる方が高い勝率となったそうで、元論文では最強の手のみを選ぶよりも手筋に多様性をもたせたからではないかと考察しています。

問8

➡問題　p.204

解答　（ア）5、（イ）3、（ウ）2、（エ）4、（オ）1

解説

AlphaGoに用いられる手法について理解する問題です。

AlphaGo以前ではゲームAIの作成方法として**モンテカルロ木探索（MCTS）**がありました。MCTSではゲームの手番の進行を木構造で表現します。ゲームの初期では、打ち手が勝敗に繋がるか評価することができません。しかし、すべての打ち手に関して勝敗がつくまで木構造を拡張すると膨大な組合せとなり計算ができません。

そこでMCTSでは、木構造に含める打ち手をいくつか全打ち手からランダムに選出することと、木構造を段階的に深くする方針を取ります。木構造を段階的に深くしながらランダムに選出した打ち手からさらに1つ選んで勝敗がつくまでランダムに手番を行います（**ロールアウト**）。これで勝敗がつくので、スタート状態から勝敗がついた状態までの状態を評価することができます。これを繰り返して、価値の探索を行う箇所を限定しながら有望な打ち手の周辺のみを探索できます。

しかし、木構造に含める打ち手をランダムに選ぶ時点で最有望手を含まなかったり、ロールアウトを行う際に同じ盤面からスタートしても、勝ち負けが変わってしまったりする問題がありました。

これらの問題に対して、盤面から有望手を決める**Supervised Learning Policy Network（SL Policy）**を人間の棋譜から学習させ、探索する木の幅を狭くしました。このとき同じく人間の棋譜から学習させ、**SL Policy**より精度が低い代わりに計算の速い**Rollout Policy**も学習させておきます。ここまでが**教師あり学習フェーズ**です。

ここからが**強化学習フェーズ**です。

ここではSL Policyを初期値として、より強い**RL Policy（Reinforcement Learning Policy Network）**を作成します。

RL Policyの学習は、味方モデルとなる最新のモデルと、相手モデルとなる学習中に保存してきたRL Policyからランダムにサンプリングしたモデルで自己対戦を行うことで、強いRL Policyを作成します。

その後、局面から勝率を予測するValue Networkを学習させます。

Value Networkは、学習済みのRL PolicyとSL Policyを組み合わせて自己対戦を行い、局面と勝敗データを自動的に記録したデータセットを利用して学習します。

最後にSL PolicyとValue NetworkをMCTSの行動選択部分に組み込むことでこれまでのMCTSよりも遥かに高い勝率を実現しました。

▼MCTSによる価値探索

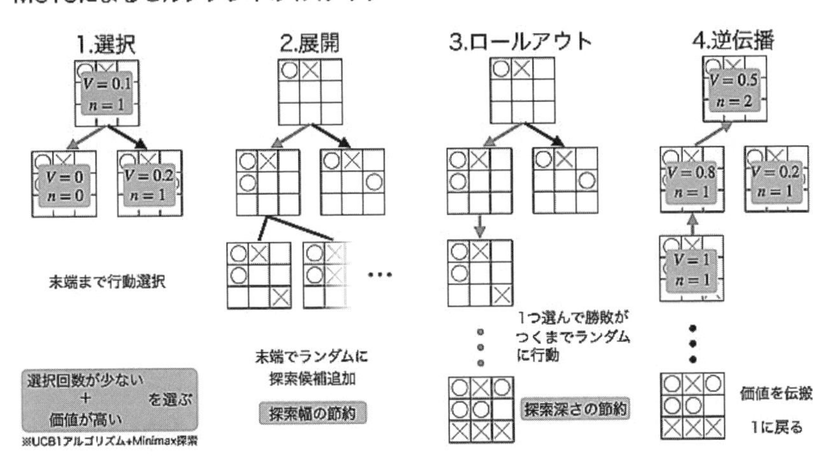

▼MCTSの問題点

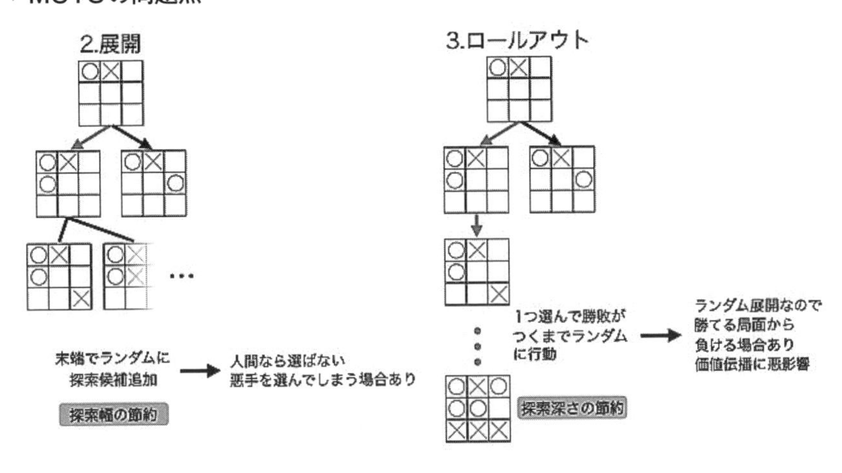

▼MCTSの問題点に対するAlphaGoのアプローチ

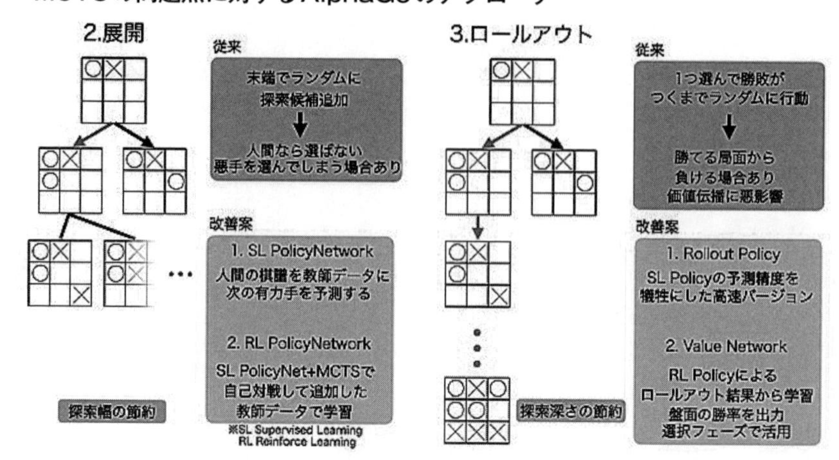

▼MCTS＋深層学習＝AlphaGo

学習後のAlphaGoのプレイ

1.選択	2.展開	3.ロールアウト	4.逆伝播
SL PolicyNetwork ＋ Value Network	SL PolicyNetwork	Rollout Policy	Value Network 勝敗で更に更新

のUCB1アルゴリズム

最終的なAlphaGoではRL Policyを使うよりSL Policyを用いる方が強い
RL Policyは最強手のみを予測するようになるのでSL Policyの方が広い手筋でプレイできるため

5.8　深層生成モデル

問1

➡問題　p.205

解答　2

解説

　深層生成モデルのイメージを確認するとともに、深層生成モデルにはどのようなものが使われているのかの知識を問う問題です。

▼深層生成モデルの生成

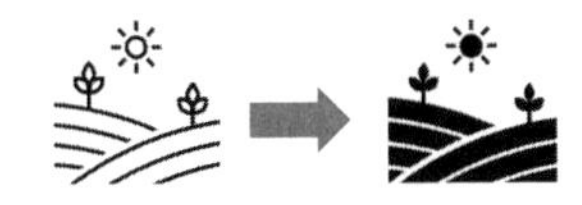

入力データをもとに新たなデータを生成する

ランダムなノイズから新たなデータを生成する

　ここで以下のモデルやアーキテクチャは、深層生成モデルで用いられるものです。

・VAE（Variational Autoencoder：変分オートエンコーダ）

　オートエンコーダに工夫を加え、新しいデータを生成できるようにしたモデルです。

・GAN（Generative Adversarial Network：敵対的生成ネットワーク）

　偽データを生成するモデルとデータの真贋を判別するモデルを交互に学習させていくことで、偽データを生成するモデルが本物に近いデータを生成できるようにするというアーキテクチャです。

・WaveNet

　音声生成の分野に大きな影響を与えたモデルです。最初の入力から次の出力を次々に予測していくといったアプローチをベースにCNNで構成されています。

　以上より、正解は選択肢2となります。

問2

➡問題　p.206

解答　1

解説

　VAEとはどのようなものであるかを確認するとともに、VAEがどのように新たなデータを生成できるようにしているのかを問う問題です。

画像データを例に説明すると、通常のオートエンコーダは、入力画像を圧縮し、特徴を捉えたより低次元のベクトルで表現することができるものでした。

一方で、以下の図のように**VAEでは画像を生成する潜在変数（入力データの特徴を圧縮したベクトル）の分布を学習し、入力画像を平均と分散に変換します**。変換を行った後、デコーダの入力となる潜在変数をサンプリングすることで新たなデータを生成できるようになります。

▼VAE

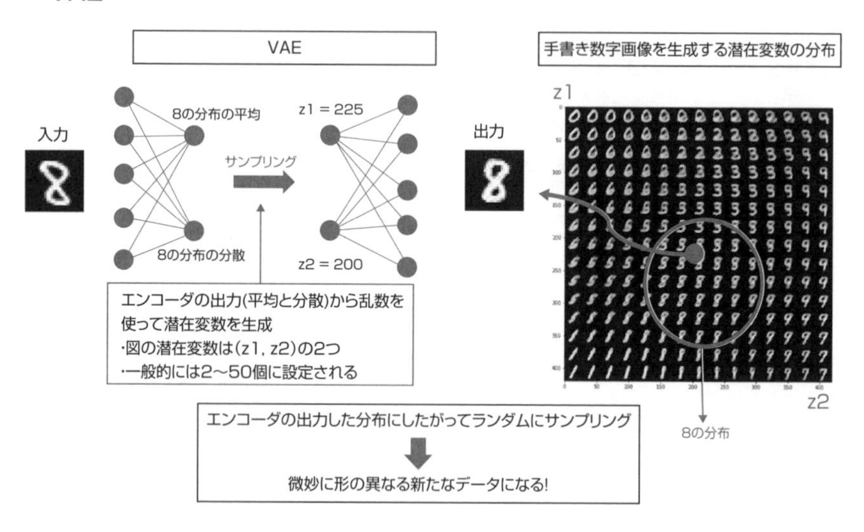

このようにVAEでは、入力データとは異なる新たなデータを生成することができます。

以上より、正解は選択肢1となります。

問3

➡問題　p.206

解答　2

解説

GANが持っている構造を確認するとともに、GANではどのように学習を行っていくのかを問う問題です。

GANのアーキテクチャは、ジェネレータとディスクリミネータと呼ばれる構造を持っており、これらの関係はしばしば泥棒と警察のようなイタチごっことなる関係でたとえられます。これは**ジェネレータとディスクリミネータが互いに騙す・見抜くという動作を繰り返していくことで性能が高められていく**ためです。

GAN具体的な構造のイメージとしては以下の図のようになります。

▼GAN（敵対的生成ネットワーク）の構造

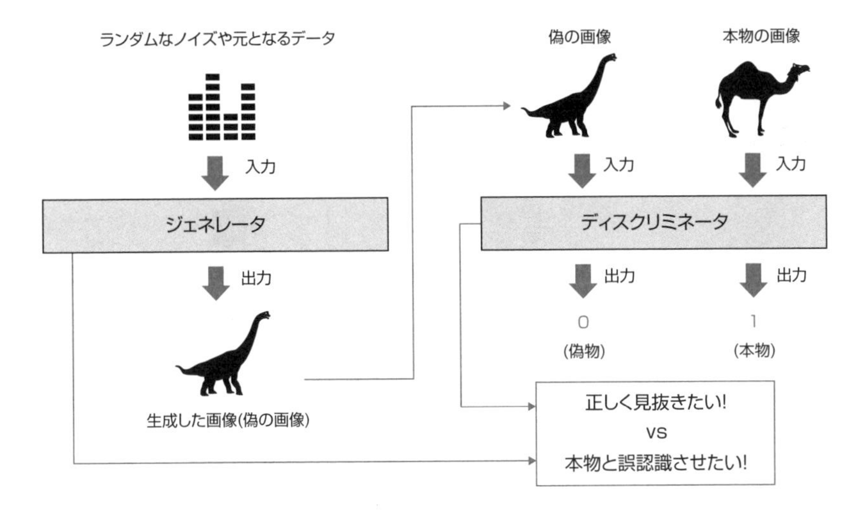

GANではこのようにジェネレータとディスクリミネータという2つの敵対する的を持ったモデルを交互に学習を行っていきます。

ただし、ここでディスクリミネータが強くなり過ぎてしまう（偽画像を高精度で見抜いてしまう）とジェネレータはディスクリミネータをうまく騙すような出力をなかなか得ることができず、学習が進みにくくなってしまいます。そのため**2つのモデルをバランスよく学習させていくことが重要**になります。

したがって、正解は選択肢2となります。

GANのアーキテクチャを応用したモデルには、ジェネレータとディスクリミネータにCNNを利用した**DCGAN（Deep Convolutional GAN）**があります。

GANには、このような工夫を加えることで派生したモデルが多く考案されており、近年の画像生成の分野において人気を博しているアーキテクチャとなっています。

問4

➡問題　p.207

解答　2

解説

CycleGANについての問題です。

選択肢1は**Pix2Pix**の説明です。Pix2Pixは、次頁の図のように実画像Yからベースとなる画像Xを作成し、Xからノイズzを使い偽画像GXを作成します。このX、YとX、GXが本物のペアかどうかをDiscriminatorが学習していきます。それによってGeneratorはより本物に近い画像を生成するように学習します。

▼Pix2Pixのアーキテクチャ

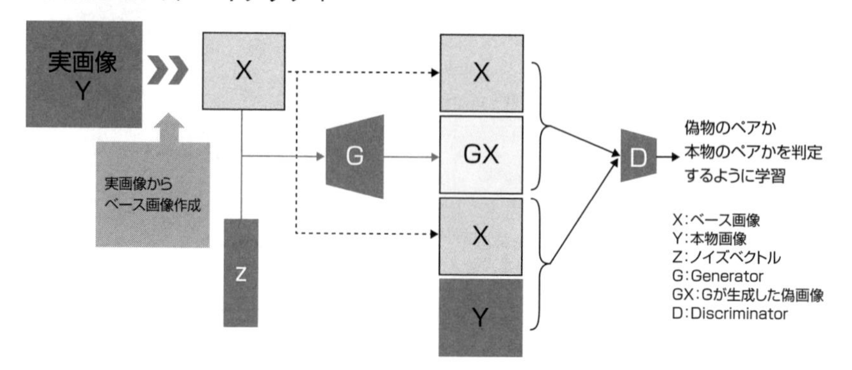

選択肢2は正解の**CycleGAN**の説明です。CycleGANは、下図のように、シマウマと馬のような別のドメイン間を行ったり来たりするように画像を生成することで、ドメインの変換を可能とします。驚くべきことにこのアーキテクチャは、ドメイン間の画像のペアがなくても学習します。

▼CycleGAN

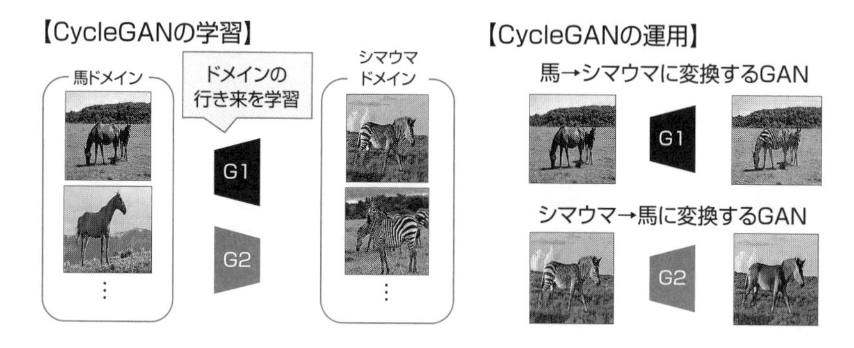

選択肢3は**stackGAN**の説明です。stackGANは、テキストを入力として、そのテキストの内容の画像を生成します。

選択肢4は**styleGAN**の説明です。styleGANは、固定特徴マップを段々と拡大していくことで、高解像度の画像を生成します。各拡大後に潜在空間から得られたノイズに非線形な変換を行って取得したstyle情報を毎回付与することで、画像の細かいところまで調整された高精細な画像を取得できます。

用語解説

sigmoid関数（シグモイド関数）	活性化関数に用いられる関数の1つ。入力xの値を[0,1]の範囲の値に変換する。 主に隠れ層や**二項分類問題を解くモデルの出力層**で用いられる。
tanh関数	活性化関数に用いられる関数の1つ。入力xの値を[-1,1]の範囲の値に変換する。主に隠れ層（中間層）で用いられる。
ReLU関数	活性化関数に用いられる関数の1つ。sigmoid関数やtanh関数よりも勾配消失が起きにくい。 ※すべての問題に対して最適というわけではないので注意。
softmax関数（ソフトマックス関数）	**シグモイド関数を一般化したもの**であり、複数個の入力を受け取り、受け取った数と同じ個数の出力を**総和が1**となるように変換して出力する。主に出力層で使われる。
誤差関数	モデルの予測値と実際の値（正解データ）との誤差を表した関数。
勾配降下法	関数の勾配にあたる**微分係数に沿って降りていくこと**で、**最小値を求める**手法。大域最適解に必ず収束するわけではないので注意が必要。
学習率	勾配降下法において、勾配に沿って**一度にどれだけ降りていくかを設定する**ハイパーパラメータ。
イテレーション	勾配降下法においてパラメータの更新回数。
エポック	1つの訓練データを**何回学習させるか**のハイパーパラメータ。
鞍点	ある次元から見ると極大点であるが、他の次元から見ると極小点となる点で勾配降下法での学習がうまくいかない原因となることがある。
プラトー	鞍点などの停留点に到達して**学習が停滞している**状態。
確率的勾配降下法（SGD）	パラメータxを更新するための勾配を求める際、全データの中からランダムに抜き出したデータを利用する（ミニバッチ学習）。
モーメンタム	SGDに慣性的な性質を持たせた手法。最小値までたどり着く経路がSGDと比べて無駄の少ない動きとなっているとともに、停滞しやすい領域においても学習がうまくいきやすくなるといったメリットがある。

5

AdaGrad	SGDの改良手法で、勾配降下法においてパラメータ毎の学習率を、勾配を用いて自動で更新する。
RMSProp	AdaGradを改良した手法。
Adam	RMSPropを改良したものであり、2014年に発表された。
過学習	機械学習においてモデルが**訓練データに過剰適合**すること。
ドロップアウト	ニューラルネットワークの学習の際、**一定の確率でランダムにノードを無視して学習を行う**手法で過学習を防ぐ効果がある。
early stopping	学習の際、主に、過学習が起きる前に学習を**早めに切り上げて終了**すること。
ノーフリーランチ定理	あらゆる問題に対して性能の良い汎用最適化戦略は理論上不可能であるという定理。
正規化	**データのスケールを揃える**などして調整すること。
標準化	特徴量を**平均0、分散1となるように変換**する処理。
白色化	データを**無相関化**してから**標準化**を行うこと。
バッチ正規化	各層で伝わってきたデータに対し、正規化を行う手法。
畳み込みニューラルネットワーク	主に画像処理の分野で高い効果を上げているニューラルネットワーク。畳み込みやプーリングといった処理が行われる。
カーネル(フィルタ)	畳み込み処理を行う際に用いられる**フィルタ**。畳み込み層ではカーネル内部の値をパラメータとして学習を行う。
ストライド	畳み込み処理において**カーネルを移動させる幅**のこと。
パディング	畳み込み処理前に画像に余白となるような部分を追加し、畳み込み処理後の**特徴マップのサイズを調整**するもの。
プーリング	画像や特徴マップなどの**入力を小さく圧縮する処理**で、maxプーリングや Averageプーリングなどが存在する。
Global Average Pooling	**分類したいクラスと特徴マップを1対1対応させ、各特徴マップに含まれる値の平均を取る**ことで誤差を計算できるようにする手法。
データ拡張(Data Augmentation)	画像に人工的な加工を行うことでデータの種類を増やすこと。
転移学習	学習済みのネットワークを利用して、新しい問題に対するネットワークの作成に利用する際に、**付け足した(または置き換えた)層のみを学習する**方法。

ファインチューニング	学習済みのネットワークを利用して、新しい問題に対するネットワークの作成に利用する際に、利用した学習済みモデルに含まれるパラメータも同時に調整する方法。
RNN	過去の入力による隠れ層（中間層）の状態を、現在の入力に対する出力を求めるために使う構造を持ったニューラルネットワーク。
通時的誤差逆伝播（BPTT）	過去の時系列をさかのぼりながら誤差を計算していく手法。
入力重み衝突	現在の入力に対し過去の情報の重みは小さくなくてはならないが、将来のために大きな重みを残しておかなければならないという矛盾が、新しいデータの特徴を取り込むときに発生すること。
出力重み衝突	現在の入力に対し過去の情報の重みは小さくなくてはならないが、将来のために大きな重みを残しておかなければならないという矛盾が、現在の状態を次時刻の隠れ層（中間層）へ出力するときに発生すること。
LSTM	「**CEC**（Constant Error Carousel）という情報を記憶する構造」と「データの伝搬量を調整する3つのゲートを持つ構造」を持つ**RNNを改良したモデル**。
GRU	リセットゲートと更新ゲートという2つのゲートを用いた構造のブロックから構成されるモデル。
双方向RNN（BiRNN）	2つのRNNが組み合わさった構造をしており、一方はデータを時系列通りに学習し、もう一方は時系列を逆順に並び替えて学習を行うモデル。
sequence-to-sequence（seq2seq）	入力となる時系列データから、時系列データを生成するタスク。代表的な構造には**RNN Encorder-Decoderモデル**がある。
Attention	入力データの**一部分に注意するような重み付けを行う**ことで重要な情報を取り出せるようにした手法。さまざまな種類がある。
価値ベース	報酬の期待値を状態や行動の価値計算に反映する方法。
方策ベース	現時点の方策で計算した報酬の期待値と方策を見比べて**どのように方策を変化させれば報酬の期待値が大きくなるか**を直接計算する方法。
Q学習	価値ベースの強化学習手法。状態sと行動aの組の価値を、状態s行動aを選んだ後、得られる報酬和の期待値で表現する。

モンテカルロ木探索	ある状態から行動選択を繰り返して報酬和を計算するということを複数回行った後、**報酬和の平均値をある状態の価値とする**価値推定方法。
Deep Q Network (DQN)	Q学習において、状態と行動の価値をこれまで得た報酬で近似するQ関数を、ニューラルネットワークで表現する手法。
AlphaGo	DeepMind社によって開発された深層強化学習を用いた囲碁プログラム。
変分オートエンコーダ(VAE)	オートエンコーダに改良を加えたモデルであり、新しいデータを生成することができるモデル。画像を生成する潜在変数の分布を学習し、入力画像を平均と分散に変換する。
敵対的生成ネットワーク(GAN)	ニューラルネットワークで深層生成モデルを構成する際の代表的なアーキテクチャの1つ。 ジェネレータとディスクリミネータという**敵対する目的を持つモデルを交互に学習**していく。

第6章

ディープラーニングの手法(2)

この章の概要

本章では、ディープラーニングの応用について、画像認識や自然言語処理をはじめとしたさまざまなタスクやそれを実現する有名なモデル、最新のモデルを学んでいきます。これらの技術は日々進化しており、それに伴って、AIジェネラリストも知識を更新していく必要があります。

ただ、新しく登場する多くのモデルは、何かのモデルを改良したものです。たとえば、2020年に登場したResNeStは高い精度を誇っていますが、2015年に登場したResNetが基礎構造になっています。一方で改良元のResNetはSkip connectionという斬新なアイディアが取り込まれ、それまでのモデル構造とは異なりました。このように、これまでの方法とは異なり、精度を大きく改善したモデルは話題になるケースが多いでしょう。特にインパクトのあるモデルはG検定でもその名前や特徴を問われることがあります。

また、そういった話題のモデルについて、「2つのモデルの差異やモデルについて、正しく説明している選択肢を選べ」といった、表面的な知識があるだけでは解けない問題が出される傾向にあります。したがって、画像分類など有名なタスクおよび新しいモデルの名前と中身について、公式テキストには掲載されていなかったとしても、解説からしっかりと押さえておく必要があります。

さらに、本書の出版後に話題になる最新の手法も登場してくるでしょう。話題になった手法は把握しておくようにできると、G検定への合格、そして何よりAIジェネラリストへの近道になります。

6.1　画像認識

CNNの代表モデル

問1　★★　➡解答 p.313 

次の文章を読み、CNNの代表的なモデルについて、特徴を正しく述べている組み合わせの選択肢を選べ。

画像認識の分類精度を競う会であるILSVRC(ImageNet Large Scale Visual Recognition Challenge)において、AlexNetと呼ばれるCNNを用いたモデルが注目を浴びて以降、CNNを用いたモデルが優秀な成績を収めている。

その中の代表的なものとして、次のモデルが開発されてきた。

モデル	特徴
2012年 AlexNet(1位)	ILSVRCにおいて初めて深層学習の概念を取り入れた
2014年 GoogLeNet(1位)	①
2014年 VGG16(2位)	②
2015年 ResNet(1位)	③

これらのモデルに対し、その特徴を正しく述べている組み合わせは(ア)である。

(ア)の選択肢

1. ① Inceptionモジュールという小さなネットワークを積み上げた構造をしている
   ② 層を飛び越えた結合(Skip connection)を持つ構造をしている
   ③ サイズの小さな畳み込みフィルタを用いて計算量を減らしている
2. ① Inceptionモジュールという小さなネットワークを積み上げた構造をしている
   ② サイズの小さな畳み込みフィルタを用いて計算量を減らしている
   ③ 層を飛び越えた結合(Skip connection)を持つ構造をしている
3. ① サイズの小さな畳み込みフィルタを用いて計算量を減らしている
   ② Inceptionモジュールという小さなネットワークを積み上げた構造をしている
   ③ 層を飛び越えた結合(Skip connection)を持つ構造をしている

4.　① 層を飛び越えた結合(Skip connection)を持つ構造をしている
　　② サイズの小さな畳み込みフィルタを用いて計算量を減らしている
　　③ Inceptionモジュールという小さなネットワークを積み上げた構造をしている

問2　★★　➡解答　p.314 

次の文章を読み、空欄に最もよく当てはまる選択肢をそれぞれ1つ選べ。

ResNetは通常のCNNにResidual blockを導入することにより多層化に成功した。これによりモデルを深くすればするほど(　ア　)ことが示された。

しかし、深さだけでなく同様に幅も重要ではないかと考えた研究もある。その1つにResNetの派生としてWide ResNetがある。ResNetの幅をよりwideにすることでモデルを深くすることなく高精度を出した。ここでいう幅とは(　イ　)のことである。

さらにWide ResNetはResidual block内にDrop outを入れることで過学習を防ぐ効果があることを示した。Wide ResNetはResNetに対して精度以外にも(　ウ　)という効果も期待できる。

(ア)の選択肢

1. 過学習を抑える
2. 学習速度が速まる
3. 精度が上がる
4. メモリの使用量が減る

(イ)の選択肢

1. 畳み込み層のカーネルサイズ
2. 畳み込み層の出力チャネル数
3. 畳み込み層のdilation rateの大きさ
4. 畳み込み層の数

(ウ)の選択肢

1. メモリの使用量を減らす
2. 一度の畳み込みで画像内の広い範囲を見られるようになる
3. 計算速度を上げる
4. 各畳み込み後の特徴マップを大きくする

問3　★★　➡解答　p.316

次の文章を読み、空欄に最もよく当てはまる選択肢をそれぞれ1つ選べ。

ResNetはある畳み込み層の出力をそれよりも出力側に近い畳み込み層の出力に追加することで、層を深くすることによる勾配消失問題を解決した。これはResidual blockと呼ばれ、ある畳み込み層の出力とそれよりも出力側に近い畳み込み層の出力同士を(　ア　)。

このResNetの派生としてDenseNetがある。DenseNetはResNetに対してDense blockというものを使う。このブロック内ではResNet同様各畳み込み層の出力がそれよりも出力側に近い畳み込み層の出力に追加されるが、ResNetとは異なり出力同士を(　イ　)。

さらにDenseNetではブロック内の各層の出力が(　ウ　)ため、特徴量の伝達が強化されている。

(ア)(イ)の選択肢

1. 足し合わせる
2. チャネル方向に連結する
3. 引き算する
4. 掛け算する

(ウ)の選択肢

1. 大きなサイズの特徴マップとなった
2. チャネル方向に増えた
3. 以降の畳み込み層すべてに直接追加した
4. スパースになった

問4　★★　➡解答　p.317

次の文章を読み、空欄に最もよく当てはまる選択肢をそれぞれ1つ選べ。

CNNは畳み込み層を複数用意することで画像認識分野において大きな貢献をもたらした。特に層を深くして高精度を出したResNetや、畳み込み層の幅を大きくして高精度を出したWide ResNetなどがある。中でもSqueeze-and-Excitation Networks (SENet)は畳み込み層の(　ア　)に注目した派生モデルである。その

(　ア　)から各チャネルの重みを考慮することで(　イ　)が期待できる。

(ア)の選択肢
1. チャネル毎のカーネルサイズ
2. 出力のチャネル数
3. 特徴マップのサイズ
4. 特徴マップの各チャネル情報

(イ)の選択肢
1. 出力サイズを大きくすること
2. 出力数を増やすこと
3. 重要なチャネルを際立たせること
4. 出力が正規化されること

物体検出

問5　★★　➡解答　p.318 

次の文章で、物体検出について正しく説明している選択肢を選べ。

1. 画像がどのクラスに属するのかを予測する。
2. 画像に写っているものをピクセル単位で領域やクラスを認識する。
3. 画像に写っている物体をバウンディングボックスと呼ばれる矩形の領域で位置やクラスを認識する。
4. 敵対生成ネットワークや変分オートエンコーダなどを利用し、画像を生成する。

問6　★★　➡解答　p.319 

次の文章を読み、空欄に最もよく当てはまる選択肢をそれぞれ1つ選べ。

物体検出は、深層学習以前では、人手で画像から良い特徴量を抽出するように設計されていた。たとえば、スライドウィンドウ内の輝度ヒストグラムを使って特徴抽出をして物体検出をするhistogram of oriented gradients (HOG)という手法がある。

しかし、畳み込みニューラルネットワーク(CNN)が登場し、ImageNet Large Scale Visual Recognition Challenge (ILSVRC)という画像認識コンペティションにおいて非常に良い精度を出した。そこで、物体検出においてCNNを使うことが提案された。

最初は1枚の画像を大量の領域に分けてCNNに入力し、領域毎に背景、物体を認識して最終的に1枚の画像内の物体検出を行う。次頁の図にCNNを用いた物体検出の概要を示す。

▼CNNを使った物体検出

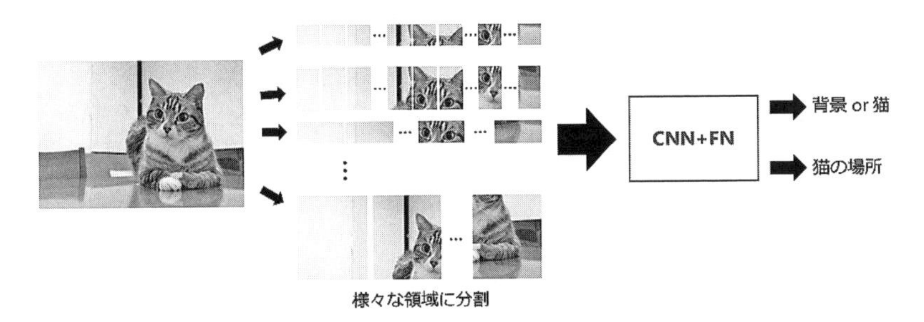

図のように画像をさまざまなサイズに分割し、それが背景なのか物体なのか、またその画像内のどの部分が物体なのかを判断する。ここでFNとはFully connected layer（全結合層）のことであり、クラス分類用とバウンディングボックス（bbox）の位置特定用の2つ用意されている。この手法の特徴は（　ア　）。

この手法をより良くしたのがR-CNN（Regional CNN）である。R-CNNは分割した画像をすべてCNNに掛けるのではなく、物体がありそうな領域を探してそれらのみを検出器であるCNNに入力する。この物体がありそうな領域をRegion-Of-Interest（ROI）と呼び、これを探し出すモデルをRegion Proposalと呼ぶ。

以下の図にR-CNNの概要を示す。

▼R-CNNを使った物体検出

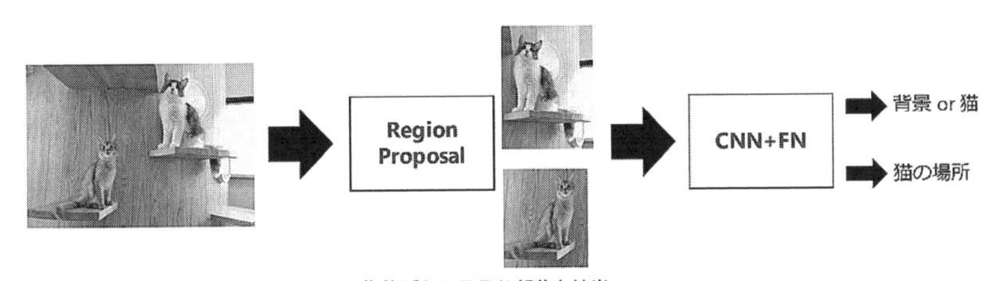

図のようにRegion Proposalは、画像中の物体がありそうな部分を切り出し分割する。それらの分割した画像毎にCNNを使って物体検出をする。この手法の特徴は（　イ　）。

この手法をさらに改善したものとしてFast R-CNNがある。これはRegion Proposalで切り出す部分を画像ではなく画像の特徴量にすることでR-CNNを高速化した。以下の図にFast R-CNNの概要を示す。

▼Fast R-CNNを使った物体検出

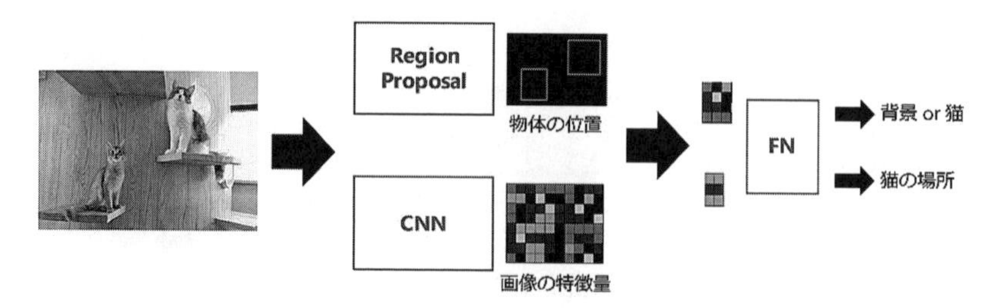

このようにFast R-CNNはRegion ProposalとCNNを並列して実行する。この手法の特徴は(　ウ　)。

(ア)の選択肢

1. 画像をどう分割するかも学習するため高精度となった
2. 分割数が多すぎて物体検出の学習が難しく精度もあまりよくなかった
3. CNNを使うため高精度を出し、かつ従来の手法よりも高速に実装できた
4. CNNを使うため高精度を出したが、分割数が非常に多く処理速度が非常に遅かった

(イ)の選択肢

1. 画像中の物体のありそうな部分のみを使うため精度があまりよくなかった
2. 画像中の物体のありそうな部分のみを使うため処理速度が向上した
3. Region Proposal自体もCNNであるためCNNを2重に使うことによる精度向上と、処理速度向上を見込めた
4. Region Proposalの演算自体も非常に高速で処理速度が向上した

(ウ)の選択肢

1. R-CNNに比べてFast R-CNNは特徴量を使うため高速ではあったが、精度はあまりよくならなかった
2. Fast R-CNNはRegion Proposalの演算速度がR-CNNより早いため、高速に実行できた
3. Fast R-CNNはR-CNNに対してCNNを使う回数が1回で済むため、高速化に成功した
4. Fast R-CNNはCNNの層数を少なくして大きな特徴量を取り出すことで高速化に成功した

セグメンテーション

問7 ★★ ➡解答 p.320 

次の文章を読み、空欄に最もよく当てはまる選択肢をそれぞれ1つ選べ。

画像セグメンテーションとは、画像全体や画像の一部の検出ではなく、ピクセル一つひとつに対して、そのピクセルが示す意味をラベル付けするタスクである。このタスクは、セマンティックセグメンテーション、インスタンスセグメンテーション、パノプティックセグメンテーションなどとさらに細分化される。

それぞれの特徴として、セマンティックセグメンテーションは(　ア　)。

インスタンスセグメンテーションは(　イ　)。

パノプティックセグメンテーションは(　ウ　)。

セグメンテーションは画像を入力とするため、畳み込みニューラルネットワーク(CNN)を活用することで高い精度を得ることができた。

たとえば、セマンティックセグメンテーションに対してFully Convolutional Networks (FCN)と呼ばれるモデルが提案された。これの特徴は(　エ　)。

(ア)(イ)(ウ)の選択肢

1. 背景、猫、車などといったカテゴリ毎にピクセル単位でクラス分けをする
2. 背景、猫、車などといったカテゴリ毎にクラス分けをしつつ、それぞれの人や車などといった物体毎のクラスも判別する
3. 背景とそれ以外の物体の2色でクラス分けを行う
4. それぞれの人や車などといった物体毎にクラス分けを行い、背景などの数えられないものはクラス分けを行わない

(エ)の選択肢

1. オートエンコーダ形式でエンコーダからデコーダへのスキップコネクションがある
2. オートエンコーダ形式で、デコーダ時の特徴マップの拡大の仕方をpooling時の位置情報を用いて工夫した
3. すべての層が畳み込み層のみで構成されている
4. 特徴マップをピラミッド型に伝播させていく

6

問題

問8　★★　➡解答　p.321 

次の文章を読み、空欄に最もよく当てはまる選択肢をそれぞれ1つ選べ。

セグメンテーションは、セマンティックセグメンテーション、インスタンスセグメンテーション、パノプティックセグメンテーションというタスクに細分化され、それぞれに対してさまざまな深層学習モデルが提案されている。

セマンティックセグメンテーションに対して最初に畳み込みニューラルネットワーク(CNN)を使ったFully Convolutional Networks(FCN)がある。これはすべての層を畳み込み層のみで実現していることが特徴である。その他にもオートエンコーダ形式で、デコーダ時にエンコーダ時のpooling位置を参照してup samplingする(　ア　)や、エンコーダの出力に異なるサイズのpoolingをし、それらをデコーダに入力する(　イ　)や、エンコーダの出力に異なるdilationの畳み込みを行い、それらをデコーダに入力する(　ウ　)などがある。

インスタンスセグメンテーションは、物体検知のモデルを派生させた(　エ　)などがある。

パノプティックセグメンテーションには、ピラミッド構造のようなオートエンコーダを用いてセマンティックセグメンテーションとインスタンスセグメンテーション両方を学習するPanoptic FPNなどのモデルがある。

(ア)(イ)(ウ)(エ)の選択肢

1. Mask R-CNN
2. Deep Lab
3. SegNet
4. PSPNet

OpenPose

問9　★★　➡解答　p.323 

次の文章を読み、空欄に最もよく当てはまる選択肢を1つ選べ。

画像または動画内の人のポーズや姿勢を推定する姿勢推定というタスクがある。人のポーズや姿勢推定は、もともと画像中から人を検出する物体検出を経た後、ポーズ推定をそれぞれの検出部分に適応させていた。これはトップダウンアプローチと呼ばれる。しかしこれは人の検出数が増えるほど時間がかかり、リアルタイム性に欠ける。

それに対してボトムアップアプローチと呼ばれる姿勢のキーポイントを直接画像から検出し、それらを繋げる手法がある。その中でPart Affinity Fields(PAFs)という手法が提案された。これを使うことで、一度に画像内の複数の人に対して姿勢推定ができ、トップダウンよりも高速な推定が可能となった。このPAFsは(　ア　)。このPAFsと関節を検出するネットワークを並列にして学習、推論することで高速かつ高精度な検出が可能となった。

(ア)の選択肢
1. 人を関節で分けたパーツに分解する
2. 人とそれ以外でパーツ分けする
3. 検出した関節点同士の結線の繋がりを推論するためのものである
4. 人の位置を検出する

6

CNNモデルの解釈

問10　★★　➡解答　p.324 

次の文章を読み、空欄に最もよく当てはまる選択肢をそれぞれ1つ選べ。

ディープラーニングは、多層にすることによる表現力向上でさまざまなタスクにおいて高いパフォーマンスを発揮した。

しかし、ディープラーニングのモデルは非線形で多層なため、モデル自体の振る舞いを理解することができない。そのためディープラーニングはブラックボックスと呼ばれ、モデルの予測結果の判断根拠を解釈することができない。

これを解消するために(　ア　)という研究分野が生まれた。単純な線形モデルでは各説明変数にかかる重みが、それぞれの説明変数の重要度と解釈でき、モデルが何を重要としているかを解釈できる。これに目を付け、複雑なディープラーニングモデルなどを線形モデルや決定木などで近似させて説明性を考慮した(　イ　)が提案された。

その他にも協力ゲーム理論をベースに用いて重要度を測る(　ウ　)も提案されている。これらはテーブルデータ、画像データにも適用できる。画像を扱う上で近年では畳み込みニューラルネットワーク(CNN)が使用される。

CNNに対してモデルの最後の畳み込み層の特徴マップとGlobal Average Pooling

問題

(GAP)後の全結合層の重みを用いて説明性を考慮した(　エ　)も提案された。これは(　イ　)や(　ウ　)のように近似をしたり重要度を再計算する必要がなく、学習したモデルにデータを流し、そこで得られる最後の畳み込み層の特徴マップにGAP後の全結合層の重みを加えてデータの注力箇所を可視化する。

(ア)の選択肢
1. Neural Architecture Search (NAS)
2. Feature Pyramid Networks
3. Principal Component Analysis (PCA)
4. Explainable AI (XAI)

(イ)(ウ)(エ)の選択肢
1. SHAP
2. LIME
3. Grad-CAM
4. CAM

EfficientNet

問11　★★★　➡解答　p.326 

次のうち、EfficientNetの特徴について説明している選択肢として適切なものを選べ。

1. モデルの深さ、広さ、入力画像の大きさをバランス良く調整している。
2. 前方の各層からの出力すべてが後方の層への入力として用いられており、Dense Blockと呼ばれる構造を持つ。
3. 最大152層から構成されているネットワークを持っており、Skip connectionがある。
4. Inceptionモジュールと呼ばれる小さなネットワークを積み上げた構造をしている。

学習の発展

問12　★★★　➡解答　p.326 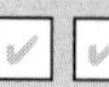 

次の文章を読み、設問に答えよ。

深層ニューラルネットワーク(DNN)の研究が進んだことで、画像の識別などのタスクにおいて高い性能が達成されるようになった。しかし、DNNを用いた識別モデルの学習には、大量の教師ラベル(正解ラベル)付きサンプルが必要となるため、少ないデータで学習できる手法や他のデータセットのラベルを流用するなどの手法を模索されていた。中でもドメインアダプテーションという手法がある。

ドメインアダプテーションとは、すでに教師ラベルが準備されたデータ（ソースデータ）で学習されたモデルを目標のデータ（ターゲットデータ）に利用する際に用いる手法の1つである。ドメインとは「何についてのデータか」というデータの種類や形式を指し、ソースデータのドメインはソースドメイン、ターゲットデータのドメインはターゲットドメインと呼ばれている。

（設問）

ドメインアダプテーションについて正しく説明している選択肢を1つ選べ。

1. 予測対象であるターゲットドメインとは異なる分布であるソースドメインの情報を活用して、モデルの予測性能を向上させることを目的としている。
2. 正解ラベルを使用しない教師なしドメインアダプテーションに関する手法は提案されていない。
3. 画像認識分野のドメインアダプテーションにおいて、撮影環境の違いはドメインの相違に含まれない。
4. ドメインが異なるソースデータで学習したモデルをそのままターゲットデータに用いると精度が大きく上がる傾向を活用している。

問13　★★★　➡解答　p.327

次の文章を読み、空欄（ア）に最もよく当てはまる選択肢を1つ選べ。また、ドメインランダマイゼーションを正しく説明している選択肢を（イ）の中から1つ選べ。

近年ではロボットの制御に強化学習を取り入れる研究が進んでいる。強化学習を用いたロボット制御の方策獲得では、安全性の向上やコスト削減を目的とした（　ア　）が望まれている。（　ア　）とはシミュレーション環境で方策を学習してから実環境に適用することを指す。しかし、シミュレーション上の環境と実環境ではリアリティギャップと呼ばれる相違が存在する。リアリティギャップが原因で実環境にロボットがうまく適応できない問題が生じる。リアリティギャップを埋めるための方法としてドメインランダマイゼーションが提案されている。

(ア)の選択肢
1. pix2pix
2. seq2seq
3. sim2real
4. end2end

(イ)の選択肢
1. ドメインランダマイゼーションとは、シミュレーションのパラメータをランダムに1つ生成する手法で、その1つのシミュレーション環境のみで学習することでリアリティギャップを埋めることができる。
2. ドメインランダマイゼーションとは、シミュレーション上のロボットの行動選択をランダム化する手法である。
3. 実環境におけるすべての影響をシミュレーションで再現し学習させることは不可能なので、実環境の行動選択が必ず成功するとは限らない。
4. ロボットがカメラで認識する物体の形状や色はドメインランダマイゼーションでランダム化するパラメータには含まれない。

6.2 自然言語処理

問1　★★★　➡解答 p.328 

次の文章を読み、空欄に最もよく当てはまる選択肢をそれぞれ1つ選べ。

自然言語処理には形態素解析、構文解析、意味解析、文脈解析の4つの工程がある。形態素解析とは、文章を「意味を担う最小単位(＝形態素)」に分割し、それぞれに品詞などの情報を振り分ける処理である。形態素解析は(　ア　)。構文解析は(　イ　)処理を行う。

(ア)の選択肢
1. 英語のような単語間にスペースのある言語においては形態素解析を行う必要がない
2. word2vecなどの単語埋め込みを行うモデルを用いる
3. 解析を行う際に辞書を用意しておくことで解析精度が向上する可能性が高まる

4. 形態素解析では潜在的ディリクレ配分法（LDA：Latent Dirichlet Allocation）を始めとするトピックモデルを活用し、文章のトピックを推定する

（イ）の選択肢
1. 単語と単語の関連性を見て、文法として正しいか、意味が通じる文章かも解析する
2. 定義した文法に従って形態素間の関連付けを解析する
3. 文章の文と文との関係や話の推移を解析する
4. 文が肯定的か否定的かを解析する

問2　★★★　➡解答　p.329

次の文章を読み、設問に答えよ。

GPT（Generative Pre-trained Transformer）とは、2018年にOpenAIによって発表された言語モデルである。GPTはベースとなるTransformerに対して、事前学習とファインチューニングを行うことによって高い性能を実現した。

GPTは後継モデルとしてGPT-2やGPT-3といったモデルが発表されている。GPTは約1億1700万個のパラメータを持つ大きなモデルであるが、GPT-2では約15億個、GPT-3では約1750億個となっており、より大規模かつ高精度なモデルとなっている。

（設問）

OpenAIが、悪用されるリスクが高く公開することが危険であるという理由で、最大サイズのモデルの公開を延期し、段階的に公開されたことで話題となったバージョンとして正しいものを次の選択肢から選べ。

1. GPT
2. GPT-2
3. GPT-3

問3　★★　➡解答　p.330 

次の文章を読み、空欄に最もよく当てはまる選択肢をそれぞれ1つずつ選べ。

文書や単語に潜む潜在的なカテゴリを説明するモデルに、(　ア　)がある。文書以外でも、たとえば通販サイトにおいて、顧客の購買履歴から商品の(　イ　)を知ることができる。

(ア)の選択肢
1. 一般化線形モデル
2. スパースモデル
3. グラフィカルモデル
4. トピックモデル

(イ)の選択肢
1. 潜在的なカテゴリ分け
2. 適切な価格
3. 買い替えの頻度
4. 次の期間の売上

問4　★★　➡解答　p.330 

次の文章を読み、空欄に最もよく当てはまる選択肢をそれぞれ1つずつ選べ。

トピックモデルの代表的なモデルにLDA(Latent Dirichlet Allocation)がある。LDAでは、1つの文書には(　ア　)の潜在トピックが存在すると仮定する。また、具体的な単語などのデータがそれぞれ生成される確率は、(　イ　)。

(ア)の選択肢
1. 単一
2. 複数

(イ)の選択肢
1. 全トピックで同一である
2. トピック毎に異なる

問5　★★

➡解答　p.331

次の文章を読み、空欄に最もよく当てはまる選択肢を選べ。

日本語や英語のような自然言語も、通常のデータと同様テーブルの形にすることで、テーブルデータに対する学習アルゴリズムを適用することができる。

たとえば、文書の数をk、出現しうる単語の数をnとしたとき、その文書内の出現回数を値に持つ$k \times n$のテーブルを作ることができる。このように各文書をベクトルで表現する方法を、(　ア　)という。

(ア)の選択肢

1. トピックモデル
2. TF-IDF
3. RNN
4. bag of words

問6　★★★

➡解答　p.332

次の文章を読み、空欄に最もよく当てはまる選択肢を選べ。

自然言語を特徴量のテーブルにする手法としてbag of wordsがあるが、より一般的な単語の重みを低くし、特定の文書に特有な単語を重要視する手法に(　ア　)がある。(　ア　)は、単語の文書内での出現頻度と、その単語が存在する文書の割合の逆数の対数の積で定義される。

(ア)の選択肢

1. LDA
2. one hot encoding
3. word2vec
4. TF-IDF

問7　★★★　➡解答　p.332 

次の文章を読み、空欄に最もよく当てはまる選択肢をそれぞれ1つずつ選べ。

自然言語処理を行う際にはコンピュータに単語を理解させるために固定長のベクトルで表す分散表現が重要になる。単語の分散表現を獲得するにはさまざまな方法が存在するが、中でもword2vecはニューラルネットワークを用いた（　ア　）の手法で非常によく使われる。また、word2vecには（　イ　）と（　ウ　）の2つのモデルが存在する。

（　イ　）は、単語周辺の文脈から中心の単語を推定し、（　ウ　）は逆に中心の単語からその文脈を構成する単語を推定する。

（ア）の選択肢

1. 推論ベース
2. カウントベース

（イ）、（ウ）の選択肢

1. CBOW
2. Skip-gram
3. N-gram
4. one-hot encoding

問8　★★　➡解答　p.333 

次の文章を読み、空欄に最もよく当てはまる選択肢をそれぞれ1つ選べ。

fastTextは（　ア　）の後継モデルであり、meta（旧Facebook）社が開発した自然言語処理モデルである。（　ア　）同様、単語をベクトル化することによって単語間の距離を計算し、コンピュータ上での言葉の処理を可能にしている。

（　ア　）と異なる点は、単語埋め込みを学習する際に、単語だけでなくその単語を構成する（　イ　）の情報も含めることである。

単語以外に（　イ　）を考慮することで、訓練データに存在しない未知の単語（OOV：Out Of Vocabulary）であっても単語埋め込みを計算することができる。また単語のベクトル化やテキストの分類を高速で行うことができる。

（ア）の選択肢

1. word2vec
2. Seq2Seq
3. RNN
4. BERT

（イ）の選択肢

1. 周辺単語
2. TF-IDF
3. 部分文字列
4. 共起表現

問9　★★

➡解答　p.334  

次の文章のうち、Vision Transformer（ViT）について正しく説明している選択肢を1つ選べ。

1. 自然言語処理分野で用いられているTransformerを画像処理分野に適応したもので、多層パーセプトロンの機構を使用せずにクラス分類を行う。
2. 自然言語処理分野で用いられているTransformerを株価予測などの時系列データの分析に適応したモデルとして提案されている。
3. 自然言語処理分野で使用されているTransformerを画像処理分野に適応したもので、CNNを使わない新たなモデルとして提案されている。
4. 画像処理分野で広く用いられているCNNをTransformerの前処理に適応したモデルとして提案されている。

6.3　音声認識

問1　★★　➡解答　p.335

音声データの扱いについて、空欄の最もよく当てはまる選択肢をそれぞれ1つ選べ。

音声は、空気の振動が波状に伝わるものである。人の発話による音声の構成単位は、音素あるいは音韻と呼ばれている。音韻は言語によらず人間が認知可能な音の総称を指し、音韻の最小単位を音素と呼ぶ。たとえば、/sa/と/si/は人間が区別可能な音であるため、異なる音韻と捉える。/sa/を最小単位に分けると/s/と/a/という音素を取り出すことができる。

音声は時間と共に連続的に変化するアナログなデータであり、コンピュータで処理するためにはデジタルなデータに変換する必要がある。この変換を(　ア　)という。音声はパルス符号変調(Pulse Code Modulation：PCM)という方法で(　ア　)を行うことが可能である。PCMは(　イ　)の3ステップを経てデジタルなデータに変換する。

(ア)の選択肢

1. D-A変換
2. A-D変換
3. ハフ変換
4. アフィン変換

(イ)の選択肢

1. 標本化 → 符号化 → 量子化
2. 標本化 → 符号化 → 復号化
3. 標本化 → 復号化 → 符号化
4. 標本化 → 量子化 → 符号化

問2　★★　➡解答　p.336

高速フーリエ変換について、空欄に最もよく当てはまる選択肢を1つ選べ。

音声信号はさまざまな周波数や振幅の三角関数を足し合わせたものと考えることができる。音声信号にどのような周波数がどれほど含まれるか示したものを周波数スペクトルと呼び、横軸を周波数、縦軸を信号の強さとするグラフで表されることが多い。音声信号に含まれる周波数を分析することで音声の特徴を捉えることが可能となる。周波数成分を抽出する手法として高速フーリエ変換(Fast Fourier Transform：FFT)が使用されている。高速フーリエ変換は(　ア　)。

1. 周波数特性を求める際に欠落する時間領域の情報を補完することができる
2. 短時間毎に周波数解析を行う必要があるが、高速に周波数特性を求めることができる
3. 計算量が多いため、機械学習やデータ分析で用いられることはない

問3　★★　➡解答　p.338

次の文章を読み、空欄に最もよく当てはまる選択肢を1つ選べ。

「音の大きさ」「音の高さ」「音色」は音の三要素(三属性)と呼ばれている。中でも「音色」は音波の質の違いによって生み出されるものである。同じ「音の大きさ」、同じ「音の高さ」であっても、「音色」の違いから異なる音声だと認識することができる。「音色」の違いはスペクトル包絡の違いから確認できる。スペクトル包絡とは(　ア　)のことであり、スペクトル包絡を求める手段の1つとしてメル周波数ケプストラム係数を用いて求める方法がある。メル周波数ケプストラム係数は「音色」に関する特徴量として多用されている。

スペクトル包絡を求めるといくつかの周波数で振幅がピーク値を取る。このピークをフォルマントと呼び、フォルマントのある周波数をフォルマント周波数と呼ぶ。

メル周波数ケプストラム係数やフォルマント周波数は、音声認識の特徴量として使うことができる。

(ア)の選択肢
1. 周波数スペクトルにおける減衰
2, 周波数スペクトルにおける密度の変化
3. 周波数スペクトルにおける高周波と低周波の偏り
4. 周波数スペクトルにおける緩やかな変動

問4　★★　➡解答　p.339 

次の文章のうち、隠れマルコフモデルについて正しく説明している選択肢を1つ選べ。

1. 隠れマルコフモデルは、音響モデルとして標準的に用いられているが音声認識には使用されていない。
2. 隠れマルコフモデルは、音素毎に学習しておくことでさまざまな単語の認識に対応することができる。
3. 隠れマルコフモデルでは、単語と音韻列の対応辞書をあらかじめ定義しておく必要がある。
4. 音声認識に隠れマルコフモデルが利用される理由の1つは、モデルのパラメータを決定する学習処理が簡素で計算量が少ないことである。

問5　★★★　➡解答　p.341 

次の選択肢のうち、音声合成について、正しく説明しているものを選べ。

1. WaveNetはCNNなどで使われる畳み込み処理を行っている。
2. WaveNetでは時系列の音声データを扱うためにRNNの構造を内部に持っている。
3. Amazon社が開発したモデルで、Amazon Echoなどに搭載されているモデルである。

6.4　強化学習

問1　★　➡解答　p.341  

次の語群のうち、強化学習と関わりが最も強い選択肢を選べ。

1. Transformer、BERT、Attention
2. RAINBOW、Actor-Critic、REINFORCE
3. DCGAN、LDA、VAE
4. Decision tree、Random forest、Gradient Boost

問2　★★★

➡解答　p.342 

次のような強化学習を適応したい状況において、最も関わりが深い手法を選択肢から1つ選べ。

医療の現場において、強化学習を利用して患者の病状に合わせた最適な薬の量を求めたい。しかしながら、データを集めるために実際に患者に投薬を繰り返すことは危険であるため、報酬をサンプリングしながら学習を進めることが難しい。そこで過去に集積されたデータのみから強化学習ができないかと考えた。

1. マルチエージェント強化学習
2. 残差強化学習
3. オンライン強化学習
4. オフライン強化学習

問3　★★★

➡解答　p.343  

強化学習を利用した深層学習モデルを利用して、実際に現実の問題を解決しようとすることを考える。このときに発生すると考えられる課題として、不適切なものを選択肢から1つ選べ。

1. シミュレータ環境で学習したモデルを現実世界で動作するロボットに搭載したが、シミュレータ環境と現実世界とのギャップによりうまく動作しなかった。
2. 自動車を運転するためのハンドル操作を学習してみたが、学習によって獲得した方策が安全運転とはかけ離れたものだった。
3. ロボットアームの制御を学習するとき、動かすアームだけでなくその移動量を出力したいため、移動量を少しずつ変えた行動の選択肢を大量に用意する必要が出てきた。
4. 強化学習で強いオセロAIを作ろうしたが、各盤面でどの手が最適なのかがわからないため、サンプリングしたデータに正解ラベルが付けられない問題に直面した。

問4　★★★　➡解答　p.344 

次の文章を読み、設問に答えよ。

強化学習においてネットワーク内部で外部世界をモデル化することができると、目的の達成において有益となる場合が多い。このように、観測データから世界をモデル化するモデルを世界モデルと呼び、世界をモデル化するために利用できる特徴を状態表現と呼ぶ。状態表現学習では状態表現をエージェントの観測データから自動的に獲得することが目的となる。

(設問)

観測データから得られる、良い状態表現に関わる性質として、正しいものを選択肢から1つ選べ。

1. できる限り高次元で状態表現されると良いとされる。
2. 状態表現の学習に外部世界の事前知識を取り入れることは難しい。
3. 状態表現を学習したモデルは関連したタスクにおいて、転移学習に効果的である。
4. 状態表現はエージェントの行動の影響を受けない。

問5　★★★　➡解答　p.344 

AlphaZeroとはAlphaGo Zeroの改造バージョンとしてDeepMind社が2017年に発表したアルゴリズムである。

DeepMind社は、AlphaGo→AlphaGo Zero→AlphaZero→AlphaStarという順番で新しいアルゴリズムを発表しているが、ここでAlphaZeroを発表したときの新規性として適切なものを選択肢から1つ選べ。

1. 初めて囲碁で人間のプロ棋士に勝利した。
2. 人間の対局データを一切使わず、自己対戦のみによって学習した。
3. 囲碁に加えて、将棋とチェスも解けるようにアルゴリズムを汎化した。
4. リアルタイムストラテジーゲーム「StarCraft II」を学習した。

問6　　★★★　　➡解答　p.345  

次の文章を読み、設問に答えよ。

OpenAI Fiveとは、Valve Corporationが開発した「Dota 2」と呼ばれるリアルタイムストラテジーゲームを解くOpenAIが開発したアルゴリズムである。Dota 2はそれぞれ5人のプレイヤーから構成される2チームで対戦する。ゲームでは各々がヒーローと呼ばれる異なるキャラクターを操作し、味方と協力しつつ相手の本拠地を破壊することが目的となる。

（設問）

ここで囲碁・チェス・将棋よりDota 2における強いアルゴリズムを作成することが難しい要因として、誤っている選択肢を選べ。

1. 細かなフレーム毎の行動選択が長時間続くために、1試合のエピソードが長くなる。
2. ゲームに関わる情報が部分的にしか観測できないため、わからない情報は推測しつつ行動を選択する必要がある。
3. マップ上のオブジェクトやヒーローの位置といった観測される情報の空間が大きい。
4. 自身が取れる行動が移動やスペルなどの使用のみであり、非常に限られている。

6.5　生成モデル

問1　　★★　　➡解答　p.346 

次の文章を読み、空欄に最もよく当てはまる選択肢をそれぞれ1つ選べ。

ディープラーニングはさまざまなタスクで高精度を達成できる。多層にすることで表現力の向上は可能であるが、その反面パラメータ数が増えてしまうことによる計算速度の遅延やメモリの使用量の増加などの問題がある。そこでモデル圧縮という概念が生まれた。

モデル圧縮にはいくつかの手法が提案されている。たとえば、モデルのパラメータはコンピュータでは32bitといった高精細な値を持つが、これを16bitや8bitまで落とす(　ア　)という手法がある。しかし、これはパラメータの情報が圧縮した分消滅するため、モデル精度が悪くなることがある。

モデル内の影響の小さい重みを削除することでパラメータ数を削減する(　イ　)という手法もある。これは重要なパラメータのみを使うといった精度が悪くなることを防ぐ工夫がされている。

その他にも、生徒モデルと呼ばれる小さなモデルを用意し、教師モデルと呼ばれる大きなモデルの出力を真似るように学習する(　ウ　)という手法もある。これはかなり小さい生徒モデルで運用することができ、生徒モデル単体で学習するよりも生徒モデルの精度を上げることが期待できる。

(ア)(イ)(ウ)の選択肢

1. Distillation(蒸留)
2. Quantization(量子化)
3. Compression(圧縮)
4. Pruning(枝刈り)

6.6　自動運転

問1　★★★　➡解答　p.347 

次の選択肢のうち、自動運転のレベルとその説明の組み合わせが誤っているものを1つ選べ。

1. レベル5：常にシステムがすべての運転を実施
2. レベル2：システムがステアリング操作、加減速のどちらもサポート
3. レベル1：システムが前後・左右のいずれかの車両制御を実施
4. レベル4：特定条件下においてシステムがすべての運転を実施するが、緊急時は人が運転する

解答と解説

6.1　画像認識

CNNの代表モデル

問1

➡問題　p.289

解答　2

解説

CNNを用いた代表的なモデルを確認するとともに、それらの特徴を問う問題です。

GoogLeNetの特徴の1つは、Inceptionモジュールと呼ばれる小さなネットワークを積み上げた構造をしていることです。

ここでInceptionモジュールは、以下の構造をしています。

▼Inceptionモジュールの構造

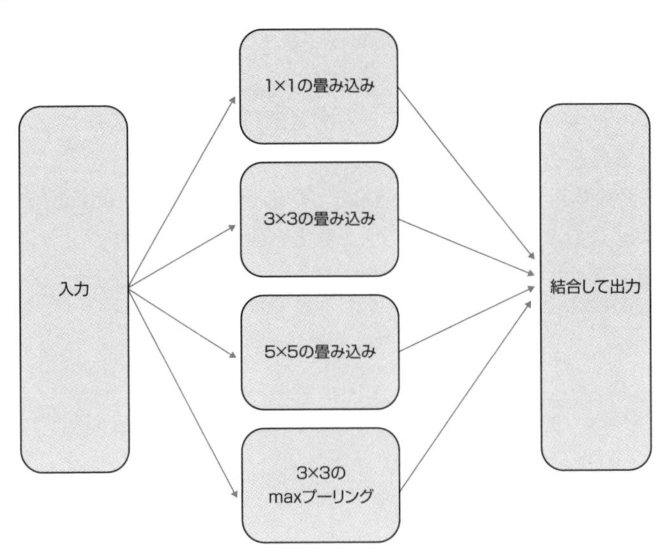

このようにInceptionモジュールは、3つの異なるサイズの畳み込みフィルタ（1×1、3×3、5×5）と3×3のmaxプーリングから構成されています。

6

解答と解説

Inceptionモジュールは入力画像に対して、各畳み込みフィルタとmaxプーリングをそれぞれ行い、その後これらの出力を結合して出力します。

実はこのモジュールを用いたブロックは、5×5の畳み込みフィルタを複数個持つ畳み込み層で同じものが表現できます。Inceptionモジュールでは、このような畳み込み層と比較して、**表現力を維持したままパラメータ数を削減**することが期待できます。

次にVGG16は、このように13層の畳み込み層と3層の全結合層の合計16層から構成されているモデルです。

VGG16では、3×3の小さな畳み込みフィルタのみを用いた上で、層を深くしたという特徴があります。

畳み込み演算において、5×5の畳み込み1回と3x3の畳み込み2回の出力を比較したとき、これらの出力1ピクセルに含まれる情報は、元画像の同じ範囲から計算されたものになります。

一方で畳み込みフィルタに含まれるパラメータ数は、3×3の畳み込みフィルタ2枚のほうが5×5の畳み込みフィルタ1枚のときより少なくなります。

このことから畳み込みフィルタのサイズを小さくし、層を深くすることで、表現力を維持したままパラメータ数を削減できることがわかります。したがって、過学習の防止などさまざまなメリットが得られるようになります。

最後にResNetは、最大152層から構成されているネットワークです。

基本的にニューラルネットワークは、層を深くすることで表現力が増えると考えられますが、一方で層が深くなると勾配消失問題により入力層付近の層が学習できなくなることが課題でした。

ResNetで特徴的なのは、層を飛び越えた結合(Skip connection)があるという部分です。このような構造を導入したことにより勾配消失を防止することができ、より層を深くした表現力の高いネットワークとなっています。

以上より、正解は選択肢2となります。

問2

➡問題　p.290

解答　(ア)3、(イ)2、(ウ)3

解説

Wide ResNetについての問題です。

■(ア)について

(ア)の正解は選択肢3の「精度が上がる」です。ディープラーニングは層を深くすることで入力に近い層の勾配が消失してしまう問題があり、ある程度以上は深くできませんでした。

その問題に対してResidual blockを導入することで、勾配消失を防ぐことができ、層を多層にすることが可能となりました。Residual blockを使うResNetでは、層を多層にすることで精度が上がることが示されました。

このResidual blockとは、ある層に与えられた信号を、それよりも少し出力側の層の出力に追加するスキップ接続（ショートカット接続）により、深いネットワークを訓練できるようにすることで、入力に近い層の勾配が消えないようにするものです。

層を深くすることは、モデルの自由度が上がるため、過学習をする可能性が高くなります。そのため「過学習を抑える」という選択肢1は誤りです。

また、層が深くなることで計算量も増加するため、学習速度は遅くなります。選択肢2は誤りです。

層が増えることでパラメータ数が増えるため、メモリの使用量も増えます。選択肢4は誤りです。

■（イ）について

（イ）の正解は選択肢2の「畳み込み層の出力チャネル数」です。Wide ResNetは通常のResNetの各畳み込み層のチャネル数を定数倍します。畳み込み層のカーネルサイズやdilation rate、畳み込み層の数はベースとなるResNetで決定されています。

■（ウ）について

（ウ）の正解は選択肢3の「計算速度を上げる」です。層を深くしないため、最終的な出力までの計算が速く済みます。その代わり幅が広いため、GPUなどのメモリ使用量は増えます。選択肢1は誤りです。

層の幅が増えることはチャネル数が増えているだけなので、畳み込み処理で画像内の広い領域を見ようとしているわけではありません。広い範囲を見る場合は畳み込みのカーネルサイズを大きくします。選択肢2は誤りです。

また、各畳み込み後の特徴マップのサイズは元となるResNetから変わらず、チャネル数が増えます。選択肢4は誤りです。

次頁にそれぞれの図を示します。3×3はカーネルサイズ、ReLUは活性化関数、Cはチャネル数のことでWide ResNetはチャネル数が増えていることがわかります。実際にはここにバッチ正規化やDropoutなどが入ります。

6

解答と解説

▼ResNetのResidual blockとWide ResNetのResidual block

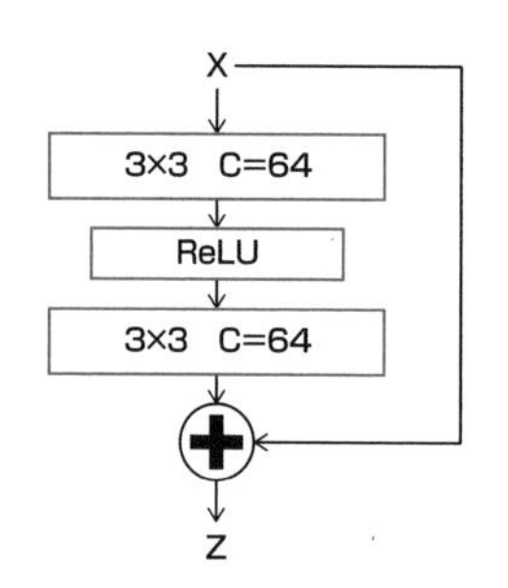

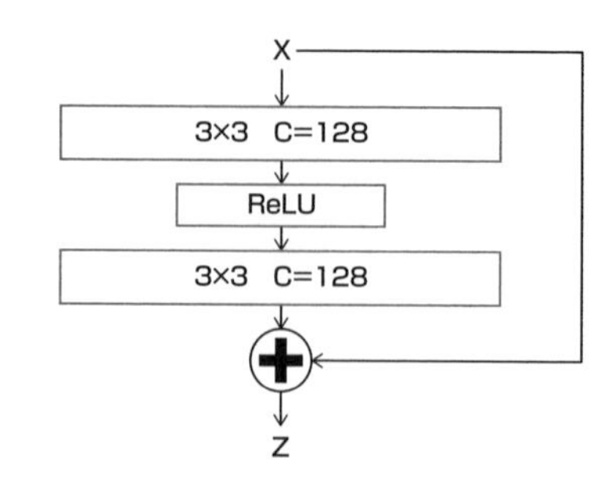

問3

➡問題　p.291

解答　(ア)1、(イ)2、(ウ)3

解説

DenseNetについての問題です。

■(ア)(イ)について

DenseNetはResNetをベースとした派生モデルで、ResNetがある畳み込み層の出力をそれよりも出力側の畳み込み層の出力と足し合わせるのに対し、DenseNetは足し合わせるのではなくチャネル方向に連結します。(ア)の正解は選択肢1、(イ)の正解は選択肢2です。

■(ウ)について

さらにDenseNetでは、各Dense block内の畳み込み層の出力をそれ以降の畳み込みすべてに直接連結することで特徴量の伝達を強化しました。(ウ)の正解は選択肢3です。

特徴マップのサイズに関しては、入力の画像サイズや畳み込みのカーネルサイズなどに依存するためDenseNetの構造で特徴マップの大きさが大きくなるわけではありません。選択肢1は誤りです。

層の出力同士が連結されることでチャネル方向に増えていますが、各層の出力はチャネル数が増えているわけではありません。選択肢2は誤りです。

また、**スパース**とは情報量が希薄な状態を指し、特徴量の伝達が強化されるという文面においては不適切です。選択肢4は誤りです。

ResNetとDenseNetの違いを以下の図に示します。Cはチャネル数です。**Dense block**ではチャネル方向に出力を連結するため、入力のチャネル数が後半の層で増えていることがわかります。

さらに各層の出力がすべての後ろの層に連結されています。実際には3→64チャネルではなく3→12チャネルといった少ないチャネル数でも高精度を出すことが論文では示されています。また、バッチ正規化などもDense block内の各畳み込み層の前に導入され、このブロックの出力に1×1カーネルサイズの畳み込みとAverage Poolingがされています。

ただし、最後のDense block後は、Global Average Poolingが適用され、その出力が全結合層に入力されます。

▼ResNetのResidual blockとDenseNetのDense block

【ResNetのResidual block】

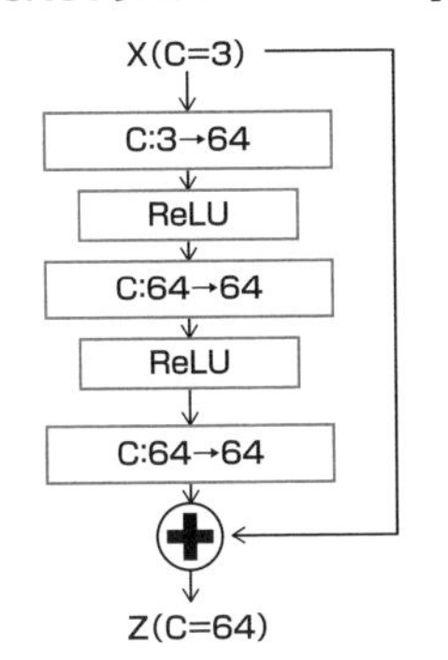

【DenseNetのDense block】

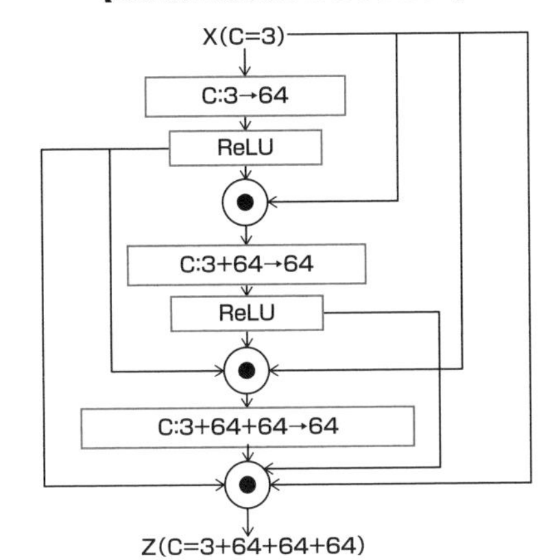

問4

➡問題 p.291

解答　(ア) 4、(イ) 3

解説

SENetについての問題です。

■(ア)について

(ア)の正解は「特徴マップの各チャネル情報」です。**SENet**は畳み込み層の出力特徴マップのチャネル間の相互依存性について着目し、モデルのアーキテクチャを提案しました。これは特徴マップの各チャネルの平均値をそれぞれ求め、それらを全結合層に通して代表値を求め、それぞれを元の特徴量に掛け算します。

たとえば、16チャネルある特徴マップに対して16個の平均値を求め、全結合層で重要度を作成したあと、16個の代表値が得られ、それを元の16チャネルの特徴マップに掛け合わせます。

誤りの選択肢については、以下の通りです。

選択肢1「チャネル毎のカーネルサイズ」を変える手法では、MixConvというものが提案されています。

選択肢2の「出力のチャネル数」は、畳み込み層の幅のことなので、これに対してはWide ResNetが提案されています。

選択肢3の「特徴マップのサイズ」は、畳み込み層のカーネルサイズやスライドサイズに依存します。

■(イ)について

(イ)の正解は、「重要なチャネルを際立たせる」ことです。このチャネルは特徴マップのことで、SENetは特徴マップにそれぞれの代表値を掛けるため、重要度が高いチャネルの特徴マップは強調されます。以下に図を示します。

▼SENetのアーキテクチャ

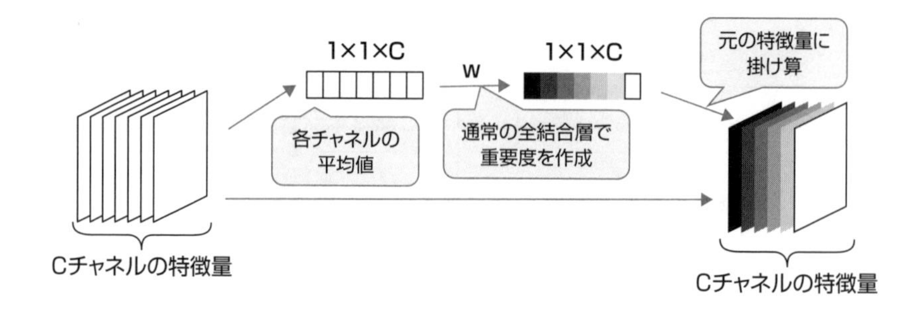

物体検出

問5

➡問題　p.292

解答　3

解説

画像認識タスクの中の物体検出について正しく理解しているかを問う問題です。誤りの選択肢もよくある画像認識タスクですので、覚えておく必要があります。

物体検出とは選択肢3にある通り、**バウンディングボックス**と呼ばれる**矩形の領域**で画像内に存在するものを検出します。物体検出を行う手法には、R-CNN・

YOLO・SSDなどさまざまなものが存在しています。

▼バウンディングボックス

選択肢1は**画像分類**、選択肢2は**セグメンテーション**、選択肢4は**画像生成**に関する説明文です。

問6

➡問題 p.292

解答 (ア)4、(イ)2、(ウ)3

解説

CNNを用いた物体検出(R-CNNとFast R-CNN)について問う問題です。

■(ア)について

(ア)の正解は選択肢4で、最初にCNNを活用した物体検出は従来法に比べると非常に高精度を出しましたが、処理速度が非常に遅いものでした。その原因は画像の分割数が非常に多く、その分割数分CNNを使うためでした。それを改善したのがR-CNNです。

■(イ)について

(イ)の正解は選択肢2で、**R-CNN**はRegion Proposalを使うことにより画像の分割数を絞ることで演算回数を減らし、(ア)の手法に比べて高速化することができました。これは無駄な部分を見ないため精度向上もできました。

しかし、このRegion Proposalは深層学習ではなくSelective Searchという手法で行うため、これ自体に処理時間がかかり、処理速度は絶対的に遅いままでした。さらにRegion Proposalで分割した枚数が多いと、その数だけCNNを使うため、処理時間がかかる場合もありました。それを改善したのがFast R-CNNです。

■(ウ)について

(ウ)の正解は選択肢3で、**Fast R-CNN**はCNNで絞った特徴量自体をRegion

Proposalで分割するため、CNNの回数は1回で済み、（イ）の手法に比べて高速化することができました。

しかし、Region Proposal自体はR-CNNと同じSelective Searchを使うため、これ自体に時間がかかるため処理速度は絶対的に遅いままでした。

このRegion Proposalを深層ニューラルネットワークでさらに高速化したものに、**Faster R-CNN**というのも存在します。

セグメンテーション

問7

➡問題　p.295

解答　（ア）1、（イ）4、（ウ）2、（エ）3

解説

セグメンテーションについての基本的な理解を問う問題です。

■（ア）（イ）（ウ）について

セグメンテーションは、セマンティックセグメンテーション、インスタンスセグメンテーション、パノプティックセグメンテーションの3種類があり、それぞれの特徴は解答の通りです。

たとえば、**セマンティックセグメンテーション**は、オブジェクトそのものをカテゴライズしたいときに使うことができ、**インスタンスセグメンテーション**は物体を個別に分類したい際に使え、**パノプティックセグメンテーション**はその両方をしたいときに使うことができます。それぞれのセグメンテーションの結果の例を以下の図に示します。

▼それぞれのセグメンテーションの結果の例

(a) 入力画像

(b) セマンティックセグメンテーション

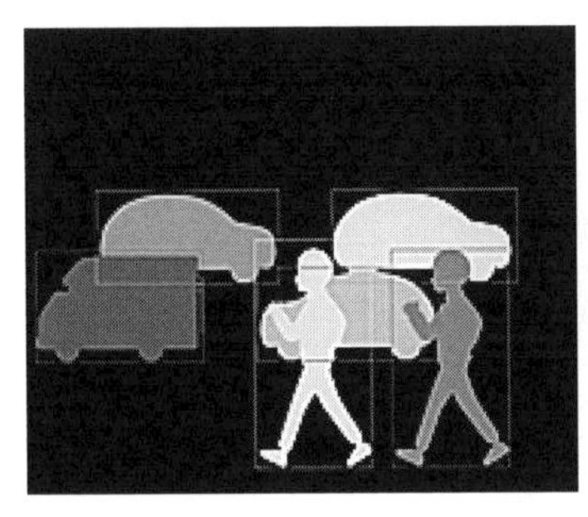
(c) インスタンスセグメンテーション

(d) パノプティックセグメンテーション

■ (エ) について

セマンティックセグメンテーションに対して、CNNを用いた手法が**FCN** (Fully Convolutional Networks) です。これは**すべての層が畳み込みのみで構成**されているため、任意のサイズの入力を受け取って、セグメンテーションをすることができます。選択肢1は**U-Net**の特徴です。選択肢2の特徴は**SegNet**の特徴です。選択肢4は**FPN**の特徴です。

問8

➡問題　p.296

解答　(ア) 3、(イ) 4、(ウ) 2、(エ) 1

解説

セグメンテーションについての理解を問う問題です。

SegNetは、以下の図のようにデコーダ時の特徴マップの拡大の仕方を工夫したモデルです。

▼SegNet

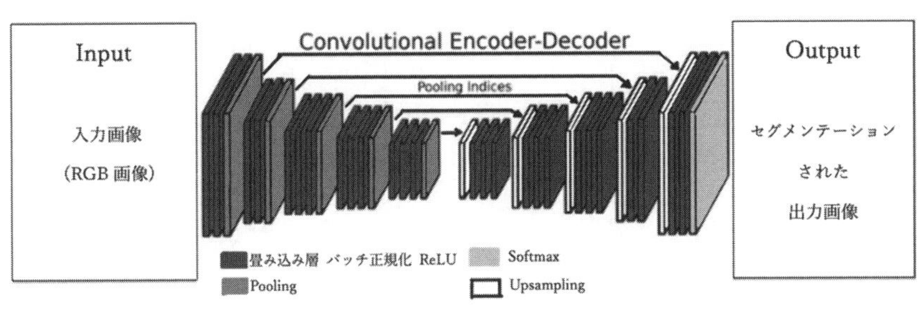

エンコーダ時のpoolingの位置を保存しておき、デコーダ時に保存しておいた位置を使うことでpoolingと対応付けて特徴マップの拡大をするため、up samplingの学習が不要になります。

PSPNetは、以下の図のようにエンコーダの出力に対して異なるサイズのpoolingを行い大域的な特徴と局所的な特徴の両方を得るように工夫しました。

▼PSPNet

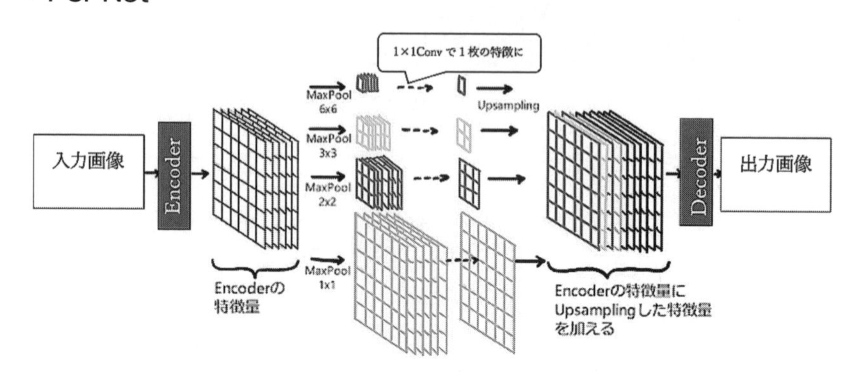

異なるサイズのpoolingをすることで異なるサイズの特徴マップを得ることができ、その特徴マップの特徴量をup samplingしてサイズを合わせてデコーダの入力とします。

DeepLabは、PSPNetと違い、Atrous Convolutionという畳み込みのパラメータ間隔を広げたものを使います。この間隔は畳み込みでは**dilation**とも呼ばれます。以下の図のように異なるdilationの畳み込みを行って、異なるサイズの特徴マップを得ます。

▼DeepLab

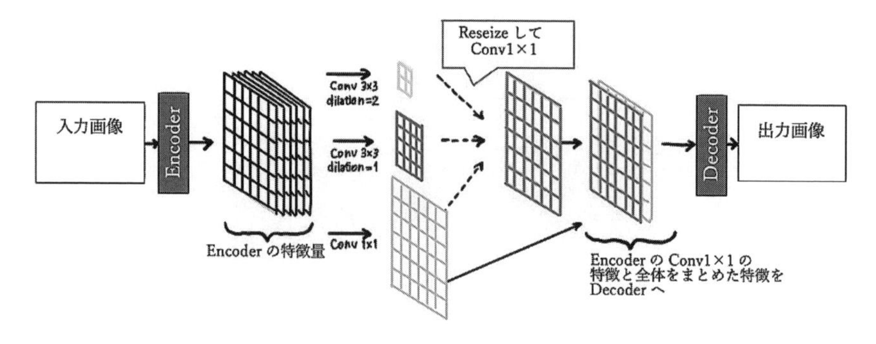

Mask R-CNNは、物体検知モデルのFaster R-CNNをセグメンテーション用に拡張したものです。これはFaster R-CNNにセグメンテーションの色分けマスクを予測する部分を付け足したもので、これにより物体毎に色分けを可能としました。

OpenPose

問9

➡問題　p.296

解答　3

解説

OpenPoseについて、基礎的なモデルを問う問題です。

姿勢推定では高速化をするために**Part Affinity Fields**（PAFs）を使うことが提案されました。Part Affinity Fieldsとは検出された関節点のどことどこが繋がるかを推論するモデルになっています。実際には線ではなく点から点へのベクトルの向きを使って繋がりを検出します。このモデルではPart Affinity Fieldsと関節を検出する2つのモデルを平行に並べて実現されています。以下にモデルの概要図を示します。

▼Part Affinity Fieldsの例

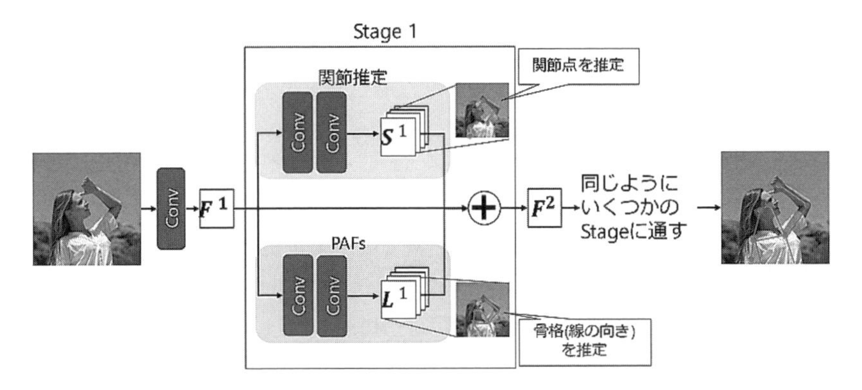

このように、関節推定とPart Affinity Fieldsの2つのモデルで、それぞれを推定させています。これをstage 1とし、何段階か同じ処理を通すことで大域的な部分を見ることができ、より細かく推論が可能となることで高精度な推論結果を得ることができます。

CNNモデルの解釈

問10

➡問題　p.297

解答　(ア)4、(イ)2、(ウ)1、(エ)4

解説

モデルの解釈性についての問題です。

■(ア)について

(ア)の正解は、選択肢4のExplainable AI(XAI)です。モデルの解釈性を研究するための新たな分野といえます。

選択肢1のNeural Architecture Search(NAS)はモデルの構造自体を探索するタスクです。

選択肢2のFeature Pyramid Networksは、U-NetのようにAuto Encoderにスキップコネクションが追加された構造を持ち、特徴マップを拡大していくたびに予測をすることで、異なるスケールの物体検知やセグメンテーションが可能になるモデル構造のことです。

選択肢3のPrincipal Component Analysis (PCA)は、主成分分析と呼ばれる次元削減の手法です。

■(イ)について

(イ)の正解は、選択肢2のLIMEです。LIMEは複雑なモデルを単純な線形重回帰で近似することで重要度を近似モデルで表現したものです。右頁の図に簡単な概要を示します。図でいうと近似した線形モデルの各結線の重みが重要度となっています。

■(ウ)について

(ウ)の正解は、選択肢1のSHAPです。SHAPは、シャープレイ値という協力ゲーム理論で使われる重要度を近似的に計算してモデルの解釈性を表現します。右頁の図に簡単な概要を示します。SHAPはシャープレイ値を計算するための式を、モデルに対する条件付き期待値関数を用いて近似します。条件付き期待値関数の入力値は、元の入力の重要度を測りたい説明変数を固定して、他の部分をランダムにしたものを入力とします。

■(エ)について

(エ)の正解は、選択肢4のCAMです。CAMはモデルの特徴量を取得して活用します。右頁の図に簡単な概要を示します。CAMは畳み込み層の最後の出力(Black boxの最後の部分)に着目し、ここの特徴マップを使います。その特徴マップは、Global Average Pooling(GAP)を経て、最後の線形重回帰に渡されます。このときの各特徴マップと線形重回帰の重みを掛け合わせて足したものがヒートマップとなり、これを入力画像に加えることで、モデルが画像のどこに注力したかを判断します。ただしCAMはGAPを持つモデルにしか適用できず、その他の

▼LIME、SHAP、CAMの概要

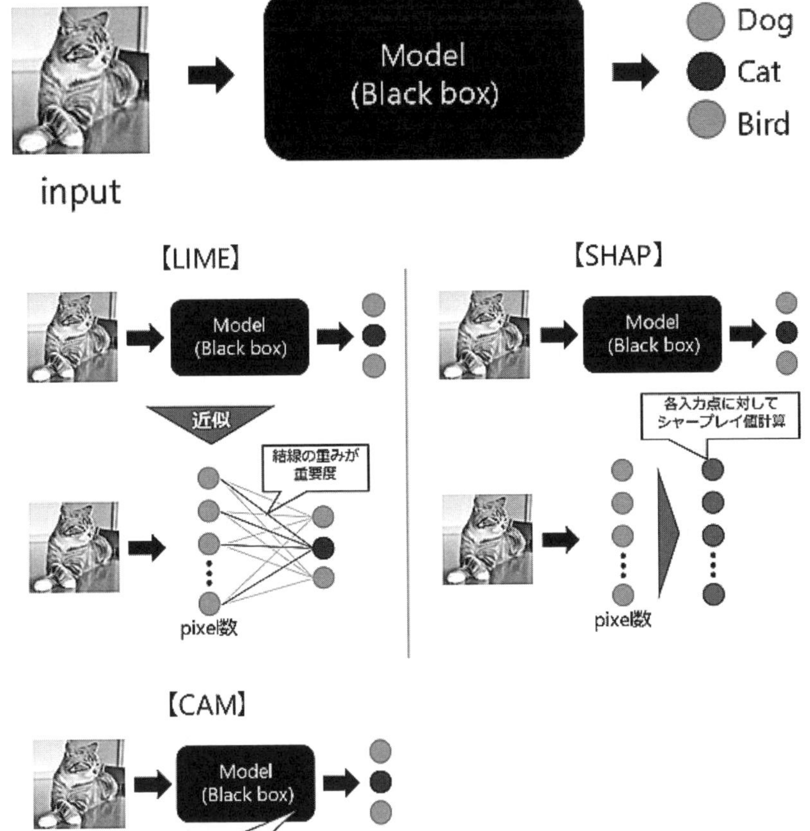

モデルに対しては**Grad CAM**というものが提案されています。Grad CAMは特徴量ではなく特徴量の勾配を使うことでモデルの解釈をしたものです。

> **参考** https://arxiv.org/pdf/2101.09429.pdf
> https://qiita.com/yang_null_kana/items/698383a7118f95c12cce
> LIME ：https://arxiv.org/abs/1602.04938
> SHAP：https://arxiv.org/abs/1705.07874
> CAM ：https://arxiv.org/abs/1512.04150

EfficientNet

問11

➡問題　p.298

解答　1

解説

画像認識タスクの中でも有名なEfficientNetについて、正しく知っているかどうかを問う問題です。

EfficientNetは、2019年にGoogle社から発表されたモデルで、これまで登場していたモデルよりも大幅に少ないパラメータ数でありながら、SoTAを達成した高精度で高速なモデルです。問題文にある通り、**モデルの深さ、広さ、入力画像の大きさをバランス良く調整しているのが特徴**です。よって、選択肢1が正解となります。

また、選択肢2は**DenseNet**の特徴、選択肢3は**ResNet**の特徴、選択肢4は**GoogleNet**の特徴になります。それぞれのモデルの説明や特徴が問われる可能性がありますので、しっかり押さえておく必要があります。

学習の発展

問12

➡問題　p.298

解答　1

解説

ドメインアダプテーションについて正しく理解しているかを問う問題です。

正解は選択肢1です。ドメインが異なるソースデータで学習したモデルをそのままターゲットデータに用いると、精度が大きく下がることが確認されています

(そのため選択肢4は誤りです)。ドメインアダプテーションはこの問題を解決するための手法です。

精度が大きく下がる原因としてソースデータとターゲットデータの分布の違いがあります。そのためドメインアダプテーションでは、ソースデータとターゲットデータの分布を揃えるアプローチを取ります。Maximum Mean Discrepancyや共分散の指標を使用して分布間の距離を測ったり、敵対的学習を用いたりすることにより分布を揃えています。

ドメインアダプテーションは、教師ありドメインアダプテーションに加え、教師なしドメインアダプテーションが提案されています。そのため選択肢2は誤りです。2015年に発表された"Unsupervised Domain Adaptation by Backpropagation"では、従来の誤差逆伝播の途中にGradient Reversal Layerと呼ばれる層を挿入することで教師なしアダプテーションによりモデルの精度を向上させました。

また、ドメイン画像認識の分野において実世界の撮影環境はドメインの1つであるため、撮影環境の違いはドメインの相違に含まれます。選択肢3は誤りです。

問13

➡問題　p.299

解答　(ア) 3、(イ) 3

解説

sim2realとドメインランダマイゼーションについて正しく理解しているかを問う問題です。

(ア)の正解は選択肢3です。シミュレーション環境で方策を学習してから実環境に適用することを**sim2real**といいます。しかし、シミュレーションと実環境の相違が原因で、ロボットが実環境に適応できない問題が生じています。シミュレーションと実環境の相違を**リアリティギャップ**と呼び、リアリティギャップを埋める手法としてドメインランダマイゼーションが提案されました。

ドメインランダマイゼーションとは、質量や摩擦係数といった物理パラメータ等のシミュレーション環境に関するパラメータをランダムに複数生成することです。それら複数の環境で学習することで、シミュレーションの時点でさまざまな環境における学習を行うことができます。(イ)の正解は選択肢3です。

■(ア)の選択肢1・2・4について

選択肢1のseq2seqは第5章のRNNのモデルの1つです。p.263の解説を参照してください。選択肢2のpix2pixも第5章に深層生成モデルの1つとして解説されているので、p.281を参照してください。選択肢4の**end2end**はデータの変換や出力結果の調整等の必要ない構造のことを示しています。end2endのモデルは生データをモデルに入力するだけで結果が出力されます。OCRを例にすると、通常は文字が書かれた画像に対して、「テキスト検出」や「文字分割」といった細かいタスクを経て文字が認識されます。end2endでは、入力となる文字画像と出力となる文字のラベルのみを与え、「テキスト検出」や「文字分割」などの中間の処理もすべて学習させます。

■(イ)の選択肢1・2・4について

ドメインランダマイゼーションとはシミュレーション環境に関するパラメータをランダムに複数生成することなので、選択肢1と選択肢2は誤りです。また、ロボットがカメラで認識する物体の形状や色もランダム化するパラメータとなり得ます。選択肢4は誤りです。2017年に発表された論文"Domain randomization for transferring deep neural networks from simulation to the real world."では物体の形状や色、素材の質感などのパラメータをランダムに生成して学習を行いました。

6.2　自然言語処理

問1

➡問題　p.300

解答　(ア)3、(イ)2

解説

形態素解析および構文解析について正しく理解しているかを問う問題です。

■(ア)について

形態素解析とは、**形態素**と呼ばれる言語で意味を持つ最小単位まで分割し、解析する手法です。また、単純に単語を分割するだけでなく、それぞれの形態素の**品詞などの判別**も行います。そのため、英語は単語毎にスペースが入っている場合が多いですが、例外の存在や、品詞などの情報を付与することが重要なので、選択肢1は誤りです。

また、形態素解析を行う上で単語埋め込みモデルは不要なので、選択肢2も誤りです。

形態素解析は辞書がなくても行うことができますが、造語や新語などを特定することが難しい場合があり、そういった単語を辞書に登録しておくことで確実な形態素解析を行うことができます。よって、選択肢3は正解です。

文章のトピックを推定する解析ではないので、選択肢4は誤りです。

■(イ)について

構文解析は、文法に従って形態素間の関連付けを解析し、**どの形態素がどこに掛かっているかを解析**することをいいます。よって、選択肢2が正解です。

また、構文解析を行うことで、形態素間の関係を下図のような構文木にし、係り受け関係が見えるようになります。形態素解析は形態素同士の関係を推測する処理であり、意味を考慮したり文同士の関係を推測したりしないため、選択肢1、3は誤りです。

選択肢4は、文の肯定的／否定的を推定する**感情分析**と呼ばれる自然言語処理の応用分野です。構文解析の工程のみでは文の肯定的／否定的を推定することはできないため、選択肢4は誤りです。

意味解析は意味を考慮して適切な構文を選択する処理であり、文脈解析は複数の文について構文解析と意味解析を行って調整する処理です。

▼構文木

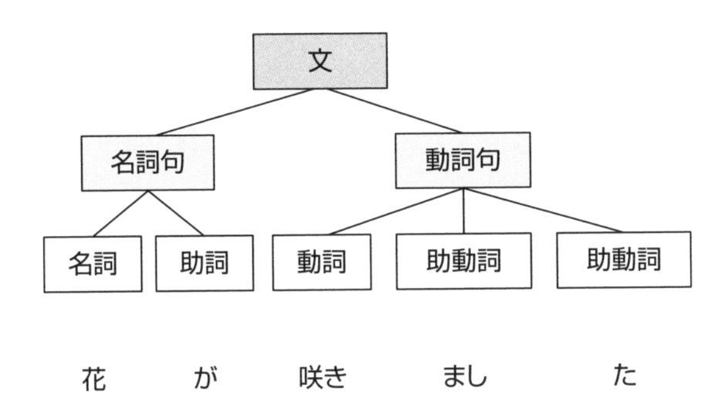

問2　➡問題　p.301

解答　2

解説

GPT (Generative Pre-trained Transformer) に関する問題です。

1. ×　誤り。OpenAI が危険すぎると発表して話題となったのは、2019年2月に発表されたGPTの後続モデルとなるGPT-2です。オリジナルのGPTは2018年に論文が発表されました。
2. ○　正しい。OpenAIは2019年2月にGPT-2を発表しましたが、発表当初は危険すぎるとしてGPT-2の小規模なモデルしか公開されませんでした。それ以降段階的に大きなモデルが公開されています。

・2019年2月 GPT-2発表　パラメータ数：約1億個のモデル公開
・2019年8月 パラメータ数：約8億個のモデル公開
・2019年11月 最大サイズのモデル公開　パラメータ数：約15億個のモデル公開

3. ×　誤り。GPT-3は2020年5月に論文が公開されましたが、パラメータそのものは公開されず、一般の開発者・研究者はAPI経由でのみ利用できる状態となっています。またGPT-3の独占ライセンスはMicrosoft社が2020年9月に取得している状態です(2021年12月時点)。

問3

➡問題　p.302

解答　(ア)4、(イ)1

解説

トピックモデルと潜在変数の基本的な知識を問う問題です。

そもそも**トピック**とは、**意味のカテゴリ**のことです。**トピックモデル**を使うことにより、文書の集まりなどの与えられたデータから**潜在的なトピックを推定**することができます。トピックを固定されたものでなく潜在的なものとして扱うのは、データセット毎に現れる意味のカテゴリが変化するためです。また、対象データは文書にとどまらず、離散的な観測データを対象にした**クラスタリング**として広く利用できます。

以上をまとめ、(ア)は選択肢4、(イ)は選択肢1が正解となります。

問4

➡問題　p.302

解答　(ア)2、(イ)2

解説

代表的なトピックモデルであるLDAに関する問題です。

LDAは、文書集合から各文書における**トピックの混合比率を推定する手法**の1つです。1つ文書に複数のトピックがあることを表現できるため、たとえば「ジャガー」という単語が車トピックでもネコ科トピックでも使用されることを表現できます。よって、(ア)は選択肢2が正解です。

また、スポーツの記事と政治の記事から「ホームラン」という単語が同じ確率で生成されるとは考えにくいでしょう。LDAでは、各トピックから単語が生成される確率もトピックと同時に推定します。そのため、(イ)は選択肢2が正解となります。

他にも**LSI**(Latent Semantic Indexing)などが有名なので、覚えておくと良いでしょう。

問5

➡問題　p.303

解答　4

解説

自然言語の最も単純なベクトル化手法である**bag of words**に関する問題です。

bag of wordsの概念は非常にシンプルです。たとえば、"This is a pen."という文書1と"I have a pen."という文書2があるとき、そのbag of wordsは下表のようになります。

	This	is	a	pen	I	have
文書1	1	1	1	1	0	0
文書2	0	0	1	1	1	1

しかし、一方で欠点もあることに注意が必要です。

文書の長さによる影響が反映できないことや、一般に出現しにくいが、その文書をうまく特徴付ける単語の影響が弱くなってしまうことが問題点としてあります。

たとえば、ある文書が長ければ長いほど、その文書内ではどの単語も総じて出現しやすくなる、といった影響を受けてしまいます。さらに、単語の出現頻度だけが数値となるため、その単語の意味が考慮できていないことも欠点の1つです。

問6

➡問題　p.303

解答　4

解説

自然言語の特徴量エンジニアリングの1つである**TF-IDF**に関する問題です。

TF-IDFに関する説明は問題文の通りですが、その名前は単語の文書内での**出現頻度**(Term Frequency：**TF**)と、その単語が存在する文書の割合の**逆数の対数として定義される逆文書頻度**(Inverse Document Frequency：**IDF**)の頭文字に由来します。

bag of wordsに**比ベレアな単語に注目できる**ようになるものの、依然として**文書の長さによる影響が残る**ことに注意が必要です。

問7

➡問題　p.304

解答　(ア)1、(イ)1、(ウ)2

解説

word2vecについて、正しく知っているかどうかを問う問題です。

word2vecは名前の通り、**単語をベクトルにする**、つまり、**分散表現の獲得を行うことのできる手法**になります。この分散表現の獲得はさまざまな手法が存在し、以前はbag of wordsなどのカウントベースと呼ばれる、周囲の単語の頻度によって単語を表現する方法が一般的でした。

2013年にGoogle社のトマス・ミコロフの研究チームが開発したword2vecは、ニューラルネットワークを用いた**推論ベース**の手法として広く使われています。このword2vecには、**CBOW**という**単語周辺の文脈から中心の単語を推定する方法**と、**Skip-gram**と呼ばれる**中心の単語からその文脈を構成する単語を推定する方法**の2つのモデルが存在します。この両者を比較すると、Skip-gramの方が、精度が良いといわれていますが、学習コストが高く計算に時間がかかります。

以上より、(ア)は選択肢1、(イ)は選択肢1、(ウ)は選択肢2が正解となります。

問8

➡問題　p.304

解答　（ア）1、（イ）3

解説

fastTextについて正しく理解しているかを問う問題です。

fastTextはmeta（旧Facebook）社の人工知能研究所が開発した**word2vec**の後継モデルです。単語埋め込みの学習時に**部分文字列**を考慮することにより、訓練データに存在しない単語の計算や活用する単語の語幹と語尾を分けて学習することを可能にしました。また、fastTextは学習に要する時間が短いという特徴があります。

下図に、fastTextにおける部分文字列の学習と語幹の共有についての例を示します。「play」の活用形について4文字の部分文字列で分割しています。「played」を4文字の部分文字列で切り出すと「play」「laye」「ayed」に分割できます。同様に「playing」は「play」「layi」「ayin」「ying」のように分割でき、共に「play」を含んでいます。「playing」を学習することで部分文字列である「play」を学習できるため、「played」が訓練データになくてもベクトル化の計算ができます。

▼**fastTextにおける部分文字列の学習と語幹の共有**

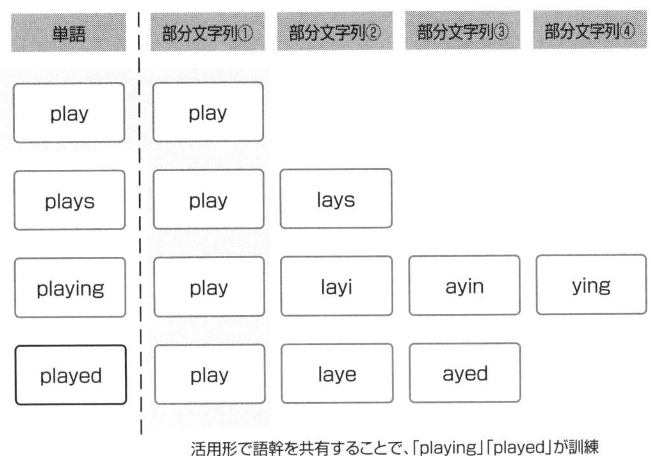

問9

➡問題　p.305

解答　3

解説

Vision Transformer (ViT) について正しく理解しているかを問う問題です。

ViTは画像処理分野に持ち込まれたTransformerで、CNNを使わないモデルとして提案されています。そのため正解は選択肢3です。入力画像を複数枚に分割したパッチを作成し、そのパッチをベクトル化してTransformerのエンコーダに入力することで画像を言語モデルのように処理します。

下図はViTの概観図です。入力画像を9つのパッチに分割し、ベクトル化した後、Transformerのエンコーダに入力しています。

Transformerのエンコーダやエンコーダの後に多層パーセプトロン (MLP : Multilayer Perceptron) を使用しているため選択肢1は誤りです。

ViTは画像処理分野での使用を想定して提案されているため選択肢2は誤りです。

また下図が示すようにTransformerの前処理にCNNは用いられていないため選択肢4も誤りです。

▼Vision Transformer (ViT)

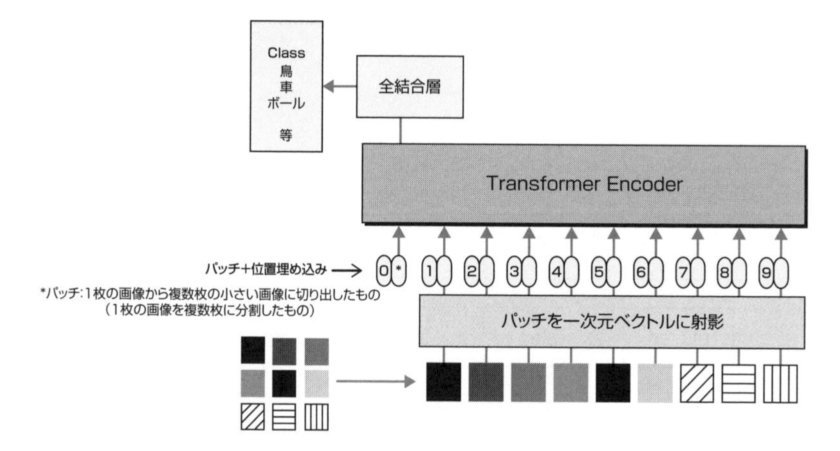

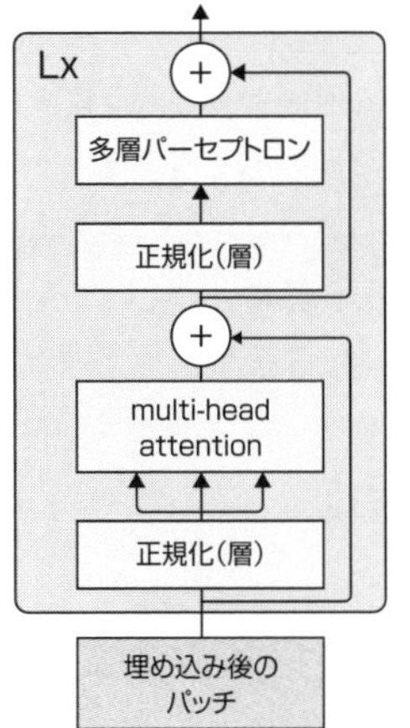

6.3　音声認識

問1

➡問題　p.306

解答　(ア) 2、(イ) 4

解説

音素・音韻の要素とA-D変換、パルス符号変調器に関する問題です。

アナログなデータをデジタルなデータに変換することを**A-D変換**といいます。(ア)の他の選択肢についての説明は、以下の通りです。

- **D-A変換**：デジタルなデータをアナログなデータに変換すること。
- **ハフ変換**：画像処理分野における、画像中から直線や円などの図形要素を検出する手法のこと。
- **アフィン変換**：回転、拡大・縮小、剪断（せんだん）と平行移動を合わせた座標の幾何学的変換のこと。

▼4種類（回転・拡大縮小・剪断・平行移動）のアフィン変換

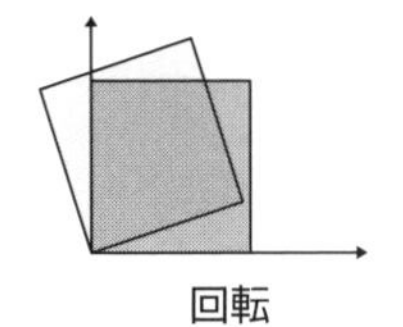
回転

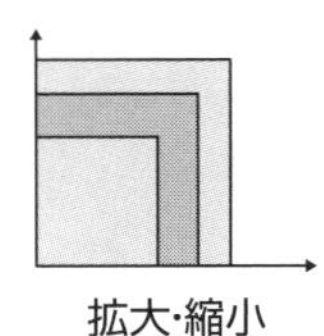
拡大·縮小

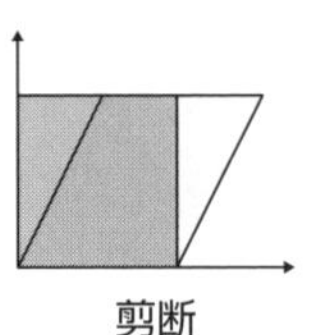
剪断

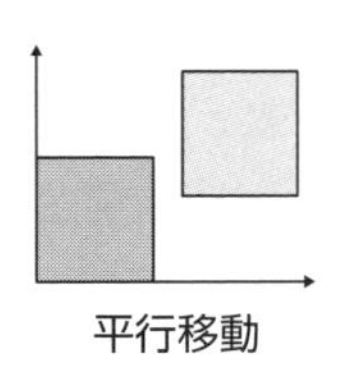
平行移動

音声はパルス符号変調によってA-D変換を行います。以下の図のように、音波を一定時間毎に観測する標本化(②)、音波の強さをあらかじめ決められた値に近似する量子化(③)、量子化後の値を0と1の羅列(以下、ビット列)で表現する符号化(④)の手順でデジタルに変換します。

音素・音韻についても紹介します。**音韻**は言語によらず人間が認知可能な音の総称を指し、音韻の最小単位を**音素**と呼びます。たとえば、/sa/ と /si/ は人間が区別可能な音であるため、異なる音韻と捉えます。/sa/ を最小単位に分けると /s/ と /a/ という音素を取り出すことができます。

▼パルス符号変調(PCM)の過程

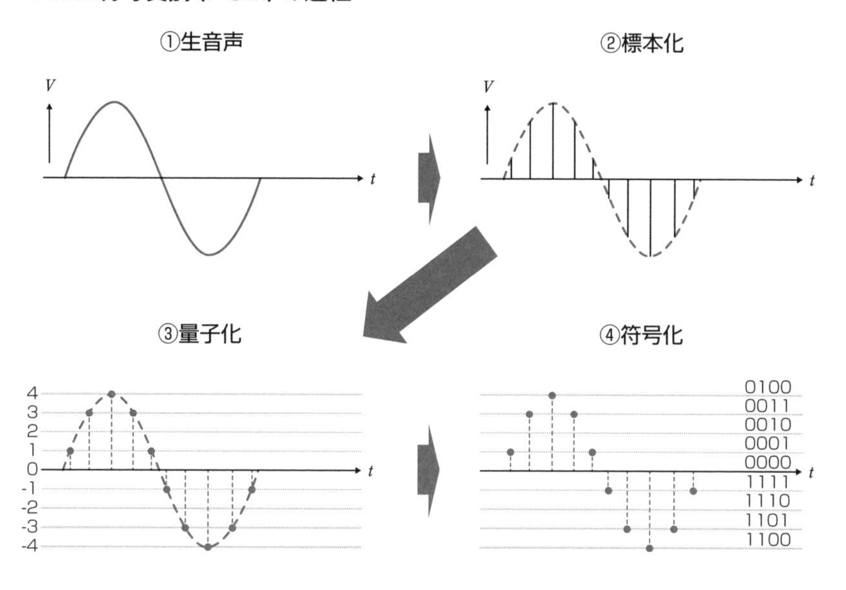

問2

➡問題　p.306

解答　2

解説

高速フーリエ変換について正しく理解しているかを問う問題です。

音声信号は異なる周波数と振幅を持つ三角関数で構成されていると考えることができます。この周波数と振幅を明らかにすることで、音声信号の特徴を捉えることができ、楽器や発話者の特定ができるようになります。

次図は楽器や人の声の周波数帯を示していますが、たとえば、男性と女性の話し声が混ざった音声から周波数に基づいて男性の声と女性の声を区別することができます。

▼楽器と人の話し声の周波数帯

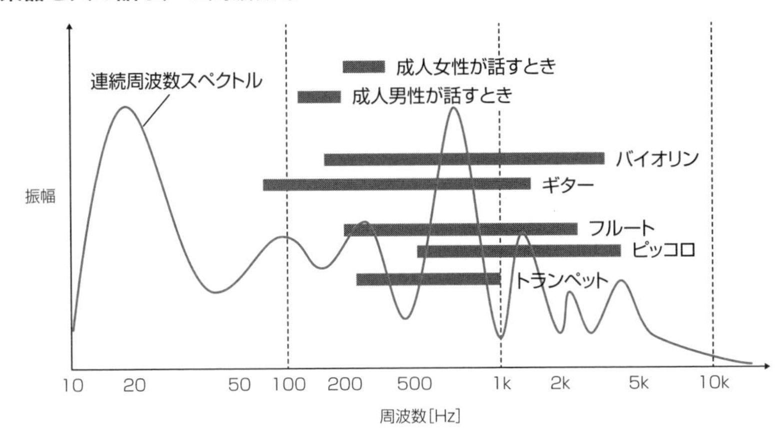

複数の音源の音が混在している音響信号からそれぞれの音を分離して認識することを**音源分離**といいます。「Deezer」が開発したオープンソースAIツール「Spleeter」では、周波数の特性を機械学習モデルへ入力し、音源分離を行っています。また、目的の周波数以外の音声を除外するフィルタリングを行うこともできます。そのため、音声信号に含まれる周波数の分析は、非常に重要となります。

無限に続く連続的な信号にどのような周波数が、どれほどの強さで含まれているかを分析する際に、使用される手法が**フーリエ変換**です。しかし、コンピュータ上で扱う音声信号は、離散的なデジタルデータであり、この離散的な信号に適応できるフーリエ変換を**離散フーリエ変換**（DFT：Discrete Fourier Transform）といいます。演算量を減らして高速化した離散フーリエ変換が、**高速フーリエ変換**です。

フーリエ変換の欠点の1つは、時間領域の情報が欠落することであり、高速フーリエ変換を含めフーリエ変換に時間情報の欠落を補完する機能はありません。そのため選択肢1は誤りです。

また、高速フーリエ変換は、選択肢2にあるように、短い時間毎に信号を区切り、高速に周波数解析を行います。選択肢2は正解です。

工作機械の異常音検知など、音声信号の周波数特性を機械学習モデルの入力とする事例は多くあるため、選択肢3は誤りです。

問3

➡問題　p.307

解答　4

解説

メル尺度の考え方を使用し、音声認識の特徴量を捉える方法について正しく理解しているかを問う問題です。

スペクトル包絡は、周波数スペクトルにおける緩やかな変動のことをいいます。そのため正解は選択肢4です。人間の音の高さの知覚特性を考慮した尺度を**メル尺度**と呼び、このメル尺度に対応する周波数を**メル周波数**といいます。つまり、メル周波数は、人間の知覚特性に即した周波数スケールということです。また、メル周波数軸上で計算されるケプストラム係数を**メル周波数ケプストラム係数**といいます。このメル周波数ケプストラム係数は「**音色**」に関する特徴量として音声認識などに使用されています。

下図は周波数スペクトルに対するスペクトル包絡を描いたものです。スペクトル包絡のピークを周波数が低い方から順に、第1フォルマント、第2フォルマント、第3フォルマントと呼びます。フォルマントのある周波数を**フォルマント周波数**といい、スペクトル包絡のピークを周波数が低い方から順に、第1フォルマント周波数、第2フォルマント周波数、第3フォルマント周波数と呼ばれます。フォルマント周波数は気道の共振周波数を意味するため、2つの音色について音韻が同じであればフォルマント周波数も近い値を取ります。

▼スペクトル包絡とフォルマント

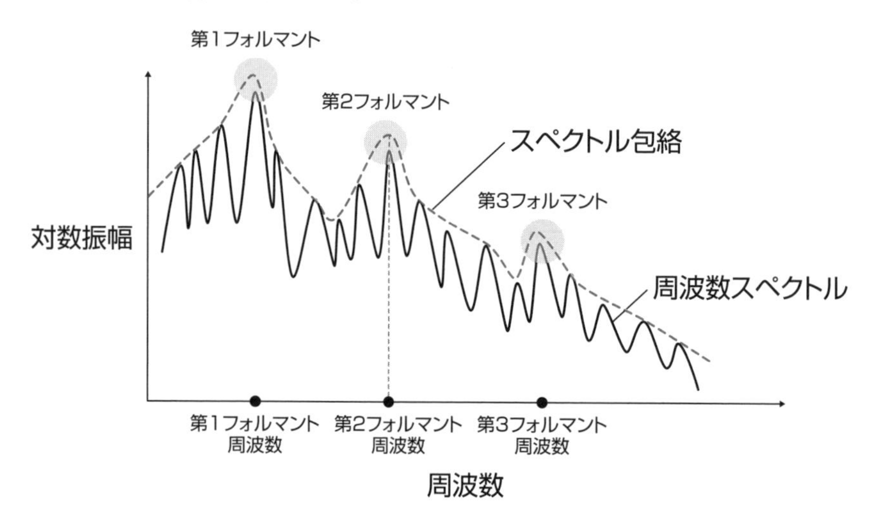

問4

➡問題 p.308

解答 2

解説

隠れマルコフモデル（HMM：Hidden Markov Model）について正しく理解しているかを問う問題です。

正しく説明しているのは選択肢2です。HMMは音素毎に学習しておくことでさまざまな単語の認識に対応することができます。

また、HMMはこれまで音声認識を行う音響モデルとして用いられているため、選択肢1は誤りです。

単語を認識する際には、あらかじめ用意した単語と音素列の対応辞書により音素列に変換し、入力された音素列を基にHMMを連結することでモデル化します。そのため選択肢3は誤りです。

HMMの欠点はモデルのパラメータを決定する処理が複雑で計算量が多いことであるため、選択肢4は誤りです。

隠れマルコフモデルとは、マルコフ過程に従って内部状態が遷移し、取得できる情報から状態遷移を推定する確率モデルです。

次頁の図は「天気」を隠された状態、各天気における「人の行動」を取得できる情報とした隠れマルコフモデルです。「天気」の矢印に記載されている数値は「天気」が遷移する確率を表しています。たとえば、「雨」から「晴れ」に天気が遷移する確率は0.1となっています。また、「人の行動」に記載されている数値は各行動が観測される確率を表しています。これらの確率を使用して「天気」の遷移をモデル化します。

一般のHMMは次頁の図のように遷移の矢印が両方向を向いており、任意の状態間の遷移が可能です。しかしHMMで音声をモデル化する場合は、HMMの状態を横一列に並べたときに左方向への遷移がない（時間が逆戻りしない）モデルが用いられます。逆方向に遷移しないHMMモデルを**left-to-right型モデル**と呼びます。

▼一般の隠れマルコフモデル

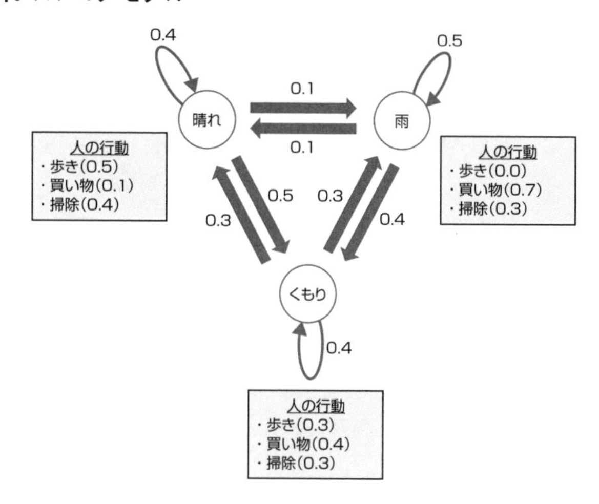

下図で示す例ではHMMを用いて音声の文字起こしをしています。「I play tennis」の音声がHMMに入力されています。音素毎に学習されたHMMが連結されているHMM(図中の連結HMM)が「I play tennis」の文字列を出力しています。音声認識でHMMを用いる場合は、メル周波数ケプストラム係数などの周波数特性に関する特徴量を入力する手法が多用されています。

▼連結HMMを用いた音声の文字起こし

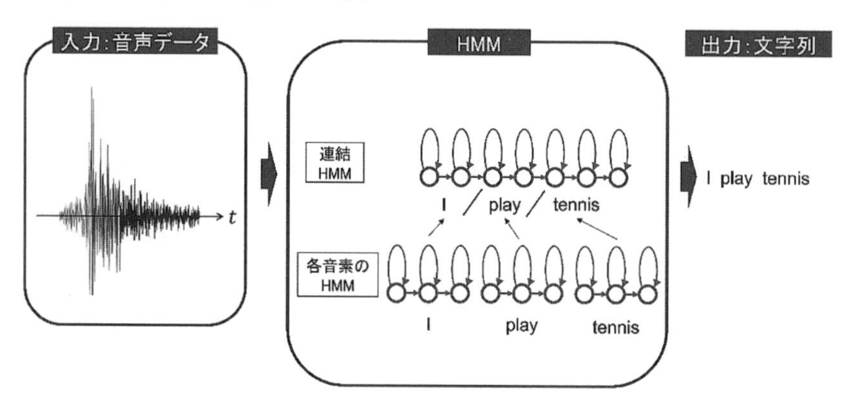

問5 ➡問題　p.308

解答　1

解説

この問題は、音声合成を行うモデルとして有名なWaveNetについて、正しく理解しているかを問う問題です。

WaveNetは2016年にDeepMind社によって開発されたモデルで、非常に自然な発音の音声を合成することができ、コンピュータによる**音声合成・音声認識**に対して大きな衝撃を与えた技術といわれています。

PixelCNNというモデルをベースに作られたディープニューラルネットワークで、Dilated Causal Convolutionと呼ばれる、層が深くなるほど畳み込む層を離す処理が内部で行われています。そのため選択肢1が正解となります。

6.4　強化学習

問1 ➡問題　p.308

解答　2

解説

代表的な強化学習の発展アルゴリズムに関する問題です。

アルゴリズムに関しては日々優れたものが提案されるため、アルゴリズムの内容まで理解できなくとも、アルゴリズム名と対応する機械学習手法を覚えておくと良いでしょう。

正解は選択肢2です。RAINBOWは、Deep Q Networkをベースに Dueling Network、Double DQN、Noisy Network、Categorical DQNなどのアルゴリズムを全部搭載したアルゴリズムです。他のアルゴリズムを大きく上回る性能を発揮しました。Actor-Criticは、行動を選択するActorと、Q関数を計算することで行動を評価するCriticを、交互に学習するアルゴリズムです。発展型のアルゴリズムにA3Cがあります。REINFORCEは、一連の行動による報酬和で方策を評価して直接方策を改善する方策勾配法系のアルゴリズムです。

選択肢1は自然言語処理に関する語群です。選択肢3は生成モデルに関する語群です。選択肢4は木系アルゴリズムに関する語群です。

問2

➡問題　p.309

解答　4

解説

マルチエージェント強化学習、オフライン強化学習、残差強化学習に関する問題です。

1. ×　誤り。**マルチエージェント強化学習**とは、複数のエージェントが存在する環境において、他のエージェントと協調しつつ共通する目的の達成を目指す強化学習手法です。

   今回の問題文のシナリオは、病状から薬の量を推定するといった単一のエージェントで実現できるため、誤りとなります。

2. ×　誤り。**残差強化学習**とは、既存の制御手法による行動と、最適な行動との差分を強化学習によって求める手法です。

   残差強化学習は、たとえば、現実世界で物体を投げるようなシナリオにおいて、まず定式化されている物理法則から行動を計算し、それを現実世界で実行した際に生じる誤差を強化学習によって補完する、といった手法になります。

   今回の問題文のシナリオは、過去のデータのみから強化学習を行う必要があるため、誤りとなります。

3. ×　誤り。過去にサンプリングされたデータのみを利用して学習を行うオフライン強化学習に対して、報酬をサンプリングしながら学習を行う通常の強化学習を**オンライン強化学習**と呼びます。今回の問題文のシナリオは通常の強化学習のように報酬がサンプリングできないため、誤りとなります。

4. ○　正しい。**オフライン強化学習**とは、エージェントを環境の中で行動させつつ学習する通常の強化学習と異なり、事前に集めたデータのみから強化学習を行う手法です。

   過去のデータのみから強化学習を行う際の課題として、収集されたデータに含まれている状態遷移からしか正確なフィードバックが得られないことや、データ収集に用いられた方策と学習中のモデルの持つ方策が異なるという、**分布シフト**と呼ばれる現象が課題となっています。このような問題により価値評価の不確実性が大きくなってしまい、誤った価値の過大評価などに繋がってしまうため、オフライン強化学習は、通常の強化学習よりも最適な方策の学習が難しいものとなっています。

   しかしながら、オフライン強化学習は現実世界で実際に試行錯誤することが危険であったり、多くのコストがかかったりするような分野への強化学習の応用が期待されており、自動運転や医療領域への応用はその代表的な例となります。これらの分野では別のシステムによって経験データが蓄積されている場合があり、オフライン強化学習ではこのようなデータを有効活用して問題を改善できるのではないかと期待されています。

問3

➡問題　p.309

解答　4

解説

連続値制御、報酬設計に関する問題です。

1. ○　適切。強化学習を行う場合は、安全面やコスト面の課題によって現実世界で試行錯誤することが困難な場合があります。このような場合は、シミュレータで学習環境を作成して学習を行うことが有効なアプローチの1つですが、一方でシミュレータ環境と現実世界のギャップによってうまく動作しないことがあり、強化学習における課題の1つとなっています。
2. ○　適切。方策を学習する強化学習モデルは、基本的に人が設定した報酬を最大化するように行動を最適化します。したがって、自動運転のために目的地に短い時間でたどり着いた場合に大きな報酬を与えると、多少危険な運転をしてでも早く目的地に向かうような方策に収束する可能性があります。
　逆にほんの少しでも事故の可能性がある行動をするとマイナスの報酬が与えられるような環境では、報酬を最大化するために全く動かないという方策を獲得するかもしれません。このように最適な報酬を設定することは難しく、期待する方策を獲得するための**報酬成型**(reward shaping, 報酬設計)は強化学習の課題の1つとなっています。
3. ○　適切。強化学習モデルには、DQNのように各状態における離散的な行動の価値をそれぞれ推定し、推定結果から最も価値の高い行動を機械的に選択する(greedy方策を利用する)タイプのモデルが多く存在します。このようなモデルは基本的に連続値へ拡張しにくいという特徴があり、強化学習における課題の1つとなっています。連続値へ拡張する手法の1つとして、**方策勾配法**と呼ばれる手法が存在します。これは方策をパラメータで表現し、最適な方策となるようにパラメータを直接学習するといったアプローチとなっています。このようなアプローチを**連続値制御**(continuous control)ともいいます。
4. ×　不適切。強化学習は方策や状態価値に対する直接的な正解ラベルではなく、サンプリングによって得られた報酬と選択された行動を元に、方策や状態行動価値の評価精度を改善していきます。

したがって、オセロのように各盤面で最善手がわからなくても、勝利条件を満たしたときに報酬を与えれば、各盤面における最適な方策や状態価値の正確な評価が学習できます。したがって、この選択肢は強化学習の課題として不適切であり、正答となります。

問4

➡問題　p.310

解答　3

解説

状態表現学習に関する問題です。

1. ×　誤り。画像などの高次元な観測データに対して、状態表現はより低次元な特徴が良いとされます。
   たとえば、カメラ画像を利用してロボットアームの制御を行うことを考えると、掴(つか)みたい物体の座標値などが状態表現になり得ると考えられますが、このとき入力画像に対して座標の情報はより低次元な方が取り扱いやすくなっています。
2. ×　誤り。状態表現はエージェントの行動の影響を受けて動くものであることや、同じ行動では同じような影響を受けることが直感的にイメージできます。状態表現を学習するための目的関数には、このような事前知識を取り入れたさまざまなものが提案されています。
3. ○　正しい。関連するタスクにおいては、同じような状態表現が効果的に利用できると考えられます。したがって、関連したタスクを事前に学習するといった、転移学習の手法が適するものとなっています。
4. ×　誤り。世界モデルの元となる状態表現がエージェントの行動の影響を受けるものであることで、モデル化した世界を利用して、エージェントが行動の影響を学習することができるようになると考えられます。したがって、この選択肢は誤りとなります。

問5

➡問題　p.310

解答　3

解説

AlphaZeroの新規性についての問題です。

1. ×　不適切。初めて人間のプロに勝利したバージョンは **AlphaGo** であり、AlphaGoは2015年にファン・フイ二段(5勝0敗)、2016年にイ・セドル九段(4

勝1敗)、2017年にカ・ケツ九段(3勝0敗)に勝利しました。

2　×　不適切。人間の対局データを使わない自己対戦のみの学習はAlphaZeroでも行われていますが、これはAlphaGo Zeroにおいてすでに実現されていたものです。

　AlphaGo Zeroは人間のプロ棋士に勝利したAlphaGoに100戦0敗で勝利しています。

3. ○　適切。**AlphaZero**はAlphaGo Zeroのアルゴリズムを将棋と囲碁も解けるように発展させたものです。AlphaZeroではAlphaGo Zeroで行われていた盤面の対称性を利用する回転などのデータ拡張は利用せず、さらに将棋やチェスで発生する引き分けを考慮したアルゴリズムとなっています。

4. ×　不適切。Blizzard Entertainmentが開発した「StarCraft II」を学習したのはAlphaStarの新規性になります。

問6

➡問題　p.311

解答　4

解説

OpenAI Five、アルファスターに関する問題です。

1. ○　正しい。Dota 2は30fpsで動作し、1試合に約45分かかります。 OpenAI Fiveは4フレーム毎に状態を観測し行動するため、1試合で約20,000回もの行動選択を行うことになります。ここで多くの個々の行動選択はゲームにほとんど影響を与えないものの、重要な場面ではわずかな行動選択がゲームに長期的な影響を与えることもあります。このような長期的な時間軸でゲームが行われることは、囲碁や将棋と比較してDota 2のタスクが難しい要因の1つとなっています。
2. ○　正しい。将棋や囲碁は自分の手番にゲームに関するすべての情報が盤面から得られます。このようなゲームは**完全情報ゲーム**と呼ばれます。一方でDota 2では自分の視界などから得られる部分的なゲームの情報しか得られません。Dota 2はこのような不完全な情報に基づいて相手の戦略などを推論する必要があり、これはタスクが難しくなっている要因の1つとなります。
3. ○　正しい。Dota 2では1試合の中に10体のキャラクターが存在し、各々の持つスペルやアイテム、多くの建造物やNPC、マップのあらゆる場所に生えている木など、さまざまな要素が戦略に関わります。このようなゲームにおいて人間がアクセスできる要素は、OpenAI FiveではゲームのAPIを通して得られ、その数は約2万個になります。チェスの状態は6種の駒と8×8サイズの盤面の情報で表せるのに対してDota 2の状態はこのように膨大かつ不完全であり、これはタスクが難しくなっている要因の1つとなります。

4. ×　誤り。Dota 2では各ヒーローが数十もの行動を取ることができ、その行動の多くは地上の任意の地点や他のオブジェクトなどを指定して利用します。

　OpenAI Fiveでは、このような行動空間がヒーロー毎に約17,000個の離散的な要素で表されており、ある状態で選択できる行動は平均1,000種類存在します。これはチェスや囲碁と比較して大きいものであり、タスクが難しくなっている要因の1つとなります。

6.5　生成モデル

問1

➡問題　p.311

解答　(ア)2、(イ)4、(ウ)1

解説

モデル圧縮についての問題です。

■(ア)について

(ア)の正解は「量子化」です。**量子化**とは、パラメータのbit数を減らすことです。これによりパラメータのメモリ使用量は減りますがbit数を小さくするほど精度は下がる可能性があります。たとえば、0.567836725…が0.5678となり、小数の細かい部分が落ちてしまうことで最終的な推論結果に影響を及ぼしたりします。

■(イ)について

(イ)の正解は「枝刈り」です。**枝刈り**とは、モデル内の重要度の低いノードを間引く方法です。この重要度の低いパラメータは、たとえば、ユーザーが0に近い値を閾値として決定し、その閾値内のパラメータを削除することで計算量を減らします。これによりあまり精度を下げることなく、メモリの使用量の減少と実行速度の向上が見込めます。

■(ウ)について

(ウ)の正解は「蒸留」です。**蒸留**は、生徒モデルと呼ばれる小さなモデルを学習する際に、教師モデルと呼ばれる大きなモデルの出力を真似るように学習をしていきます。これにより生徒モデルは、より単体で学習するよりも良い精度を出すようになります。蒸留に関して以下に概要図を示します。

soft targetとは大きいモデルの出力のことで、**hard target**とは実際のラベルの値のことです。hard targetを使って学習することは、通常の教師あり学習と変わりませんが、soft targetを使うことで教師モデルを真似るように学習します。この2つのtargetを見ながら小さいモデルは学習していきます。

▼蒸留

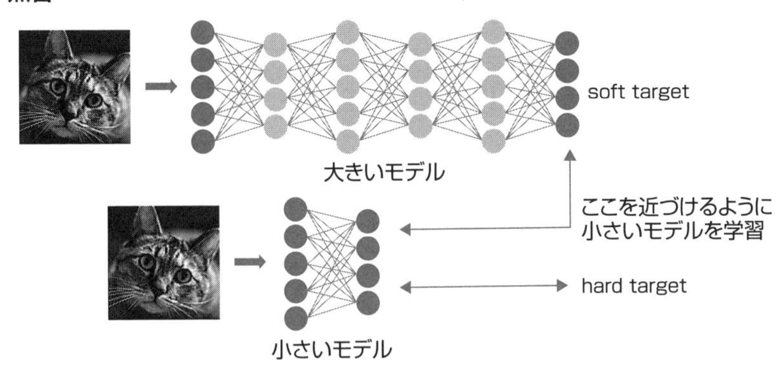

参考　https://dl.sony.com/ja/deeplearning/about/model.html

6.6　自動運転

問1

➡問題　p.312

解答　4

解説

AIの応用先でも注目度が高い自動運転に関して、そのレベルと内容について問う問題です。

アメリカのSAE Internationalという非営利団体が定義する自動運転レベルは、出題しやすいテーマの1つです。過去のG検定でも複数回問われているため、しっかりと各レベルの内容を覚えておきましょう。

選択肢4は、レベル3についての説明で誤りです。正しくは「特定条件下においてシステムがすべての運転を実施する」になります。そのため、レベル4では、特定条件下においては人の介入が求められないため、本格的な自動運転といえそうです。

自動運転化レベルの定義については、国土交通省の「自動運転車の安全技術ガイドライン」のp.2をご覧ください。

https://www.mlit.go.jp/common/001253665.pdf

用語解説

ILSVRC	ImageNetと呼ばれるデータを使った画像認識の分類精度を競う会。
AlexNet	ILSVRCで2012年1位。ILSVRCにて**初めて深層学習の概念を取り入れたモデル**。ジェフリー・ヒントン教授らのチームによって発表された。
GoogLeNet	ILSVRCで2014年1位。Inceptionモジュールと呼ばれる小さなネットワークを積み上げた構造をしている。
VGG16	ILSVRCで2014年2位。13層の畳み込み層と3層の全結合層の合計**16層から構成されているモデル**。3×3の小さな畳み込みフィルタのみを用いた上で、層を深くしたという特徴がある。
ResNet	ILSVRCで2015年1位。最大152層から構成されているネットワーク。**層を飛び越えた結合(Skip connection)があることが特徴**。
DenseNet	2016年に発表されたモデルで、**前方の各層からの出力すべてが後方の層への入力として用いられるのが特徴**で、Dense Blockと呼ばれる構造を持つ。
EfficientNet	2019年にGoogle社から発表されたモデルで、これまで登場していたモデルよりも大幅に少ないパラメータ数でありながら、SoTAを達成。モデルの深さ、**広さ、入力画像の大きさをバランス良く調整**しているのが特徴。
物体検出	画像に写っている物体をバウンディングボックスと呼ばれる**矩形の領域で位置やクラスを認識するタスク**。
R-CNN	2014年に発表されたCNNを用いた物体検出モデル。
YOLO	物体検出手法の1つ。検出と識別を同時に行うのが特徴。
SSD	物体検出の手法で、特徴の1つに小さなフィルタサイズのCNNを特徴マップに適応することで、物体のカテゴリと位置を推定することが挙げられる。
Faster R-CNN	2015年にMicrosoft社が開発した物体検出アルゴリズム。
セマンティックセグメンテーション	画像に写っているものをピクセル単位で領域やクラスを認識するタスク。**物体領域を種類毎に抽出**する。
インスタンスセグメンテーション	画像に写っているものをピクセル単位で領域やクラスを認識するタスク。**個別の物体領域を抽出**する。

SegNet	2017年に提案されたセマンティックセグメンテーションを行う手法の1つ。入力画像から特徴マップの抽出を行う**Encoderと**、抽出した特徴マップと元の画像のピクセル位置の対応関係をマッピングする**Decoderで構成**されている。
U-Net	セマンティックセグメンテーションを行う手法の1つ。**全層畳み込みネットワークの一種**で、畳み込まれた画像をdecodeする際にencodeで使った情報を用いるのが特徴。
形態素解析	**形態素**と呼ばれる言語で意味を持つ最小単位まで分割し、解析する手法。また、単純に単語を分割するだけでなくそれぞれの形態素の**品詞などの判別も行う。**
bag of words	どの単語が含まれるかに注目して**単語をベクトル化する**方法。
TF-IDF	**Term Frequency（TF）**と、**Inverse Document Frequency（IDF）**の2つの情報から**単語の重要度を算出**する手法。
トピックモデル	文書や単語に潜む潜在的なカテゴリを説明するモデル。
LDA	文書集合から各文書における**トピックの混合比率を推定する手法**の1つ。各トピックから単語が生成される確率もトピックと同時に推定する。
word2vec	**単語の分散表現**を獲得する、ニューラルネットワークを用いた推論ベースの手法。
doc2vec	**文章の分散表現**を獲得する、ニューラルネットワークを用いた推論ベースの手法。
Transformer	Google社が2017年に発表した「Attention Is All You Need」という論文で登場した言語モデル。
BERT	Google社が2018年に発表した**双方向Transformerを使ったモデル**で、事前学習に特徴がある。
Masked Language Model (MLM)	BERTにも用いられている事前学習のタスクで、**文中の複数箇所の単語をマスク**し、本来の単語を予測する。
Next Sentence Prediction (NSP)	BERTにも用いられている事前学習のタスクで、2文が渡され、**連続した文かどうか判定**する。
Gap Sentences Generation (GSG)	**PEGASUS**というモデルにも用いられている事前学習タスクで、**複数箇所の文をマスク**し、本来の文を予測する。また、マスク部分の決定は**ランダム以外**の方法で決定する。

GPT-2	OpenAIが2019年に発表したTransformerベースのテキスト生成モデル。800万のWEBページを学習している。
音素	語の意味を区別する音声の最小単位。音声認識では、音素から単語への予測が行われることがある。
ケプストラム	音声認識で使われる特徴量の1つ。音声信号に対し、フーリエ変換を行った後、対数を取り、もう一度フーリエ変換を行い、作成する。
メル尺度	人間の音声知覚の特徴を考慮した尺度で、メル尺度の差が同じ時、人が感じる音高の差が同じになる。
メル周波数ケプストラム係数(MFCC)	音声認識の領域で使われることの多い特徴量の1つ。ケプストラムにメル周波数を考慮したもの。
マルコフ過程	確率モデルの1つ。マルコフ性(ある時刻の状態がその直前の状態によってのみ決まる)を持つ確率過程(時間とともに変化する確率変数)。
隠れマルコフモデル(HMM)	観測されない隠れた状態を持つマルコフ過程。
CTC (Connectionist Temporal Classification)	主に音声認識や文字認識で用いられる、RNNやLSTMなどの出力の解釈方法。ある正解ラベルに対する出力の長さが可変である場合に対応した損失計算を特徴とする。
WaveNet	2016年にDeepMind社によって開発された音声合成・音声認識に使われるモデル。**PixelCNN**というモデルをベースにしている。
RAINBOW	Deep Q NetworkをベースにDueling Network、Double DQN、Noisy Network、Categorical DQNなどのアルゴリズムを全部載せしたアルゴリズム。
Actor-Critic	行動を選択する**Actor**と、Q関数を計算することで行動を評価する**Critic**を、**交互に学習するアルゴリズム**。
REINFORCE	一連の行動による報酬和で方策を評価して、直接方策を改善する**方策勾配法系のアルゴリズム**。
AlphaGo Zero	AlphaGoを改良したプログラム。**人間の棋譜を一切使わずに**、AlphaGo Zero自身の**自己対戦によって棋譜を生成**して、ゼロからニューラルネットワークを学習。
deepfake	GANなどを用いて**人物の画像や映像を合成する技術**。既存の画像と映像を、元となる画像または映像に重ね合わせて、非常に自然に合成をすることが可能。

第7章

ディープラーニングの社会実装に向けて

この章の概要

本章では、ディープラーニングを始めとしたAI技術が、世の中でより良く使われるための議論や倫理、法律などに焦点を当てています。AIの技術の進歩や社会適応が進むにつれ、さまざまな問題が発生したり、議論が生まれたりします。その結果、法律が改正されたり、国やさまざまな団体が活用の原則や方針を打ち出したりというアクションがあり、ビジネスなどへ影響が及びます。

特にAIはデータを学習するため、個人情報や機密情報、著作物などの扱いが問題になるケースが多く、日本の個人情報保護法・著作権法やEUのGDPRなどで、データに関する取り決めがされており、企業単位でも透明性レポートなどで、情報に関しての透明性を上げる取り組みがなされています。

さらに、AIは何かの判断やその補助に使われることが多く、予測の信頼性や説明性などが問われるケースがあり、DARPAによるXAIプログラムやEUの「信頼できるAIのための倫理ガイドライン」、日本の「人間中心のAI社会原則」など、さまざまな議論およびその結果生まれた方針や原則が存在します。G検定でもこういったデータに関する法律や決めごと、AIの信頼性や説明性などに関して問われるケースが多くあります。

このような法律や議論などは、技術の発展を妨げるもののように感じますが、実際に問題になっていることに対する防止や、問題が起こらないための規制・原則であるため、守ることで得られるメリットも少なくありません。

当然、ビジネス上で守る必要がある、もしくは、守るべきものであるため、AIをビジネス適応していく場合は、法律や議論を知っておく必要があります。しかし、AIに関する法律や議論はまだ成熟・安定しておらず、日々更新される可能性があります。そのため、この問題集を解くことに加えて、変化するこれらの情報をキャッチアップすることが重要です。

7.1　AIと社会

問1　★★★　➡解答　p.372  

次の文章を読み、設問に答えよ。

2000年代から2010年代にかけて、Wi-Fi等の無線通信技術がインターネット通信の高速化および低価格化によって普及し、LPWAのように省電力・低価格かつ遠距離通信可能な無線技術も発達したことで、屋外に設置されたセンサやカメラのようなさまざまな電子機器への通信も容易に可能となった。このような過程でさまざまなデバイスがシステムと繋がるIoT（Internet of Things）が普及した。また、インターネットの普及、コンピュータの処理速度の向上や無線通信技術の進展、さらに、スマートフォン等の多様なデバイスの普及によって、ビッグデータの集積が進んでおり、医療、観光、農業などといった多様な分野でのビッグデータの利活用が期待されている。

（設問）

ビッグデータの活用やIoT、DXなどに関連する次の説明について、誤っている選択肢を1つ選べ。

1. ビジネス分野においてDX（デジタルトランスフォーメーション）とは、「企業がテクノロジーを利用して事業の業績や対象範囲を根底から変化させる」という意味で用いられる。DXの関連技術として、IoT、AI、RPA等が挙げられる。
2. IoTはクラウド、ネットワーク、デバイス（センサ）を基本として構成される。このうちクラウドについては、デバイスのネットワーク接続やデータ収集・処理に関わるIoTプラットフォームと、ユーザーに対して特定の機能を提供するアプリケーションからなる。
3. ビッグデータは、「データの量（Volume）」「データの種類（Variety）」「データの発生頻度・更新間隔（Velocity）」の3Vを基本要素として構成される。ビッグデータの大部分を占めているのは、非構造化データである。
4. RPAは、ホワイトカラー業務を自動化する技術の総称である。総務省は、RPAの定義は3クラスに分類することができるとしており、最も基本的なクラス1では、機械学習（深層学習を除く）を活用した一部非定型業務の自動化が可能である。

問2　★★★　➡解答　p.373  

次の文章を読み、設問に答えよ。

近年、従来の中央管理型のデータベースに変わる新しい技術として、分散型のブロックチェーンが注目されている。ブロックチェーン技術とは、ネットワーク上にある端末同士を直接接続し、暗号技術を用いて取引記録を分散的に処理・記録するデータベースの一種である。実際、ブロックチェーンの活用事例が金融分野を中心に複数出てきており、将来的には、民間企業や公的機関の幅広い分野において、その技術が応用されることが予想されている。

(設問)

ブロックチェーンについて、次の説明のうち誤っている選択肢を1つ選べ。

1. ブロックチェーンをデータベースに活用することのメリットとして、分散型管理を行うことで、ネットワーク障害等によるシステムダウンに強いことが挙げられる。
2. ブロックチェーンのデメリットとしては、分散型管理を行うという理由から、一般的にはブロックチェーン運用にかかるコストが従来の中央管理型のシステムよりも高くなる、ということが挙げられる。
3. ブロックチェーンでは、個々のブロックには取引の記録に加えて、1つ前に生成されたブロックの内容を示すハッシュ値と呼ばれる情報などを格納する。過去に生成したブロック内の情報を改ざんしようと試みた場合、変更したブロックから算出されるハッシュ値は以前と異なることから、後続するすべてのブロックのハッシュ値も変更しなければならない。そうした変更は事実上困難であることから、ブロックチェーンは改ざん耐性に優れたデータ構造を有している。
4. 金融分野におけるブロックチェーンの活用例として、米meta(旧Facebook)による「ディエム」(旧Libra)がある。従来のデジタル通貨と比較して、価格の安定性が高い仮想通貨(ステーブルコイン)を構築することが期待されていたものの、個人のプライバシーや国家安全保障、犯罪へ用いられること等への懸念の声が上がっており、2022年1月現在でも実現には至っていない。

7.2　プロダクトの設計

問1　　★　　➡解答　p.374 

AI技術を用いたプロダクトを設計するときには、経営者と開発者が、解決したい課題や対象とする領域を踏まえて、認識をすり合わせながら打ち合わせや会議を十分に行うことが重要になる。

近年よくある失敗が、「ディープラーニング」を導入することが目的化して、良いプロダクトを作れなかったということである。

これを防ぐためにどのように考えるべきか、最も適切な選択肢を1つ選べ。

1. あくまで「ディープラーニング」は手段の1つであり、プロダクトの要求条件に合いそうであれば、あらかじめユースケースを明確にした上で用いる、と考える。
2. 「ディープラーニング」を導入すれば、それを広告に注目を集められるので、データが少なく「ルールベース」が向いている課題であっても「ディープラーニング」の導入を行うことは重要だ、と考える。
3. 「ディープラーニング」は万能なので、どのプロダクトでも絶対に精度が高く、うまくいくはずである、と考える。
4. 課題の設定が「ディープラーニング」を使うことに適していないといけないため、仮に課題を解決する社会的インパクトがごくわずかでも、「ディープラーニング」を活用できる課題を設定すべき、と考える。

問2　　★★★　　➡解答　p.374  

次の文章を読み、文章に関連する説明として、誤っている選択肢を1つ選べ。

機械学習（ML）プロダクトの開発・運用において、各プロセスの専門性が高まり分業体制が取られることが増えている。そのような中で、いくつかの問題が顕在化している。①1つは、MLの開発（Development）サイドと、運用（Operation）サイドの知見やスキルセットが異なることが原因でPoCの障壁を乗り越えられずプロダクトが実用に至らないケースである。また、②分業体制をとっている組織では、各組織が自らの責任を果たすことを最優先しようとするあまり、プロジェクト全体を見た際には必ずしも最適化されていないことがある。

1. 下線部①に対するプロセスモデルとして、MLOpsというものがある。これは、DevOps ＋ ML（Machine Learning）の造語で、機械学習モデルやAIモデルを一度作っておしまいではなく、継続的に本番運用していく仕組みや考え方を指す。
2. MLOpsのメリットは、モデルの作成から精度の管理、本番環境へのデプロイ、監視、そして更新といった一連の作業の一部もしくはすべてを自動化することで、MLを実際に活用し始めるまでのタイムラグを小幅にとどめられるということである。
3. PoCで開発を頓挫させないためには、CRISP-DMを適用することが有効である。CRISP-DMとは、いきなりML開発を開始するのではなく、ビジネスの理解、データの理解、データの準備、モデリング、評価、展開という各プロセスの順番を守ることで、前のプロセス（たとえば、モデリングからデータ準備）へ手戻りすることなく、効率よく開発を進めていくプロセスモデルである。
4. 下線部②に対してBPRという考え方がある。BPRとは、業務本来の目的に向かって既存の組織や制度を抜本的に見直し、プロセスの視点で、職務、業務フロー、管理機構、情報システムをデザインしなおすことである。

問3　★★★　➡解答　p.376　☐☐☐

次の文章の空欄（A）（B）の組み合せとして、最も適している選択肢を1つ選べ。

クラウドとは、クラウドコンピューティング（Cloud Computing）を略した呼び方で、データやアプリケーション等のコンピュータ資源をネットワーク経由で利用する仕組みのことである（ネットワークに繋がったPCやスマートフォン、携帯電話などにサービスを提供しているコンピュータ環境がクラウドである）。企業がクラウドサービスを利用する効果としては、①システム構築の迅速さ・拡張の容易さ、②初期費用・運用費用の削減、③可用性の向上、④利便性の向上が挙げられる。

（　A　）とは、アプリケーションやソフトウェアの構築、統合に使われるツール、定義、プロトコルのことをいう。（　A　）を使用することで、他の製品やサービスの実装方法を知らなくても、利用中の製品やサービスをそれらと通信させることができる。

Webサービスがアプリ開発者向けに公開している機能をWeb（　A　）という。

Webサービスの機能を利用する場合、ユーザーは、公開された（　A　）のURLに対してHTTPでリクエストを送り、そのレスポンスを受け取る形でサービスを利用することになる。たとえば、Google MapsのWeb（　A　）を利用することで、任意のWebページ上に最新のマップを表示することなどが可能となる。

なお、HTTP/HTTPSプロトコルによる通信を基本としたWeb（　A　）の実装例としては（　B　）が有名である。一般に、（　B　）は高速で軽量になり、スケーラビリティが向上するので、IoT（モノのインターネット）やモバイルアプリ開発に最適とされている。

選択肢

1. (A) SDK　(B) Android SDK
2. (A) SDK　(B) .NET Framework SDK
3. (A) API　(B) REST/RESTful API
4. (A) API　(B) SOAP API

7.3　データの収集

問1　★★★　➡解答　p.377  

AIプロダクト開発におけるモデルの作成時には、収集したデータが必要になる。データを収集する際において、「データに不適切な偏りがないか」という点には、入念に気を付けなければならない。

以下に、データ収集の際にさまざまな要因による不適切な偏りがあったために問題となった例を載せる。問題となった理由が「データの不適切な偏り」でないものを1つ選べ。

1. 海外の検索エンジンにおいて「Baby」と検索すると、アングロサクソン系の赤ちゃんの写真ばかりがヒットしてしまい、問題になった。
2. 人事評価を自動的に行うAIを開発したが、性別によりスコアが大きく上下し、問題になった。
3. 再犯確率を計算するAIを開発したが、実際に検挙されデータに反映されている犯罪が全体の半分程度であるため、問題になった。
4. 米国Apple社は、AIアシスタント「Siri」を開発したが、録音した顧客の音声を外部の契約者に聞かせ、問題になった。

問2　　★★★　　➡解答　p.378 

次の文章を読み、オープンデータセットに関する説明として、誤っている選択肢を1つ選べ。

2000年代初頭から続く世界的なオープンデータ政策への取り組みの中で、民間事業者と公的事業者の両方で、さまざまなオープンデータセットが整備されてきた。日本では、2012年の「電子行政オープンデータ戦略」(IT戦略本部決定)を機に政府の取り組みが本格化した。なお、政府がオープンデータ政策に関わる目的として、「電子行政オープンデータ戦略」では、①政府の透明性・信頼性の向上、②国民参加・官民協働推進、③経済活性化・行政効率化等の3つを挙げている。

1. 日本政府は、二次利用が可能な公共データの案内・横断的検索を目的としたオープンデータのカタログサイトとしてDATA.GO.JPを公開している。また、政府のみならず、生活に密着した情報を持つ地方公共団体、あるいは民間団体によるオープンデータ活用等の動きも活発である。
2. オープンデータ化の対象としては、統計情報や地理空間、気象や交通等、数値・文書・画像等あらゆるものである。一方で、機密情報や個人情報等非公開の情報は対象ではない。
3. 民間企業や大学等が提供するオープンデータセットの例として、たとえば、画像分野ではMNISTやCIFAR-100、Google Open Images V6、ImageNet等がある。他にも自然言語ではDBPedia 、音声分野ではGoogle社の公開するAudioSet等がある。
4. 政府や地方自治体等では、オープンデータの活用推進のために、アイデアソンやハッカソンを開催している。これらのイベントを通して開発されたアプリケーションやシステムが現実社会での課題解決に繋がるケースは多い。

問3　★★★　➡解答　p.379 

次の文章を読み、オープンイノベーションに関する説明として、誤っている選択肢を1つ選べ。

IT技術の急速な発展・普及と、製品の高度化・複雑化や競争の激化によって、1990年代以降、自社内の経営資源や研究開発に依存する「自前主義」が限界に達した。そのような中で、2003年、当時のハーバード大教員・ヘンリー・チェスブロウによって「オープンイノベーション」が提唱された。

オープンイノベーションとは、『組織内部のイノベーションを促進するために、意図的かつ積極的に内部と外部の技術やアイデアなどの資源の流出入を活用し、その結果組織内で創出したイノベーションを組織外に展開する市場機会を増やすこと』と定義されている。

1. オープンイノベーションのメリットは、事業推進スピードの向上やコストやリスクの低下が挙げられる。一方で、デメリットとしては社内技術や知識が外部に流出する可能性があることが挙げられる。このデメリットに対応するためには、自社のアイデアから、競争相手が利益を享受できないように、徹底して自社の知的財産を管理する対策のみが必要とされる。
2. 知識集約型への産業構造の転換や、さまざまな変化に対応する多様性や柔軟性が求められる中、産学官連携の拡大によるオープンイノベーションを加速する必要がある。
3. 日本初イノベーションを実現する手段の1つとして、オープンイノベーションへの期待が高まっているが、未だ十分な成果が得られていない。 原因の1つに、大企業等の事業会社による中小ベンチャー企業に対する知的搾取の問題が指摘されている。
4. ビジネスにおける契約の方法として、「基本契約」と「個別契約」がある。後者が発注書等を交わして個々の取引について合意するのに対して、前者では個々の取引に共通する基本事項を定めておくことで、取引の契約書の作成等、契約にかかるコストを低減させることができる。

7.4　データの加工・分析・学習

問1　★★　➡解答　p.381 

実務においてAIプロダクトを運用していく際に、用いるデータが個人のプライバシーを脅かすようなデータであることがある。特に、AIプロダクトは、データが必要なことが多いため、データがあればあるほどいいと考えてしまい、プライバシーに関する点がおろそかになってしまう可能性もある。

たとえば、小売店にカメラを複数設置することにより、顧客の導線のパターンを見つけ、適切な商品配置をするプロダクトがあるとする。しかし、来店者の受け取り方によってはそれが「不快感」や「監視されている」と感じてしまうことにつながることもある。そのため、プライバシーに配慮した工夫が必要である。

次の選択肢のうち、プライバシーに配慮したプロダクト設計に関することで、誤っているものを選べ。

1. 顧客の顔の画像を、カメラで撮ったままの状態で扱うのではなく、必ず加工し特徴量として変換した上で扱い、加工したら画像は破棄するような設計にする。
2. AIプロダクト品質保証コンソーシアムが公表している、「AIプロダクト品質保証ガイドライン」を参考にしてプロダクト作成を進める。
3. 肖像権・プライバシー権・個人情報保護法などの法令上に触れているかのみ確認すれば問題にはならない。
4. EU一般データ保護規則（通称GDPR）はヨーロッパでのプライバシー保護規則だが、日本の企業がヨーロッパにサービスに提供している場合、この規則の対象になるため、このGDPRもチェックしなければならない。

問2　★★★　➡解答　p.381 

次の文章を読み、設問に答えよ。

『生データに対して、生データとは別のデータ（以下、「付加データ」）を付加する場合（このような付加データの付加行為を「アノテーション」ということもある。）そのような付加データには、生データと同様に、生成される学習済みモデルの内容・品質に大きな影響を及ぼす一方、生データから独立した形式ではその用をなさないという性質がある。　(中略)　教師あり学習の手法を用いる場合について いえば、前処理が行われた生データにラベル情報(正解データ)を合わせたものが学習用データセットに該当する。』(経済産業省「AI・データの利用に関する契約ガイドライン」より引用)

(設問)

上記のアノテーションに関する説明を踏まえつつ、次の文章A〜Dについて、正しく説明を行っている組み合わせを、選択肢1〜4の中から1つ選べ。

A. アノテーションとは、機械学習の学習用データセットを作成するために、生データに対して新たなデータを付与することを指す。
具体的には、犬の画像に対して「犬」のように、生データに対してメタデータをタグ付けする行為である。

B. 画像データの他にも、テキストデータ(文章から読み取れる感情など)や音声データ(音声データ書き起こしなど)といったように、あらゆるデータに対し、解きたいタスクに適した形でのアノテーションが行われる。

C. 近年、自動アノテーション技術が開発されている。アノテーションには多大な労力、時間がかかり、AI開発のボトルネックになることも多かった。そのため、アノテーションの自動化によって、関連AI技術が加速的に発展することが期待される。

D. アノテーションを行う場合、(ユーザーから)第三者に委託されることがある。一般に、ユーザーが特にベンダの開発力に期待して契約関係に入った場合、ベンダに委任されたアノテーション業務をさらに第三者へと再委任するためには、ユーザーの承諾が契約上必要とされる。

選択肢
1. B、C
2. A、B、C
3. A、B、C、D
4. 選択肢1〜3の中にはない

問3 ★★ ➡解答 p.382 

次の文章を読み、空欄に最もよく当てはまる選択肢を1つ選べ。

商品のレコメンドシステムや検索エンジンにおいて、自分が見たいものや欲しい情報のみに包まれてしまうということが、近年問題視されている。レコメンドシステムや検索エンジンはユーザーが求めているものを出力することを目標にしてプロダクトを作っているため、自らの興味がないものが視界から消え去ってしまうのは当然であるが、それが普段の身の回りを覆いつくすようになってしまうほどになると、副次的な問題に発展してしまう。

たとえば、政治的な問題や傾向については、さまざまな目線を持つことは重要であるが、レコメンドエンジンにより自分の欲しい情報に囲まれてしまうと、1主張に偏りすぎてしまうという問題が発生する。

このような現象を、インターネット活動家であるイーライ・パリサーが2011年に出版した著書名から、「(ア)」という。

(ア)の選択肢

1. サイバーバルカン化
2. ガラパゴス化
3. ホテル・カリフォルニア効果
4. フィルターバブル

問4 ★★★ ➡解答 p.382 

Pythonは、1990年代初頭から公開されているプログラミング言語であり、高い可読性と実用性のバランスの良さから人気を有しており、2010年代からの機械学習ブームでも、優れた科学技術計算ツールとして広く用いられている。Pythonに関わる開発環境について説明した次の説明のうち、誤っているものを1つ選べ。

1. Jupyter Notebookとその柔軟なインターフェースは、コードだけでなく、可視化、マルチメディア、コラボレーションなど、ノートブックをさまざまな用途に拡張する。コードを実行するだけでなく、コードとその出力をMarkdownとともにノートブックと呼ばれる編集可能なドキュメントに保存できるなどの特徴がある。

2. JupyterLabは、ノートブック、コード、データのためのウェブベースの対話型開発環境で、従来のJupyter Notebookの構成要素(ノートブックやターミナル、テキストエディタ、ファイルブラウザなど)を、柔軟かつ強力なユーザーインターフェースを通して利用することができる。
3. Dockerとは開発者やシステム管理者が、コンテナでアプリケーションを構築(build)、実行(run)、共有(share)するためのプラットフォームである。コンテナを使うと、ハイパーバイザーというソフトウェアによって、固有のCPU、メモリ、ネットワークインタフェース、ストレージなどの物理リソースを仮想環境から分離する。これによって、たとえば、「MacOS ノートパソコン上でLinuxディストリビューションを実行する」といったように、複数の異なるオペレーティングシステム(OS)を1台のコンピュータ上で同時に実行できる。
4. コンテナでは、ホストと他のコンテナから隔離(isolate)し続けるために、複数のカプセル化する機能を追加したプロセスが走っている。コンテナ隔離(isolation)の重要な特長は、各コンテナが自分自身のプライベートファイルシステムとやりとりできる点である。すなわち、このファイルシステムはコンテナイメージ(Dockerの場合Dockerイメージ)によって提供される。

問5 ★★★ ➡解答 p.384 

ライブラリやフレームワークの両者に共通する目的は、他の誰かが書いたコードや関数を、さまざまなプロジェクトで再利用できるようにし、問題をより簡単に解決することである。機械学習分野でよく用いられるライブラリ、フレームワークに関する次の説明のうち、誤っているものを1つ選べ。

1. NumPyは、配列に対する高速演算のためのルーチンを提供するPythonのライブラリである。Pythonの標準的な配列とは異なる、NumPy配列という配列を採用している。NumPyを用いることで大量のデータに対する高度な数学的操作等を容易に行うことができる。
2. Pandasは、SQLテーブルやExcelスプレッドシートのような、2次元の表形式データ(DataFrame)や、時系列データ等の1次元データ(Series)を取り扱うライブラリである。欠損値の扱いが容易であることや、PythonやNumPyによって崩れたデータを簡単にDataFrameオブジェクトに変換できること等が特徴である。
3. PyTorchは、Facebook(meta)社のAIグループによって開発され、2017年に

Githubのオープンソースとして公開されたTorchベースの深層学習フレームワークである。PyTorchはシンプルで使いやすいことで有名で、柔軟性、メモリの効率的な使用、動的な計算グラフなどについても高い評価を得ている。

4. Tensorflowとは、Google社によって2015年に公開されたディープラーニングライブラリである。Kerasと呼ばれる高度なAPIが統合されており、容易に複雑なモデルを作成できる。なお、2022年1月現在、TensorFlow（ver. 2.0以降）では、すべての計算グラフを事前に構築してから実行する「Define and Run」による実行のみ可能となっている。

問6　★★★　➡解答　p.385

AIが学習するデータが偏っていたり、ノイズがある場合、AIがいつも信頼できる結果を出力するとは限らない。AIを安全かつ安心に社会実装するためには、AI製品やサービスの信頼性を担保することが欠かせない。

次の文章の空欄（A）に最もよく当てはまる単語を選択肢から1つ選べ。

昨今、世界中でAI倫理に関する議論が進展している。AIがブラックボックスであるが故に、採用活動等のような意思決定の現場へのAI活用が難しい等の問題が起こっており、AIの公平性や透明性・信頼性の向上が急務である。

こういった問題への対処として、日本では7つの原則からなる「人間中心のAI社会原則」が定められている。その中には、AI利用による公平性や、透明性のある意思決定、説明責任の確保といった内容が「（　A　）の原則」という項目として設定されている。

1. XAI
2. FAT
3. ELSI
4. RRI

7.5　プロダクトの実装・運用・評価

問1　★★★　➡解答　p.386  

次の文章を読み、空欄に最もよく当てはまる選択肢を1つ選べ。

AIによる予測も精度100%ではないため、リスクを避けられるようにモデルをチューニングする必要が出てくる。たとえば、2015年にGoogle社の写真アプリGoogle Photosがアフリカ系の女性に「ゴリラ」とタグ付けしてしまった事件があった。それ以外にも多数の写真を扱うアプリケーションでこういった不適切なラベルが付けられる事態が起きた。

こういった事態を避けるのに適切な方法の1つは、(　ア　)である。そうすれば、アフリカ系の人種はゴリラと間違えやすい、などが事前に発見でき、そのリスクを最大限に上げたモデルにチューニングすることもできる。もちろん、その他の方法(たとえば、データセットからゴリラを削除するなど。Google社はこの対応を取ったとされている)も複数あるが、何も対策を講じないというのはリスクが高い(事前に対策はしていたということが重要である)。

ただし、タグやカテゴリーの数が数千数万になってくると、リスクを回避するためのコストもある程度かかってしまうため、回避する手段は工夫しなければならない。または、そういった工夫を事前にしていたことを、報告書として世に出せる状態にしておくことで、不測の事態にも備えられるようにするのは1つの手である(**透明性レポート**などと呼ばれる)。

(ア)の選択肢

1. RMSEだけではなく、決定係数も確認すること
2. 正解率(Accuracy)だけではなく、F値を見ることで偏りのあるデータを適切に評価すること
3. 混同行列などを用いて「何を何と間違えることがあるのか」、またその確率を確認すること
4. マクロF値ではなく、重み付きカッパ係数を用いて、答えと離れたラベルほど重みを加えるように評価指標を設定すること

問2　★★★

➡解答　p.386 

人間とAIが共存する社会では、多様性や持続性を守ることが重要である。これは「人間中心のAI社会原則」(内閣府、以下「AI原則」と呼ぶ)の基本理念にもなっている。

一方で、わが国におけるAI原則には法的拘束力がないことから、特に経済活動の大部分を担う企業において、経営上のコストにもなり得るAI原則実施への取り組みが必要である。

上記の背景に関連する次の文章A～Dのうち、正しいものの組み合わせを、選択肢から1つ選べ。

A. 企業においてAI原則の実効性が確保されるように、「コーポレートガバナンス」の一環として位置付ける必要がある。

B. IoTやRPA、AIといった最新技術等が活用されていく中でリスクは複雑化している。そのような状況下で投資機関や消費者等各ステークホルダーにとって「良い企業」であるために経営者は、社員が守るべきルールである「内部統制」を必要に応じて更新していく必要がある。

C. AIを開発・活用する企業として、顧客との信頼性の構築のためには、透明性を担保することが重要である。取り組みの例として、AIを利用しているという事実やデータの取得／使用方法、AIの動作結果の適切性を担保する仕組みの実施状況の公開等が挙げられる。

D. AI技術の啓発と、倫理的問題を含めた社会課題の解決を共同で行っていくためのAI研究団体に「Partnership on AI」という組織がある。組織の指針となる原則には、個人のプライバシー保護への取り組みや、AI研究者の社会的責任の維持、AI研究とテクノロジーの健全性や安全性の確保などが挙げられている。

1. すべて正しい
2. A、B
3. B、C、D
4. 選択肢1～3の中にはない

問3　★★★　➡解答　p.387 

次の文章を読み、設問に答えよ。

近年、誤投稿等が原因となって個人や組織が批判され、収束を図れない状態になる「炎上」が起こりやすくなっている。背景としては、たとえば、SNSの普及によって、誤投稿等が容易に拡散されるようになったこと等が挙げられる。

「炎上」が起きることは、企業にとって大きなレピュテーションリスクとなることから、ネット上の書き込みをモニタリングしておくなど、リスクマネジメントをすることが必要となる。炎上への対策は経営課題として重要となっている。

(設問)

炎上対策に関する次の説明のうち、誤っているものを選択肢から1つ選べ。

1. 炎上対策として、炎上した場合を想定した訓練が有効である。具体例としては、「シリアスゲーム」というものがある。これは、ゲーム感覚で炎上を体験し、炎上してしまった際のできごとなどをあらかじめ体験しておき、有事の際の対応を学ぶものである。
2. 炎上が発生したあとに、一般消費者や取引先、メディアに対して対外的に行う危機管理対応のことを「リスクコミュニケーション」という。誠意をもった対応を行うことで、企業のリスクによる影響が左右されるため、有事を想定したリスクマネジメントを常日頃から行っておくことが重要である。
3. AIシステムを開発する側の視点としては、「DEI」を意識することが炎上対策に繋がる。DEIとは、Diversity(多様性)、Equality(平等性)、Inclusion(包括性)の頭文字をとったものである。
4. AIシステムを利用する個人や法人においては、AIの挙動を管理するツールの利用や危機管理体制の構築、見直しを行うことが炎上対策の一環となる。

7.6　AIと法律・制度

問1　★★★　➡解答　p.388

次の文章を読み、空欄に最もよく当てはまる選択肢をそれぞれ1つずつ選べ。

AIと法制度に係る課題の1つとして、学習データや学習済みモデルの（　ア　）保護と（　イ　）が矛盾するという点がある。たとえば、不正な漏洩を防ぐには学習済みモデルに知的財産権を認める必要があるが、知的財産権が認められると権利処理の手間の煩雑さのため（　ウ　）の流通が困難となる。そこで、平成30年に（　エ　）が改正され、知的財産権が認められていないデータの保護に関しても、一定の対策が可能となった。

（ア）の選択肢
1.　所有権
2.　開発力
3.　技術力
4.　知的財産権

（イ）の選択肢
1.　流通容易性
2.　開発促進性
3.　流通困難性
4.　技術発展性

（ウ）の選択肢
1.　蒸留モデル
2.　アルゴリズム
3.　派生モデル
4.　既存モデル

（エ）の選択肢
1.　刑法
2.　不正競争防止法
3.　PL法
4.　電波法

問2　★★★

➡解答　p.389 

次の文章の（ア）（イ）の組み合わせとして、最も適している選択肢を1つ選べ。

EU一般データ保護規則（　ア　）は、EUを含む欧州経済領域内にいる個人の個人データを保護するためのEUにおける統一的ルールであり、域内で取得した「氏名」や「クレジットカード番号」などの個人データを域外に移転することを原則禁止している。EU域内でビジネスを行い、EU域内にいる個人の個人データを取得する（　イ　）に対しても、幅広く適用される。

	（ア）	（イ）
1.	IEEE	日本企業
2.	ESG	上場企業
3.	ESG	日本企業
4.	IEEE	IT企業
5.	GDPR	IT企業
6.	GDPR	日本企業

問3　★★★

➡解答　p.390 

次の文章の（ア）（イ）の組み合わせとして、最も適している選択肢を1つ選べ。

金融分野における個人情報取扱事業者がデータを取得する場合の「（　ア　）」には、人種、信条、病歴、犯罪の経歴などの（　イ　）に定める「要配慮個人情報」にとどまらず、労働組合への加盟や保健医療などのデータも含まれる。「（　ア　）」は、取得・利用または第三者提供のすべてが原則禁止とされ、（　イ　）の「要配慮個人情報」よりも厳しい取扱いが要求されている。

	（ア）	（イ）
1.	機微情報	不正競争防止法
2.	機密情報	不正競争防止法
3.	機微情報	個人情報保護法
4.	LSTM	GDPR
5.	LSTM	個人情報保護法

問4　★★★

➡解答　p.391

AI学習用データセットを生成する際に、もととなるデータに第三者の著作物が含まれている場合について、適切な選択肢を1つ選べ。

1. もととなるデータの利用に、原則として著作権者の承諾は必要ない。
2. インターネット上に公開されているデータを利用して学習用データセットを生成して、販売する行為は違法である。
3. 国外にサーバがあっても、日本国内で開発作業をする場合には、著作権法30条の4第2号の適用を当然受ける。
4. 第三者の著作物であるデータを利用して学習用データセットを生成する場合には、著作権法に注意すれば必要かつ十分である。

問5　★★★

➡解答　p.392

AIの学習やデータ分析を行うなどデータを活用する機会が増え、個人情報の保護の重要性も増している。次のうち匿名加工情報（個人情報を加工することで特定の個人を識別することができないようにし、当該個人情報を復元不可にした情報）に関する事業者の義務に含まれない選択肢を1つ選べ。

1. 氏名や個人識別符号の削除など、匿名加工情報を制作する事業者は、個人情報を適切に加工する必要がある。
2. 匿名加工情報を制作する事業者は、加工方法などの情報の漏洩防止などの安全管理措置を行う必要がある。
3. 匿名加工情報の作成や第三者提供を行った際などには、匿名加工情報を作成した事実がわからないように、公表することは禁止されている。
4. 匿名加工情報を扱う際に、作成元の個人情報を識別するような行為は禁止されている。

問6　★★★　➡解答　p.393 

次の文章を読み、設問に答えよ。

「消費者と事業者との間の情報の質および量ならびに交渉力の格差」が存在しており、消費者は事業者との取引において取引条件が一方的に不利になりやすい。

デジタル・プラットフォーム事業者は、自己の取引上の地位が取引の相手方である消費者に優越している場合、その地位を利用して、正常な商慣習に照らして不当に不利益を与えることは、当該取引の相手方である消費者の自由かつ自主的な判断による取引を阻害する一方で、デジタル・プラットフォーム事業者は、その競争者との関係において競争上有利となる。

消費者がデジタル・プラットフォーム事業者から不利益な取扱いを受けても、消費者が当該デジタル・プラットフォーム事業者の提供するサービスを利用するためには、これを受け入れざるを得ない。このような場合であるかどうかの判断に当たっては、消費者にとっての当該デジタル・プラットフォーム事業者と「取引することの必要性」を考慮する。

（設問）

次の選択肢のうち、通常、当該サービスを提供するデジタル・プラットフォーム事業者は、消費者に対して取引上の地位が優越していると認められないものを選べ。

1. 当該サービスと代替可能なサービスを提供するデジタル・プラットフォーム事業者が存在しない場合。
2. 代替可能なサービスを提供するデジタル・プラットフォーム事業者が存在していたとしても当該サービスの利用をやめることが事実上困難な場合。
3. 当該サービスにおいて、当該サービスを提供するデジタル・プラットフォーム事業者の利用者数が一定水準よりも多い場合。

7

問題

解答と解説

7.1　AIと社会

問1

➡問題　p.353

解答　　4

解説

ビッグデータの活用に関連した技術の基礎知識を問う問題です。

1. ○　正しい。**DX（デジタルトランスフォーメーション）**は、「デジタル技術を通して、人々の生活をより良い方向に変化させる」という概念で、2004年にスウェーデン・ウメオ大学のエリック・ストルターマン教授によって提唱されました。今日では、多くの企業でDX（IoTやAI、RPAを活用した技術）の導入が行われています。
2. ○　正しい。クラウド技術の発展によって、特別な技術や大規模な施設を持たずとも、IoTをはじめとしたITの各種開発を行うことができるようになりました。このことによって、新規参入のハードルが大きく下がりました。
3. ○　正しい。ビッグデータの大部分を占めているのは、非構造化データです。なお、**非構造化**とは、特定の構造を持たないデータを指し、具体的な例としては、メール、文書、画像、動画、音声などの他、Webサイトのログやバックアップ／アーカイブ等が挙げられます。
4. ×　誤り。問題文内の説明は、RPA（Robotic Process Automation）のうち、クラス2のものです。RPAの各クラスの説明は次表に示す通りです。RPAを導入することで、労働時間の短縮やヒューマンエラー回避に繋がり、労働生産性の向上といったメリットがあります。RPAは仮想知的労働者（Digital Labor）とも呼ばれ、2025年までに事務的業務の1/3の仕事がRPAに置き換わるインパクトがあるともいわれています。

▼RPAのクラス

クラス	定義	説明
1	RPA：Robotic Process Automation 定型業務自動化	全プロセスを通して人間の思考判断を必要としない定型業務を自動化。 【例】キーボードやマウスといった、パソコン画面操作の自動化や検証作業等
2	EPA：Enhanced Process Automation 一部非定型業務自動化	RPAに機械学習を取り入れることで、プログラムによる単純な処理では難しい、人間的な思考判断を伴うプロセスの自動化を行う。 【例】相手からの商品発注メールの内容を理解した上で、配送手続きと請求書作成を行う
3	CA：Cognitive Automation 高度な自律化	深層学習を搭載。あらゆるデータを収集・分析・学習し、意思決定までを自動で行う。2021年現在では、クラス3まで到達しているRPAは存在しない。 【例】コンビニやスーパー等における商品発注の自動化

※総務省「RPA（働き方改革：業務自動化による生産性向上）」を参考に作成
https://www.soumu.go.jp/menu_news/s-news/02tsushin02_04000043.html

問2

➡問題　p.354

解答　2

解説

この問題は、ブロックチェーンの特徴およびブロックチェーンの活用事例に関する知識を問う問題です。ブロックチェーンは今後あらゆる分野での活用が期待されており、時事的な話題に上がることも多いため、基本的な特徴と活用事例を知っておきましょう。

1. ○　正しい。ブロックチェーンでは、分散管理・処理を行うことでネットワークの一部に不具合が生じてもシステムを維持することができる性質があります。このような性質を**可用性**といいます。
2. ×　誤り。従来のデータベースでは取引において必要であった仲介役が不要になることにより、取引の低コスト化が期待されます。
3. ○　正しい。ブロックチェーンは、データの改ざんの有無をリアルタイムで監視可能であるという性質も持っています。この性質を**完全性**と呼びます。

4. ○　正しい。金融分野以外の活用事例として、たとえば、ソニーがブロックチェーンを活用して、楽曲の著作権管理システムを構築しています。なお、BaaS（Blockchain as a service）という言葉があり、たとえば、Amazon Web Servicesなどでは、ブロックチェーンネットワークの作成と管理を簡単に行える仕組みを提供しています。

7.2　プロダクトの設計

問1

➡問題　p.355

解答　1

解説

AIを導入したプロダクトが、一般的によく陥ってしまう失敗について問う問題です。

正解は選択肢1です。あくまでも「ディープラーニング」は手段の1つとして考えなければ、本末転倒なプロダクトができてしまいます。実際、精度の高いディープラーニングを用いたプロダクトを構築することはできたとしても、「実際の現場でどのように使いたいか？」というように、ユースケースに焦点を当てた構想が不十分であった結果、**PoC**※だけでプロジェクトが打ち切りになってしまうことも多くなっています。

その他の選択肢についても、どれも現場で起こりえる考え方であり、どの考え方でも長期的な成功には繋がらず、多くは失敗に終わってしまいます。また、今回の題意を鑑みるとどれも「防ぐための考え方」とはいえません。

※PoC：Proof of Concept　概念実証。簡単なプロトタイプのデモンストレーション等を通して、アイデアの実現可能性を検証すること。

問2

➡問題　p.355

解答　3

解説

機械学習の開発や運用に用いるプロセスモデルに関する問題です。

1. ○　正しい。**DevOps**とは、Development（開発）とOperation（運用）を組み合わせた用語です。ソフトウェアの開発を迅速に行うために、開発担当者と運用担当者の連携、協力を重視する開発手法のことを指します。

2. ○　正しい。MLOpsは、システムの開発(Development)チームと、運用チームが協働してビジネス価値の向上を目指すDevOps(デブオプス)から派生した概念であり、「DevOpsのML版」と位置付けてられています。**MLOps**とは、MLの開発チームと運用チームが連携、協力して、モデルの開発から運用化まで一連のMLライフサイクルを管理する基盤、体制のことであり、その目指すところは「機械学習システムの効果的でスムーズな実運用」です。
3. ×　誤り。**CRISP-DM**はCRoss-Industry Standard Process for Data Miningの略で、同名のコンソーシアムで提案されたデータマイニングのプロセスモデルです。これを日本語に訳すと「業界の枠を越えたデータマイニングの標準プロセス」という意味になり、業界、ツール、業務分野のそれぞれに中立なデータマイニング用の方法論として注目されています。
   CRISP-DMは、新たにデータマイニングを採用しようとするユーザーにノウハウを提供することで、データマイニングを正しく実践してもらい、データマイニングの価値を正当に評価してもらうことを目的に開発されました。
   なお、データマイニングの定義は、書籍やツールベンダーによってまちまちですが、たとえば、SAS Institute Japanのページ(https://www.sas.com/ja_jp/insights/analytics/data-mining.html)では、「未知の結果を予測するために、大量のデータセットに含まれている異常値、パターン、相関を発見するプロセスのこと」としています。
   問題文の通り、対象とするビジネスおよび使用データを理解した上で、データ準備、モデリング、評価、展開を行います。ただし、問題文に記載されている「各プロセスの順番を守ることで、前のプロセスへ手戻りすることなく～」という部分は間違いです。必要に応じて前のステップに戻ったり、最後の「展開」をした後に最初の「ビジネスの理解」に戻ったりするというのがCRISP-DMの考え方です。
4. ○　正しい。プロジェクト全体での全体最適が犠牲にされているような状況を根底から改革しようとするアプローチが**BPR**(Business Process Re-engineering)です。具体的には、全社が共通に目指すことのできる目標(中長期的事業戦略や顧客のニーズが使用されることが多い)設定、トップダウンによるプロジェクト組成、既存の枠組みにとらわれないゼロベースの思考、ITの積極的活用、担当者への権限委譲などにより、目標に向かった全体最適を追求していくのが特徴です。

問3

➡問題　p.356

解答　3

解説

クラウドとWebAPIについての問題です。

■(A)について

(A)に関して、**API**は**Application Program Interface**の略です。一方で**SDK**は、**Software Development Kit**(ソフトウェア開発キット)の略です。対象のプラットフォーム、システム、またはプログラミング言語向けのアプリケーションを作成するために必要な構成要素(開発ツール)が含まれています。また、基本的なSDKにはコンパイラやデバッガ、API、そして多くの場合、サンプルコードも含まれています。サンプルコードは、基本的なプログラムの構築方法を学ぶのに役立つサンプルプログラムとライブラリを開発者に提供します。開発者はそれを使って複雑なアプリケーションを容易に最適化あるいは開発したり、必要に応じてデバッグや新機能の追加を行ったりすることができます。

■(B)について

(B)について、Android SDKと.NET Framework SDKはそれぞれ、Google社とMicrosoft社が提供しているSDKです。また、Web APIの代表例として、REST/RESTful　APIとSOAP APIなどが挙げられます。**SOAP**とはSimple Object Access Protocolの略です。HTTP/HTTPS以外にもSMTPやTCPのような任意の通信プロトコルを使用することができます。SOAP APIは、元々はプログラミング言語やプラットフォームが異なるアプリケーション間でも通信できるようにするために設計されました。

一方の**REST/RESTful API**は、HTTP(ハイパーテキスト転送)プロトコルを用いた通信を採用しており、Representational State Transfer(REST)という設計原則(ガイドライン)に基づいて設計されたWeb APIです。REST/RESTful APIについては、一般にはSOAP APIよりも軽量であるという特徴があり、IoT等の最新技術と相性が良いといわれています。実際、Google Maps APIをはじめとした多くのパブリックAPIは、RESTガイドラインに準拠しています。

7.3　データの収集

問1

➡問題　p.357

解答　4

解説

この問題は、データ取得時あるいはクレンジング工程において、手元のデータに偏りが生じた結果、サンプリング元のデータセットを解析した際には見られないような特徴があるように見えてしまう、**サンプリングバイアス**に関する問題です。

サンプリングバイアスと似た用語に、**データバイアス**というものがあります。これは、サンプリングする大元のデータセット自体に、バイアス（たとえば、人種差別等）がある場合を指します。他方、大元のデータセットには特別なバイアスがなくとも、サンプリングの工程で偶然「この人種は再犯率が高い」のようなデータセットを意図せず作成してしまい、それをAIに学習させた結果、偏った推論結果を出力してしまうといったようなケースは、サンプリングバイアスに該当します。以下、各選択肢に関する解説です。

選択肢1は人種差別的な偏りです。データセットに人種による偏りが存在し、それをそのままプロダクトに反映させてしまいました。

選択肢2は、性差別的な偏りです。過去の人事評価が性別により大きく影響していたとしても、それをプロダクトに反映させてはいけません。

選択肢3は**情報バイアス**などと呼ばれ、データ自体が採取できるかどうかに別の要因が絡んでくることから、適切なデータとはいえません。

正解である選択肢4は、プライバシーの問題のため、データの不適切な偏りとは関係ありません。

データが不適切なために起こる問題は他にもあります。Microsoft社は2016年に、19歳の女性の話し方を模倣するように設計されたチャットボット「**Tay**」をさまざまなソーシャルネットワークサービス（SNS）に向けてリリースしました。しかし、リリースから数時間後「Tay」は公開停止されてしまいます。理由は、不適切な発言が多かったためです。SNS上にて不適切な発言を多く投げかけられた「Tay」は、それらの発言を学習してしまい、自らそういった発言をしてしまうようになってしまいました。

このようにデータを収集する際には、倫理的に問題のある偏りが生じないように、できるだけきれいなデータを採取する、もしくはもとのデータをそぎ落として不適切な偏りをなくす必要があります。また、問題になることが予測できなかったとしても、あくまでAIの出す判断は人間の補助として扱い、最終的な判断は一個人にさせるような形にするのも1つの手です（これは責任の所在が明らかになる点でも有用な設計です）。

問2

➡問題　p.358

解答　4

解説

オープンデータセットに関する知識を問う問題です。なお、**オープンデータ**とは、国、地方公共団体および事業者が保有するデータのうち、①営利目的、非営利目的を問わず二次利用可能なルールが適用されたもの、②機械判読に適したもの、③無償で利用できるものです。

これは首相官邸・高度情報通信ネットワーク社会推進戦略本部（IT総合戦略本部）による「オープンデータ基本指針」内での定義です。

1. ○　正しい。公共データについて、オープンデータを前提として情報システムや業務プロセス全体の企画・整備および運用を行う「オープンデータ・バイ・デザイン」の考えに基づいて、国や地方公共団体、事業者が公共データの公開および活用に取り組んでいます。各府省庁が保有するデータは原則公開されており、CSVやXML形式でデータ入手可能となっています。
2. ○　正しい。公開することが適当ではないデータについては、原則として公開できない理由を開示すると共に、限定的な関係者間での共有を行う「限定公開」という方法も存在します。
3. ○　正しい。選択肢中で例として挙げられたオープンデータセットに関する説明を、次頁の表に整理します。ここで上げたものがすべてではなく、他にも多くのオープンデータセットが整備されています。
4. ×　誤り。アイデアソンやハッカソンに対しては、「現実社会の課題解決に繋がっていない」等の批判があります。生まれたアイデアや試作品を実用できる行政サービスやビジネスに磨き上げるところが現状の課題であり、ハッカソンで生み出されたアプリケーションやサービスの有効性を検討したり、使い勝手の改善をしたりと、普及のための方策を考えること等が重要です。

▼オープンデータセットの一例

データセット名	カテゴリ	説明
MNIST	画像	7万枚の手書きの数字の画像データセット
ImageNet	画像	1400万枚超の画像データを有するデータセット。文字列検索によって検索単語に合うクラスが表示されるため、データを取得しやすい
Google Open Images V6	画像	AlexNetのAlex Krizhevsky氏のグループが公開しているデータセット。10クラス、6万の32×32カラーイメージで構成
DBpedia Japanese	テキスト	DBpediaは主にWikipediaから構造化データセットを抽出してリンクトデータ(Webで公開したデータを相互にリンクすることにより、データのWebを形成しようとする)として再公開するコミュニティープロジェクト
AudioSet	音声	YouTube動画から抽出した10秒間のサウンドクリップ約200万データから構成される

https://www.dsk-cloud.com/blog/useful-data-set-formachine-learning
https://www.jstage.jst.go.jp/article/johokanri/60/5/60_307/_pdf/-char/ja
https://www.jstage.jst.go.jp/article/jkg/70/8/70_406/_pdf　　を参考に作成

問3

➡問題　p.359

解答　1

解説

この問題は、オープンイノベーションの考え方に基づく外部機関との連携や、連携時の契約に関する問題です。問題文で述べられているように、「自前主義」の限界から(オープンイノベーションとの対比でクローズドイノベーションとも呼ばれます)、外部資源を有効に活用するオープンイノベーションの考え方が普及しました。

1. ×　誤り。前半のメリット、デメリットの説明は正しいですが、後半の「自社のアイデアから競争相手が利益を享受できないよう、徹底して自社の知的財産を管理する必要がある」という部分が誤りです。オープンイノベーションに伴う自社技術・知見の流出の可能性について、もちろん知的財産の適切な管理は重要ではありますが、それ以外にも、革新的な部分はブラックボックス化して秘匿しつつ、その他の部分については他社に知的財産を使用させることで利益を得る「オープン＆クローズ戦略」や、逆に他者の知的財産を購入し、自社のビジネスモデルを発展させるといった柔軟な方法も存在します。

2. ○　正しい。産学連携のみならず、産学官連携による研究開発も積極的に行われています。ちなみに、2025年までに企業から大学・国立研究開発法人への投資額を3倍にすることを定量的な目標とし、目標達成に向け具体的な取り組みをまとめた「産学官連携による共同研究強化のためのガイドライン」が文部科学省より発行されています。
3. ○　正しい。このような問題を放置すれば、イノベーションシーズの出し手たるベンチャーや大学の研究開発の意欲を低下させ、また資金が還流しないことで研究開発の継続が困難となり、日本から新たなイノベーションが消失することになりかねません。事業会社によるイノベーション搾取の構造を作り出す主要因は、技術取引契約（秘密保持契約、共同研究、ライセンス契約）です。さらにその背景として、ベンチャー等の知財法務の知識不足、また事業会社のベンチャー等への無理解であることは従来から指摘されています。

   また、余談ですが、近年では契約の複雑化・高度化が進んでおり、契約で定めておくべき事項に関して契約の「型」を示す「AI・データの利用に関する契約ガイドライン」が経済産業省から発行されています。本ガイドラインは、契約の自由を制約するものではありませんが、たとえば、「対価・支払い条件」において『1　乙は、提供データの利用許諾に対する対価として、甲に対し、別紙の1単位あたり月額○円を支払うものとする。』といったように、契約書作成を補助する内容になっています。
4. ○　正しい。基本契約と個別契約を組み合わせることで、特に中長期継続する取引における契約コストを低く抑えることができます。たとえば、メールにて契約を締結するといったように工夫することで、より簡潔に個別契約を結ぶことができます。なお、個別契約では商品明細・価格・納入条件・代金支払い条件（基本契約でも合意される）を合意します。

7.4　データの加工・分析・学習

問1

➡問題　p.360

解答　3

解説

AIプロダクトにおけるプライバシーの配慮について問う問題です。

正解は選択肢3です。

実務においては、「法令上のみ」確認していても、顧客の反対から失敗する可能性もあります。事実、2013年に独立行政法人情報通信研究機構（NICT）は、大阪ステーションシティに90台のカメラを設置し、実証実験を行う予定でしたが、プライバシーの観点から懸念があり、一度延期になっています。このとき、「法令上は」全く問題ありませんでしたが、「説明責任」という点で不明確であったため、中止になりました。そのため、「法令上」だけでなく、他の選択肢でいわれているようなガイドラインを参考にし、プロダクトの設計を考える必要があります。

その他の選択肢1、2、4のようなガイドラインや規則は実際に存在しています。選択肢1については、総務省・経済産業省から発行されている、「カメラ画像利活用ガイドブック」において、データとして取得したカメラ画像の扱い方の方針として記載されています。そもそもそういったプロダクトを受けるかどうかを顧客に選択させるという工夫もあります。たとえば、空港での身体検査を画像認識において自動化しようとする場合、プライベートなデータが残ってしまうかもと懸念する場合には、通常の人間によるチェックを選択できるようにすることで、プライバシーでの懸念が出ないように工夫することもできます。

問2

➡問題　p.360

解答　3

解説

アノテーションについての問題です。

アノテーションは機械学習モデルの精度に大きく影響をもたらしますが、必要とする労力、コストが大きく、AI開発におけるボトルネックにもなっています。問題文中のA～Dはすべて正しい説明になっています。

以下、説明BとCに関する補足を示します。

■Bについての補足

問題文中で挙げた例の他にも、セキュリティや緊急ホットラインのアプリケーション等に対してアノテーションを行う場合には、攻撃的な口調であったり、ガラスの割れる音のような音声に対してアノテーションを行うことも考えられます。テキストデータに関しては、文章から人間の感情をアノテーションする**センチメントアノテーション**や、商品のタイトルや検索クエリ内のさまざまなコンポーネントにタグを付与することで（**セマンティックアノテーション**）、商品リストの改善や顧客が探している商品を見つけるというタスクを実現します。

■Cについての補足

たとえば、Zhang et al.(2021)では、ミカン果樹園やトマト温室の写真から高精度に果実を検出するAIを構築しました。Zhangらが開発したような物体検出AIは、スマート農業技術の中核であり、彼らの取り組みをはじめとしたアノテーションの自動化によって、関連分野のAI開発が加速的に発展することが期待されています。

問3

➡問題　p.362

解答　4

解説

「**フィルターバブル**」について問う問題です。

正解は選択肢4の「フィルターバブル」です。その他の選択肢は、すべて似た問題意識に付いた名前ですが、問題文の「著書名から」という文脈に適しているのは選択肢4だけです。

近年ではさまざまなサービスにおいてパーソナライズ化が進んでいます。何をしても自分に適したものばかり出てきてしまうようになると、この現象はこれからより大きな問題になっていく可能性もあります。

問4

➡問題　p.362

解答　3

解説

この問題は、DockerやJupyterという、Pythonに関連する開発環境についての問題です。なお、Dockerについては、Pythonのみならず、Javaなどの他の言語にも広く対応しています。

1. ○　正しい。
2. ○　正しい。ちなみに、JupyterLabやJupyter Notebookは、Project Jupyter（インタラクティブで再現性のあるコンピューティングのためのオープンソースソフトウェア、オープンスタンダード、サービスを開発するための非営利団体）によって開発されています。

3. ×　誤り。後半部分の説明は仮想マシンに対するものです。コンテナによる仮想化技術は、OS上に仮想的に複数のコンテナ（分離、独立した領域）の箱を設け、そのなかで、アプリケーションを実行、動作させる仕組みです。次頁の図は、コンテナによる仮想化とサーバ仮想化の概念図です。サーバ仮想化（仮想マシン）では、サーバOSがサーバ資源を利用する際に無駄が多くなるのに対して、コンテナでは、サーバ資源は1つのOSが利用するのでCPUやメモリなどの負荷が小さく、リソースの無駄が少ないといったメリットがあります。

　なお、コンテナ化の人気が高まるのは、コンテナが次のような特徴を持っているためです。

①柔軟：複雑なアプリケーションでもコンテナ化できる。
②軽量：システムリソースに関しては、仮想マシンよりも効率的に扱うことができる。
③可搬性：ローカルに構築し、クラウドにデプロイすることで、どこでも実行できる。
④疎結合：コンテナは、自分で完結し、カプセル化している。そのため、他の何らかの中断をしなくても、置き換えやアップグレードが可能。
⑤拡張性：データセンタ内の至るところで、複製したコンテナの追加と自動分散が可能。
⑥安全性：利用者による設定がなくても、コンテナは積極的な制限と分離（isolate）をプロセスに適用する。

4. ○　正しい。コンテナ技術は、コンテナを実行する「コンテナ管理ソフトウェア」、コンテナの元データとなる「コンテナイメージ」、コンテナイメージから作成され、実行されるアプリケーションである「コンテナ」の3つです。（コンテナ）イメージは、コンテナに格納されるアプリケーションやアプリケーションの実行に必要な設定ファイル、実行環境、ミドルウェア、ライブラリなどをひとまとめにした、ファイル、設定情報のかたまりのことです。

▼コンテナ技術による仮想化の概念図

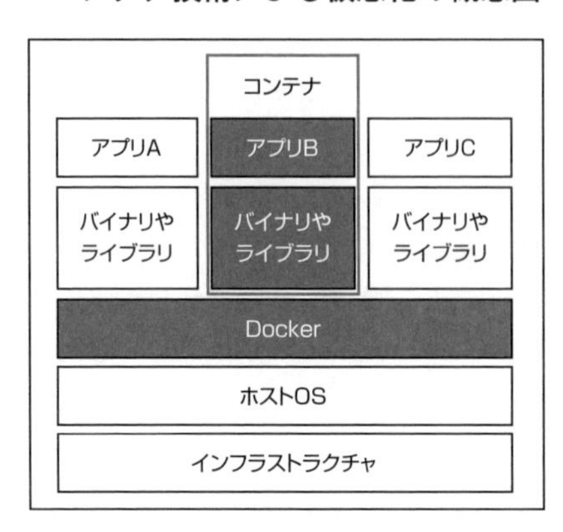

▼仮想マシンによる仮想化の概念図

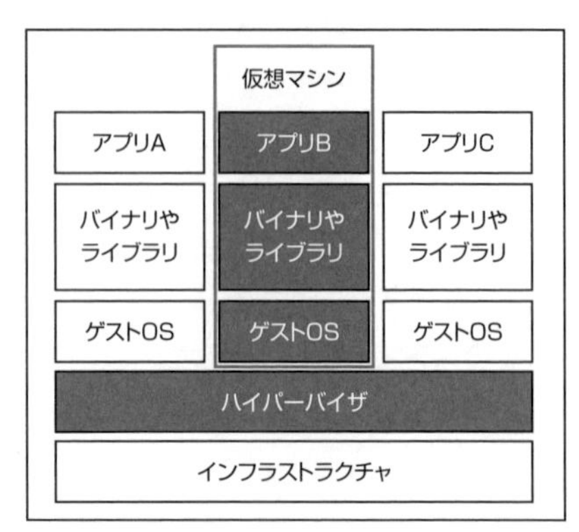

Dockerドキュメントの日本語化プロジェクトページを参考に作成
https://docs.docker.jp/get-started/index.html

問5

➡問題　p.363

解答　4

解説

機械学習でよく用いられるライブラリやフレームワークに関する問題です。なお、両者の違いは利用者のプログラミングの自由度にあります。フレームワークを用いる場合、「どこにどのコードを入れるか？」というルールによって利用者に制約がかかるのに対して、ライブラリでは特段の制約はなく、利用者が必要に応じて任意の箇所でライブラリを呼び出すことができます。

1. ○　正しい。
2. ○　正しい。問題文にはありませんが、よく用いられるライブラリとして、Matplotlib等が挙げられます。Matplotlibは、Python用のデータ可視化ライブラリで、データをグラフや画像データとして表示できデータの可視化に用いられています。
3. ○　正しい。
4. ×　誤り。ディープラーニングのフレームワークは、大きく分けて2つに分けられます。1つは、静的計算グラフを用いたアプローチ（直訳すると、計算グラフを定義し、そして、データを流す、となる）である**Define and Run**、もう1つは、動的計算グラフによるアプローチ（データを流すことで、計算グラフが定義される）**Define by Run**です。Define by Runのアプローチは、2015年にChainerによってはじめて提唱され、それ以降、多くのフレームワークに採用されています。通常のNumPyを使うときと同じ作法で数値計算を行うことができる点や、計算グラフを「コンパイル」して、独自のデータ構造へと変換する必要がないという点がメリットです。当初のTensorFlowでは、Define and Runを採用していましたが、のちにDefine by Runスタイルも取り入れ、TensorFlow ver. 2.0以降ではデフォルトになっています。

問6

➡問題　p.364

解答　2

解説

問題文中の説明は、**FAT**です。なお、FATとは、Fairness（公平性）、Accountability（説明責任）、Transparency（透明性）の頭文字を取ったものです。他の選択肢について、選択肢1のXAIは、Explainable AI（説明可能なAI）、選択肢3のELSIは、Ethical, Legal and Social Issuesの頭文字、選択肢4のRRIは、Robot Revolution & Industrial IoT Initiativeの頭文字です。

■選択肢3.ELSIについて

ELSIとは、社会、人間への影響や、倫理的、法的、社会的課題のことを指します。機械の自律性（判断、推論の信頼性の保証）などが例として挙げられます。

たとえば、人間の関与なしに自律的に攻撃目標を設定することができ、致死性を有する**LAWS**（Lethal Autonomous Weapons Systems：自律型致死兵器システム）は、AIの軍事利用の観点で一番の懸念との意見もあります。これについては、特定通常兵器使用禁止制限条約（CCW）の枠組みに基づき、CCW締結国の中で2014年から会合が持たれ、2019年11月には11項目から成る「LAWSに関する指針」が示されました。引き続き、LAWSの定義（特徴）、人間の関与のあり方、国際人道法との関係、既存の兵器との関係等、規制のあり方が主要論点とされており、規制に対する推進派、穏健派、反対派に各国の立場が分かれています。

ELSIの他の例としては、**フェイクニュース**や**フェイク動画**による被害等が挙げられます。

また、ELSIの文脈からは少し外れますが、AIの悪用という文脈で、AIがわざと間違った結果を出力するように意図的に入力データを作成する、**敵対的サンプルを用いた攻撃**なども注目されています。意図的に自動運転車に道路標識を誤認識させる研究などもあり、生命に影響を与えるような攻撃に対する頑健性は、AIを実用化する上でとても重要です。

■選択肢4.RRIについて

RRIとは、2015年に日本経済再生本部で決定した「ロボット新戦略」に基づいて決定された民間主導のプラットフォームです。「ロボット新戦略」では、日本が世界のロボットイノベーション拠点になること等を目標とした活動を行っています。

7.5　プロダクトの実装・運用・評価

問1

➡問題　p.365

解答　3

解説

この問題は、AIプロダクトを運用する際のリスク管理について問う問題です。正解は選択肢3の「混同行列などを用いること」です。たとえば、**混同行列**であれば、何をどのように間違えたのかがすぐにわかります。ただし、ラベルが100あればマス目はその二乗の1万あることになるので、すべてのパターンを確認するのは骨が折れます。そのため、実際のプロジェクトでは、かかるコストも考えて対策を講じる必要があります。

問2

➡問題　p.366

解答　1

解説

AI社会における企業の在り方に関する問題です。

A. ○　正しい。日本のみならず世界各国でAI 原則の策定が進む中で、今後AI開発や利活用に関係する事業者による AI原則の実施が重要な課題となるとされています。

B. ○　正しい。新たなテクノロジーが次々と出てくる中で、企業内において内部統制の更新が追い付かなくなった場合、ガバナンスの脆弱性や陳腐化したルールや手続きが残ってしまい、業務効率が悪くなったりする可能性があります。

C. ○　正しい。ブラックボックスとも呼ばれるAIの透明性は、社会的にも大きな論点になっているので覚えておきましょう。実際、「AI開発ガイドライン」（総務省）のAI開発原則の中に、「透明性の原則」（開発者はAIシステムの入出力の検証可能性および判断結果の説明可能性に留意する）が含まれています。

D. ○　正しい。Partnership on AIは、2016年にGAFAM、IBM社、DeepMind社が

主要メンバーとなって設立した団体で、2022年1月末現在、15か国95団体が所属しています。パートナーとしては産業、アカデミア、メディア、非営利団体等がおり、非常に多様性に富んでいることがわかります。なお、日本の営利企業ではSONYが加入しています。

問3

➡問題　p.367

解答　2

解説

炎上というリスクに対するリスクマネジメントの在り方を問う問題です。

1. ○　正しい。**シリアスゲーム**とは、もともと企業の炎上対策だけではなく、教育や医療といった広い分野の社会問題の解決を主目的とするコンピュータゲームのジャンルです。単なるシミュレーションとの違いは、ゲーム（一人または複数のプレイヤーによる）をベースとして作られている点です。シリアスゲームには、チャレンジする要素がある、インタラクティブで対話がある、ゲームをクリアする過程で社会課題を考えさせられる等の要素があります。
2. ×　誤り。炎上が発生したあとに行う危機管理対応は、**クライシスコミュニケーション**といいます。なお、**リスクコミュニケーション**とは、リスクに対して事前の説明や、理解を得るための行うコミュニケーションを指します。具体的には、情報公開を定期的に行ったり、自社の事業が影響を及ぼすと思われる範囲の人々の意見に対して、聞く姿勢を見せること等が挙げられます。
3. ○　正しい。**DEI**の考え方は、Amazon等世界的な企業でも採用されています。DEIの原則を守らないAIは、恩恵を受けられる人と受けられない人を生みます。こういった格差の積み重ねは、結果的にAI技術の更なる発展を妨げることにも繋がる可能性があります。また、他にも透明性レポートを公開することも重要です。
4. ○　正しい。近年では、AIの予期せぬ挙動（たとえば、AIによるSNS上での不適切な投稿）が炎上に繋がる事例も起こっています。AIの監視ツールを導入すること等はそういったリスクの低減に貢献します。

7.6　AIと法律・制度

問1

➡問題　p.368

解答　（ア）4、（イ）1、（ウ）4、（エ）2

解説

この問題は、データ等をめぐる知的財産権の法的問題について、最低限必要な知識を習得しているかどうかを問う問題です。

AIと法制度に係る課題の1つとして、学習データや学習済みモデルの**知的財産権保護と流通容易性が矛盾する**という点があります。

たとえば、不正な漏洩を防ぐには学習済みモデルに知的財産権を認める必要がありますが、知的財産権が認められると権利処理の手間の煩雑さのため（**既存モデル**）の流通が困難となります。そこで、平成30年に（**不正競争防止法**）が改正され、知的財産権が認められていないデータの保護に関しても、一定の対策が可能となりました。

■問題の解き方

G検定では、全部の選択肢について知識がなくても、落ち着いて読めばその場で解ける問題も出題されています。また、法律的な問題を考えるに当たっては、対立する利益を考える必要があり、これはAI開発においても同じです。

●（ア）の解説

（ア）は、「たとえば…知的財産権を認める必要があるが」の記載から、選択肢4の「知的財産権」が入ります。

●（イ）の解説

（イ）は、（ア）を保護することと矛盾するものが入ります。「**知的財産権**を認めると…（　ウ　）の流通が困難となる」との文言から、選択肢1の「流通容易性」を選択することができます。なお、選択肢3の「流通困難性」は知的財産権を認めると起きることであり、矛盾しないので入りません。

●（ウ）の解説

（ウ）について、選択肢1の「**蒸留**モデル」、選択肢2の「アルゴリズム」、選択肢3の「**派生**モデル」は、いずれもAIに関する基本用語であるから本問には入らないことがわかります。したがって、選択肢4の「既存モデル」であると推測できます。

●（エ）の解説

（エ）は、選択肢2「不正競争防止法」が入ります。一定の要件を充たしたデータについては、不正に取得することや不正に使用することに対して、差止請求などの民事措置を取ることが、平成30年に改正された不正競争防止法で可能となりました。なお、**データ**（データベースではなくデータそのもの）**の保護**については、不正競争防止法では、一定の要件を充たせば保護の対象になり得ますが、**特許権や著作権の保護の対象とはなりません。**

問2

➡問題　p.369

解答　6

解説

EU一般データ保護規則（GDPR）について問う問題です。

企業のグローバル化に伴い、データ取得の適法性についても、グローバルな観点で検討する必要性が高まっています。中でも、EU一般データ保護規則（GDPR）は、規制範囲が広く、罰則も重いため、AI開発におけるデータ取得時には特に留意する必要があります。そこで、GDPRの存在を認識しG検定の出題に備えてもらうため、この問題を掲載しました。

EU一般データ保護規則（GDPR）は、EUを含む欧州経済領域内にいる個人の個人データを保護するためのEUにおける統一的ルールであり、**域内で取得した**「氏名」や「クレジットカード番号」などの個人データを**域外に移転することを原則禁止**しています。EU域内でビジネスを行い、EU域内にいる個人の個人データを取得する（**日本企業**）に対しても、幅広く適用されます。

■問題の解き方

GDPR（General Data Protection Regulation：一般データ保護規則）の適用は、EU域内にいる個人の個人データを取得するなら、上場企業かIT企業かに関係なく、日本企業も対象になります。したがって、（A）には「GDPR」、（B）には「日本企業」が入ります。

なお、**ESG**とは、**E**nvironment（**環境**）、**S**ocial（**社会**）、**G**overnance（**企業統治**）の3つの言葉の頭文字を取ったもの、**IEEE**とは、米国に本部を持つ電気・電子技術に関する学会のことです。

また、EUのGDPR以外にも、世界各国で個人情報保護に関する法律が整備されてきていますので、こういった動向も合わせて掴んでおくと良いでしょう。

▼世界各国の個人情報保護に関する法律の整備状況

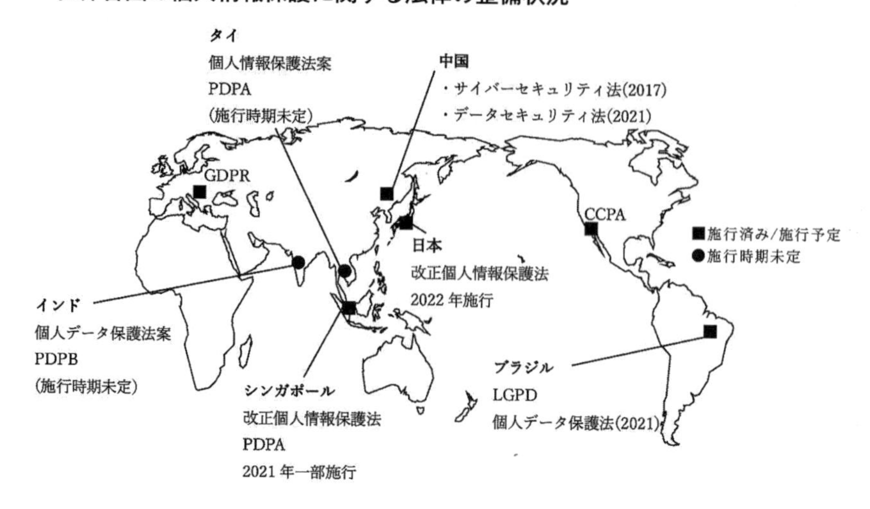

問3

➡問題　p.369

解答　　3

解説

個人情報保護法の用語に関する問題です。

AI開発の場合も含め、個人に関するデータの取得・利用等の際には、プライバシーに対する注意が必要です。そこで、プライバシー性の高い情報の取扱いについて、個人情報保護法と特に厳しいとされる金融分野での運用をテーマとし、基本的知識のみで正解できる問題を掲載しました。

金融分野における個人情報取扱事業者がデータを取得する場合の「**機微情報**」には、人種、信条、病歴、犯罪の経歴などの**個人情報保護法**に定める「**要配慮個人情報**」にとどまらず、労働組合への加盟や保健医療などのデータも含まれます。「**機微情報**」は、取得・利用または第三者提供のすべてが原則禁止とされ、**個人情報保護法**の「要配慮個人情報」よりも厳しい取扱いが要求されています。

■問題の解き方

この問題は、すべての用語を知らなくても、基本用語を学んでいれば消去法で正解を出すことができます。(ア)について、LSTM(Long Short-Term Memory)は、ネットワーク内部での短期記憶を長期間、活用できる構造を持つ、ディープニューラルネットワークのアルゴリズムの一種であり、本問とは関係がありません。(イ)について、不正競争防止法は個人情報の保護を目的とする法律ではないので本問とは関係がありません。したがって、消去法で選択肢3「(ア)機微情

報　(イ)個人情報保護法」を選択することができます。

問4

➡問題　p.370

解答　1

解説

AI学習用データセットを生成する際の著作権についての問題です。

わが国の著作権法は、第三者に著作権があるデータ利用について、著作権者の許諾を得なくても解析が可能としています。そして、営利目的の解析にも適用される点で、諸外国の規定よりも適用範囲が広いとされていましたが、平成30年の法改正により、その適用範囲はさらに広くなりました。

このような、AI開発用データセット作成に配慮した法規制については、出題可能性も高いと考えられるため、本問を掲載しました。

■問題の解き方

●選択肢1について

選択肢1は正解です。第三者の著作物を利用する場合には、原則として、著作権者の承諾が必要とされます。しかし、著作権法30条の4第2号は、情報解析のために行われるデータ利用についての権利制限を定めています。つまり、**AI開発用データセットを作成する場合、もととなるデータ等の著作権者の承諾は原則として必要とされません**。正解は選択肢1です。

●選択肢2について

選択肢2は誤りです。著作権法30条の4第2号は、非営利目的の場合に限っていないため、インターネット上に公開されているデータを利用して学習用データセットを作成して、販売する行為は違法とはなりません。

●選択肢3について

選択肢3は誤りです。著作物たるデータについて、サーバの設置場所で利用していると考えると、たとえ日本国内で作業していても、国外にあるサーバを利用して開発行為を行う場合には、日本の法律は適用されないと考えることになります。

●選択肢4について

選択肢4は誤りです。著作権法上問題がなくても、不正競争防止法、個人情報保護法、ライセンス契約、通信の秘密などによっても、データの利用に制約がかかっている場合があります。たとえば、営業秘密や限定提供データについては、不正競争防止法によって、データの不正使用を禁止されています。

営業秘密として保護されるための条件として「**秘密管理性**」とありますが、これは「保有者が秘密とするということについての意思を持つ」だけではなく、「秘密を維持するために合理的な努力を払っており、不正行為以外では不特定者に知りえないように秘密として管理が行われていること」を意味します。たとえば、紙媒体であれば、当該文書に「マル秘」など秘密であることを表示することにより、秘密管理意思に対する従業員の認識可能性を確保するような措置を講じることなどが必要です。

▼データの不正使用等に対する主な法制度

	法律	保護されるデータの条件	不法行為
データベース著作物	著作権法	データベースでその情報の選択または体系的な構成によって創作性を有するもの	権利者の許諾のない複製等（様態の悪性は問わない）
特許を受けた発明	特許法	①自然法則を利用した技術的思想の創作のうち高度のもの ②特許を受けたもの	権利者の許諾のない実施など（様態の悪性は問わない）
営業秘密	不正競争防止法	①秘密管理性 ②非公知性 ③有用性	不正取得・不正使用等（悪質な行為を列挙）
限定提供データ	不正競争防止法	①限定提供性 ②電磁的管理性 ③相当蓄積性	不正取得・不正使用等（悪質な行為を列挙）
不法行為	民法	データ一般	故意/過失による権利侵害
契約（債務不履行）	民法	データ一般（契約内容による）	契約違反行為

問5

➡問題　p.370

解答　3

解説

個人情報を扱う上で重要な**匿名加工情報**についての問題です。

2022年7月現在、個人情報保護法第2条6項にて匿名加工情報は、以下のように定義されています。

●個人情報保護法第2条6項（匿名加工情報の定義）

この法律において「匿名加工情報」とは、次の各号に掲げる個人情報の区分に応じて当該各号に定める措置を講じて特定の個人を識別することができないように個人情報を加工して得られる個人に関する情報であって、当該個人情報を復元することができないようにしたものをいう。

一　第一項第一号に該当する個人情報　当該個人情報に含まれる記述等の一部を削除すること（当該一部の記述等を復元することのできる規則性を有しない方法により他の記述等に置き換えることを含む。）。

二　第一項第二号に該当する個人情報　当該個人情報に含まれる個人識別符号の全部を削除すること（当該個人識別符号を復元することのできる規則性を有しない方法により他の記述等に置き換えることを含む。）。

この匿名加工情報について事業者が守るべき義務が法律で決められており、問われる可能性がありますので覚えておきましょう。

選択肢3以外の選択肢のような義務は実際に存在します。また、選択肢3については、「匿名加工情報の作成や第三者提供を行った際などには、公表する必要がある。」であれば正解です。個人情報保護法の第43条から第46条に義務についての記載がありますので、確認しておくと良いでしょう。

問6

➡問題　p.371

解答　3

解説

デジタル・プラットフォーム事業者と、個人情報等を提供する消費者との取引における、優越的地位の濫用についての問題です。ここでは、**独占禁止法**に照らし合わせて考えていきます。

選択肢1、2は公正取引委員会の「デジタル・プラットフォーム事業者と個人情報等を提供する消費者との取引における優越的地位の濫用に関する独占禁止法上の考え方」の3の(2)に記載されており、通常、当該サービスを提供するデジタル・プラットフォーム事業者は、消費者に対して取引上の地位が優越していると認められるものです。

他にも「当該サービスにおいて、当該サービスを提供するデジタル・プラットフォーム事業者が、その意思で、ある程度自由に、価格、品質、数量、その他各般の取引条件を左右することができる地位にある場合」も該当します。

一方、利用者数だけでは消費者に対し優越しているかどうかの判断ができないため、選択肢3は誤りとなります。

コラム　改正道路交通法と改正航空法

今後ドライバー不足等が懸念される日本において、自動運転技術による移動サービスや、ドローンによるラストマイル輸送（大型トラックなどでは難しい住宅街等への配送）などが注目されています。本コラムでは、2022年時点での最新のモビリティ政策動向として、改正道路交通法と改正航空法について紹介します。

2022年には、モビリティ関連の2つの法律が改正・施行される見込みです。1つは、2022年4月に閣議決定された、道路交通法の改正です。今回の改正では、自動運転車を使った移動サービスの社会実装を主な対象として、特定条件下で人間の運転への介入が必要とされない**自動運転レベル4が解禁される見通しとなっています。**レベル3以下の自動運転システムはドライバーの運転操作への介入を前提としていましたが、レベル4以上の自動運転システムにおいては、システムが運転操作をすべて担当するため、人間の介入を必要としません（ただし、レベル4は高速道路等といった特定条件下においてのみ有効です）。

また、ドローンの飛行規制に関連して、「航空法等の一部を改正する法律（以降、改正航空法）」が成立し、2021年6月に公布されました。改正航空法は2022年12月に施行を控えており、第三者上空の目視外飛行（**有人地帯での補助なし飛行**（＝レベル4飛行））の実現に向けて制度や規制の整備が進められています（図1）。**レベル4での飛行は、①国から機体認証を受けた機体を、②操縦ライセンスを有するものが操縦し、③国土交通大臣の許可・承認を受けた場合**に、新たに可能となります。

なお、国土交通省では、概ね20年後の日本社会を念頭に、道路政策を通じて実現を目指す社会像、その実現に向けた中長期的な政策の方向性を提案する「2040年、道路の景色が変わる～人々の幸せにつながる道路～」を公表しています。その中では、道路やモビリティのビジョンについて解説されており、完全自動運転車や有人地帯でのドローンの飛行が、20年後の都市を支える重要な基盤となっていることがわかります（図2）。こういった流れの中で、今回紹介したような法改正が行われていることを頭に入れておけば、今後行われるであろう新たなモビリティ関連の法改正についても理解を深めるきっかけになるでしょう。

▼図１　ドローンの飛行レベルについての概念図

出典：国土交通省資料
　https://www.kantei.go.jp/jp/singi/kogatamujinki/kanminkyougi_dai15/siryou1.pdf

▼図２　自動化・省力化された物流システムのイメージ図（左）
　ドローンによるラストマイル輸送の自動化・省略化のイメージ図（右）

出典：国土交通省ビジョン「2040年、道路の景色が変わる～人々の幸せにつながる道路～」

用語解説

Kaggle	**データサイエンスのコンペティションプラットフォーム**であり、さまざまな企業や研究者がデータを投稿し、世界中のデータサイエンティストが自身のモデルの精度等で競われている。さまざまなデータに対する解法や考察なども存在し、閲覧することができる。
Cousera	機械学習などの分野をオンラインで学ぶことができる**教育プラットフォーム**。
MOOCs	Couseraのような**大規模なオンライン講座群**のことで、Massive Open Online Coursesの略。
arXiv	**機械学習などの論文**をアップロード・ダウンロードすることができる**プラットフォーム**で、最新の研究などの情報を閲覧することができる。
Tay	**Microsoft社**が2016年に、19歳の女性の話し方を模倣するように設計された**チャットボット**。さまざまなソーシャルネットワークサービス（SNS）に向けてリリースしたが、リリースから数時間後不適切な発言が多かったため公開停止。
フィルターバブル現象	商品のレコメンドシステムや検索エンジンにおいて、**自分が見たいものや欲しい情報のみに包まれてしまう現象**で、インターネット活動家であるイーライ・パリサーが2011年に出版した著書名から名前が付けられた。
ブラックボックス	中がわからないことをいい、機械学習では予測根拠がわからない際に使われる。ディープラーニングなどのモデルが複雑になるほどブラックボックスである傾向が強い。
XAI	解釈性の高いもしくは説明可能なAIのこと。米国の**DARPA**（Defense Advanced Research Projects Agency：国防高等研究計画局）が主導する研究プロジェクトが発端となり、**XAI**（Explainable AI）と呼ばれる。
透明性レポート	顧客、社会に向けて、収集したデータやその扱いなどについて開示したもの。

EU一般データ保護規則（GDPR）	EUを含む欧州経済領域内にいる個人の個人データを保護するためのEUにおける統一的ルールであり、**域内で取得した「氏名」や「クレジットカード番号」などの個人データを域外に移転することを原則禁止**している。EU域内でビジネスを行い、EU域内にいる個人の個人データを取得する（日本企業）に対しても、幅広く適用される。
匿名加工情報	個人情報を加工することで特定の個人を識別することができないようにし、当該個人情報を復元不可にした情報。

さくいん

INDEX

数字

A

B

C

D

E

F

ち

つ

て

と

な

に

ね

の

は

ひ

ふ

へ

ほ

ま

み

参考文献

・独立行政法人情報処理推進機構 AI白書編集委員会（編）「AI白書 2022」、KADOKAWA、2022
・浅川 伸一、江間 有沙、工藤 郁子、巣籠 悠輔、瀬谷 啓介、松井 孝之、松尾 豊（著）「ディープラーニング G検定（ジェネラリスト）公式テキスト」、翔泳社、2018
・Ray Kurzweil (2006) ,"The Singularity is near",Penguin Books
・Google AI Blog「AlphaGo: Mastering the ancient game of Go with Machine Learning」（最終閲覧日：2022/7/19）
https://ai.googleblog.com/2016/01/alphago-mastering-ancient-game-of-go.html
・山下一成「第27回世界コンピュータ将棋選手権 Ponanza Chainerアピール文書」（最終閲覧日：2022/7/19）
http://www2.computer-shogi.org/wcsc27/appeal/Ponanza_Chainer/Ponanza_Chainer.pdf
・人工知能学会「人工知能の話題 ダートマス会議」（最終閲覧日：2022/7/19）
https://www.ai-gakkai.or.jp/whatsai/AItopics5.html
・S.J.Russell、P.Norvig（著）、古川康一（訳）「エージェント アプローチ人工知能第2版」、共立出版
・「コンピュータ将棋のアルゴリズム HTML版 MinMaxとαβ法」（最終閲覧日：2022/7/19）
http://usapyon.game.coocan.jp/ComShogi/04.html
・上原隆平「I482F 実践的アルゴリズム特論10,11回目：乱択アルゴリズム」（最終閲覧日：2022/7/19）
https://www.jaist.ac.jp/~uehara/course/2013/i482/pdf/10random.pdf
・joisino「ナレッジグラフを使った解釈可能な推薦システム」mercari engineering（最終閲覧日：2022/7/19）
https://tech.mercari.com/entry/2019/08/30/173341
・IBM 村田大寛「IoT時代に求められる大量データからの洞察の発見～ナレッジグラフの能力とは」（最終閲覧日：2022/7/19）
https://www.ibm.com/blogs/solutions/jp-ja/manufacturing-iot-knowledge-graph/
・DANIEL C. DENNETT,「Cognitive Wheels: The Frame Problem of AI」,1984（最終閲覧日：2022/7/19）
https://www.researchgate.net/publication/225070451_Cognitive_Wheels_The_

Frame_Problem_of_AI
・Montufar, Guido F., et al. “On the Number of Linear Regions of Deep Neural Networks.” 2014.
・Warren S. McCulloch, Walter Pitts “A logical calculus of the ideas immanent in nervous activity” 1943.
・Rosenblatt, Frank “The Perceptron: A Probabilistic Model for Information Storage and Organization in the Brain” 1958.
・Silver,David,et al. "Mastering the game of Go with deep neural networks and tree search." nature 529.7587 (2016) : 484.
・日本貿易機構『「EU一般データ保護規則(GDPR)」に関わる実務ハンドブック』(最終閲覧日：2022/7/19)
https://www.jetro.go.jp/world/reports/2016/01/dcfcebc8265a8943.html
・金融庁「金融分野における個人情報保護に関するガイドライン」5条(最終閲覧日：2022/7/19)
https://www.fsa.go.jp/common/law/kj-hogo-2/01.pdf
・公正取引委員会「デジタル・プラットフォーム事業者と個人情報等を提供する消費者との取引における優越的地位の濫用に関する独占禁止法上の考え方」(最終閲覧日：2022/7/21)
https://www.jftc.go.jp/dk/guideline/unyoukijun/dpfgl.html
・総務省 ICTスキル総合習得教材「オープンデータの利活用」(最終閲覧日：2022/7/19)
https://www.soumu.go.jp/ict_skill/pdf/ict_skill_4_1.pdf
・個人情報保護委員会「匿名加工情報精度について」(最終閲覧日：2022/7/19)
https://www.ppc.go.jp/personalinfo/tokumeikakouInfo/
・総務省「統合イノベーション戦略2022」(最終閲覧日：2022/7/19)
https://www8.cao.go.jp/cstp/tougosenryaku/togo2022_honbun.pdf

株式会社 AVILEN（アヴィレン）

JDLA（一般社団法人 日本ディープラーニング協会）正会員、一般社団法人 データサイエンティスト協会一般会員

AVILEN は、AI・機械学習に関連するビジネスの人材育成から技術開発まで一気通貫で支援するサービスを提供。これまで立ち上げから開発まで多くの AI プロジェクトに参画してきた実績を持つ。

日本ディープラーニング協会 E 資格の認定プログラムも開講しており、最高品質の講義は他社の追随を許さない高い合格率を達成（2021#1 ～ 2022#1 の 3 期平均で合格率 90.4%）。G 検定の対策講座も実施。

また、データサイエンティストとジャーナリストが監修する AI 特化型メディア「AVILEN AI Trend」を運営。

株式会社 AVILEN	https://avilen.co.jp/
AVILEN AI Trend	https://ai-trend.jp/

■著者紹介

高橋 光太郎（たかはし こうたろう）

株式会社 AVILEN　代表取締役

一般社団法人 日本ディープラーニング協会 産業促進委員

東京大学大学院修了。機械学習による即時的な津波高予測の研究に従事。AI・DX による実問題解決を得意とする。MUFG など主要な企業アカウントを開拓し、業務提携など長期的な関係構築を実現。また、日本ディープラーニング協会にてデジタル人材定義や育成について議論。

落合 達也（おちあい たつや）

株式会社 AVILEN　データサイエンティスト

統計学 / 機械学習 / 時系列解析など AVILEN のさまざまな講座内容を監修。

金融系のクライアント先にて AI 案件の企画推進を担い、数多くのモデル開発を行う。東京理科大学大学院にて数理統計学の修士（理学）を取得。E 資格 2020 年 #1 を取得。ソフトバンク株式会社を経て現職。

渡邉 雅也（わたなべ まさや）

株式会社 AVILEN　データサイエンティスト

経済ファイナンスデータの時系列解析の研究に従事。Bloomberg 社の Gloval Investment Contest 2019 ESG Integration にてレポート賞受賞。大手メーカーや外資系コンサルティング会社などに向けて実務に応用できる機械学習モデルの提案を行い、データサイエンティストの育成などにも携わる。

志村 悟（しむら さとる）

株式会社 AVILEN　プロダクトマネージャー

千葉大学大学院教育学研究科修了。理科と体育の教職免許を取得。教育の視点から、既存プロダクトの改修・更新や、新規プロダクトのリリースに携わる。

長谷川 慶（はせがわ けい）
株式会社 AVILEN　データサイエンティスト
東京大学大学院新領域創成科学研究科を修了。E 資格 2021 年 #1 および G 検定 2022 年 #2 を取得。AI ビジネスや機械学習の法人研修・コンテンツ作成を行う。また企業コンペの運営やデータ分析ウェビナーの登壇を経て、顔入れ替え / 似顔絵生成などの AI 開発に従事。

●執筆協力

黒木 裕鷹（くろき ゆたか）
東京理科大学大学院にて、ネットワークデータにおけるブートストラップ法の研究で修士号を取得。株価の定量分析や時系列の異常検知などさまざまなプロジェクトに携わり、統計関連学会連合大会の優秀報告賞ほか、学会やコンテストでの受賞歴複数。データ分析や統計学の講師や技術雑誌への寄稿なども務め、現在は Sansan 株式会社で研究員として従事。kaggle expert。

岡本 秀明（おかもと ひであき）
機械学習 / コンピュータビジョンに関する研究に従事。監視カメラ映像の AI 解析、スマートシティの IoT 活用、医療画像診断、ダンス映像生成などさまざまな AI プロジェクトに携わる。法政大学大学院時代には IEEE BigData 2019 にて胃癌の自動診断に関する論文を発表。現在はソフトバンク株式会社にて研究開発と技術企画を担当。

白井 知輝（しらい ともき）
衛星測位システム活用ハッカソンでの入賞以降、データ活用を軸とした防災の高度化に強い興味を持つ。中央大学大学院では、機械学習や数値シミュレーションによる台風・高潮のリアルタイム予測精度向上に関する研究に従事。その傍ら AI 人材育成業務にも携わっており、AI 関連の理論からビジネス・法律、DX に至るまで幅広い分野を担当。

阿部 元志（あべ もとし）
広島大学大学院時代はパターン認識研究室にて深層学習、機械学習の手法に着目した研究を行う。研究成果は ICPR、IJCNN などの査読付き国際会議に 6 本投稿した。G 検定、E 検定に関わる資料作成や企業向け講義、リコメンドや画像生成といった AI システムの開発に携わる。

田中 基貴（たなか もとき）
20 歳で E 資格を取得。株式会社 AVILEN では JDLA 認定プログラムを含むさまざまなコースで受講者のサポートを行いつつ、G 検定問題集の執筆や GAN を用いた日本人向けサービスの開発に関わる。AI によるエンターテイメントの創出に関心があり CG や XR の分野と機械学習を組み合わせた研究に取り組んでいる。

■本書購入特典（株式会社 AVILEN 提供）

本書をご購入いただいたお客様限定で、「G検定オンライン模試」を1回分プレゼント。お申込みは下記QRコードから！

https://service.avilen.co.jp/g-kentei_free-test

■株式会社 AVILEN のオンライン講座

株式会社AVILENで提供しているオンライン講座を紹介します。是非ご覧ください。

【全人類がわかるG検定対策コース】

わかりやすい動画講義、300問以上の演習問題、講義内容の要点をまとめた「まとめノート」で、G検定を徹底攻略！

https://service.avilen.co.jp/ai-business-course/

【全人類がわかるDS検定対策コース】

ビジネスパーソンに必須のデータサイエンススキルをあなたの手に。数学・統計初学者でも安心して学習を進められるカリキュラムで、DS検定対策！

https://service.avilen.co.jp/ds-kentei/

【全人類がわかるE資格コース】

合格者数、合格率、合格者シェアともに圧倒的な実績を誇るJDLA認定プログラム。AIモデルの仕組みを理解し、実装できるAIエンジニアを目指すあなたにおすすめの実践カリキュラム。

https://service.avilen.co.jp/ai-engineer-course/

■補足情報などについて

本書の補足情報、正誤表などについては、インターネットの以下のURLからご覧ください。

https://gihyo.jp/book/2022/978-4-297-12926-2/support

スマートフォンの場合は、右のQRコードからアクセスできます。

●装丁	菊池 祐（株式会社ライラック）	●本文イラスト	四季 ミカ
●本文デザイン・DTP	株式会社ウイリング	●編集	遠藤 利幸
●図版	株式会社ウイリング		

■お問い合わせについて

- ご質問前にp.2に記載されている事項をご確認ください。
- ご質問は本書に記載されている内容に関するものに限定させていただきます。本書の内容と関係のないご質問には一切お答えできませんので、あらかじめご了承ください。
- 電話でのご質問は一切受け付けておりませんので、FAXまたは書面にて下記までお送りください。また、ご質問の際には書名と該当ページ、返信先を明記してくださいますようお願いいたします。
- お送り頂いたご質問には、できる限り迅速にお答えできるよう努力いたしておりますが、お答えするまでに時間がかかる場合がございます。また、回答の期日をご指定いただいた場合でも、ご希望にお応えできるとは限りませんので、あらかじめご了承ください。
- ご質問の際に記載された個人情報は、ご質問への回答以外の目的には使用しません。また、回答後は速やかに破棄いたします。

■問い合わせ先

〒162-0846
東京都新宿区市谷左内町21-13
株式会社技術評論社 書籍編集部
「最短突破　ディープラーニングG検定（ジェネラリスト）問題集　第2版」係
FAX：03-3513-6183
技術評論社ホームページ
https://gihyo.jp/book/

最短突破　ディープラーニングG検定（ジェネラリスト）問題集　第2版

2020年10月　9日　初　版　第1刷発行
2022年　9月　7日　第2版　第1刷発行
2024年　8月21日　第2版　第5刷発行

著者	株式会社 AVILEN 高橋 光太郎／落合 達也／渡邉 雅也／志村 悟／長谷川 慶
発行者	片岡 巌
発行所	株式会社技術評論社 東京都新宿区市谷左内町21-13 電話　03-3513-6150　販売促進部 　　　03-3513-6166　書籍編集部
印刷／製本	昭和情報プロセス株式会社

定価はカバーに表示してあります。

ISBN 978-4-297-12926-2 C3055
Printed in Japan